Par Antoine Arnauld

V

+839.

6278

NOVVEAVX ELEMENS DE GEOMETRIE;

CONTENANT,

Outre un ordre tout noùveau, & de nouvelles demonſtrations des propoſitions les plus communes,

De nouveaux moyens de faire voir quelles lignes ſont incommenſurables,

De nouvelles meſures de l'angle, dont on ne s'eſtoit point encore aviſé,

Et de nouvelles manieres de trouver & de demontrer la proportion des Lignes.

A PARIS,

Chez Charles Savreux, Libraire Juré, au pied de la Tour de Noſtre-Dame, à l'Enſeigne des trois Vertus.

M. DC. LXVII.

AVEC PRIVILEGE DV ROY.

PREFACE.

UOIQUE j'aye quelque forte de liberté de parler avantageufement de ces
Nouveaux Elemens de Geometrie,
puifque je n'y ay point d'autre part
que celle de les avoir tirez des mains
de l'Auteur pour les donner au public; mon def-
fein n'eft pas neanmoins d'en faire voir icy l'excel-
lence, ny de les propofer au monde comme un
ouvrage fort confiderable. Je ferois pluftoft porté
à diminuer l'idée trop haute que quelques perfonnes en pourroient avoir, eftant tres perfuadé qu'il
eft beaucoup plus dangereux d'eftimer trop ces
fortes de chofes, que de ne les pas eftimer affez.

La nature de toutes les fciences humaines, &
principalement de celles qui entrent peu dans le
commerce de la vie, eft d'eftre mêlées d'utilitez &
d'inutilitez : & je ne fçay fi l'on ne peut point dire
qu'elles font toutes inutiles en elles mêmes, &
qu'elles devroient paffer pour un amufement entierement vain & indigne de perfonnes fages, fi
elles ne pouvoient fervir d'inftrumens & de prepa-

ã ij

rations à d'autres connoiſſances vraiment utiles.
Ainſy ceux qui s'y attachét pour elles mêmes comme à quelque choſe de grand & de relevé n'en con-
noiſſent pas le vray uſage, & cette ignorance eſt
en eux un beaucoup plus grand défaut que s'ils
ignoroient abſolument ces ſciences.

Ce n'eſt pas un grand mal que de n'eſtre pas
Geometre; mais c'en eſt un conſiderable que de
croire que la Geometrie eſt une choſe fort eſtima-
ble, & de s'eſtimer ſoy même pour s'eſtre rempli
la teſte de lignes, d'angles, de cercles, de proportions. C'eſt une ignorance tres blâmable que de
ne pas ſçavoir, que toutes ces ſpeculations ſteriles
ne contribuent rien à nous rendre heureux; qu'elles ne ſoulagent point nos miſeres; qu'elles ne
gueriſſent point nos maux; qu'elles ne nous peuvent donner aucun contentement réel & ſolide;
que l'homme n'eſt point fait pour cela, & que bien
loin que ces ſciences luy donnent ſujet de s'élever
en luy même, elles ſont au contraire des preuves
de la baſſeſſe de ſon eſprit; puiſqu'il eſt ſi vain & ſi
vuide de vray bien, qu'il eſt capable de s'occuper
tout entier à des choſes ſi vaines & ſi inutiles.

Cependant on ne voit que trop par experience,
que ces ſortes de connoiſſances ſont d'ordinaire
jointes à l'ignorance de leur prix & de leur uſage.
On les recherche pour elles mêmes; on s'y applique comme à des choſes fort importantes; on en
fait ſa principale profeſſion; on ſe glorifie des dé-
couvertes que l'on y fait; on croit fort obliger le

monde ſi l'on veut bien luy en faire part ; & l'on s'imagine meriter par là un rang fort conſiderable entre les ſçavans & les grands eſprits.

Si cet Ouvrage n'a rien de ce qui merite la repu-tation de grand Geometre au jugement de ces perſonnes, en quoy il eſt tres juſte de les en croi-re ; aumoins on peut dire avec verité que celuy qui l'a compoſé eſt exemt du defaut de la ſouhaitter, & que quoiqu'il eſtime beaucoup le genie de plu-ſieurs perſonnes qui ſe mêlent de cette ſcience, il n'a qu'une eſtime tres mediocre pour la Geome-trie en elle même. Neanmoins comme il eſt im-poſſible de ſe paſſer abſolument d'une ſcience qui ſert de fondement à tant d'arts neceſſaires à la vie humaine, il peut y avoir quelque utilité à montrer aux hommes de quelle ſorte ils en doivent uſer, & de leur rendre cette étude la plus avantageuſe qu'il eſt poſſible.

C'eſt l'unique vuë qu'à eüe l'Auteur de ces nou-veaux Elemens. Il n'a pas tant conſideré la Geo-metrie, que l'uſage qu'on en pouvoit faire ; & il a cru qu'en évitant ces défauts qui n'en ſont pas in-ſeparables, on s'en pouvoit tres utilement ſervir pour former les jeunes gens, non ſeulement à la juſteſſe de l'eſprit ; mais même en quelque ſorte à la pieté & au reglement des mœurs.

Pour comprendre les avantages qu'on en peut tirer, il faut conſiderer que dans les premieres an-nées de l'enfance l'ame de l'homme eſt comme toute plongée & toute enſevelie dans les ſens, &

qu'elle n'a que des perceptions obſcures & confu-
ſes des objets qui font impreſſion ſur ſon corps.
Elle ſort à la verité de cet état à meſure que ſes or-
ganes ſe dégagent & ſe fortifient par l'âge, & elle
acquiert quelque liberté de former des penſées
plus claires & plus diſtinctes, & même de les tirer
les unes des autres, ce que l'on appelle raiſonne-
ment. Mais l'amour des choſes ſenſibles & exterieures luy eſtant devenu comme naturel, & par la
corruption de ſon origine & par l'accoûtumance
qu'elle a contractée durant l'enfance, les choſes
exterieures ſont toujours le principal objet de ſon
plaiſir & de ſa pente. Ainſy non ſeulement les jeunes gens ne ſe plaiſent gueres que dans les choſes
ſenſuelles ; mais même entre les perſonnes avan-
cées en âge il y en a peu qui ſoient capables de
trouver du gouſt dans une verité purement ſpi-
rituelle, & où les ſens n'ayent aucune part. Toute
leur application eſt toûjours aux manieres agrea-
bles ; ils n'ont de l'intelligence & de la delicateſſe
que pour cela, & ils ne ſe ſervent de leur eſprit que
pour étudier l'agréement & l'art de plaire, par les
choſes qui flattent la concupiſcence & les ſens.

Il me ſeroit aiſé de montrer, que cette diſpoſition d'eſprit eſt non ſeulement un tres grand defaut ; mais que c'eſt la ſource des plus grands de-
ſordres & des plus grands vices. Il eſt vray qu'il n'y
a que la grace & les exercices de pieté qui puiſſent
la guerir veritablement : mais entre les exercices
humains qui peuvent le plus ſervir à la diminüer,

& à difposer même l'efprit à recevoir les veritez chreftiennes avec moins d'oppofition & de dégouft, il femble qu'il n'y en ait gueres de plus propre que l'étude de la Geometrie. Car rien n'eft plus capable de détacher l'ame de cette application aux fens, qu'une autre application à un objet qui n'a rien d'agreable felon les fens; & c'eft ce qui fe rencontre parfaitement dans cette fcience. Elle n'a rien du tout qui puiffe favorifer tant foit peu la pente de l'ame vers les fens; fon objet n'a aucune liaifon avec la concupifcence; elle eft incapable d'eloquence & d'agréement dans le langage; rien n'y excite les paffions; elle n'a rien du tout d'aimable que la verité, & elle la prefente à l'ame toute nuë & détachée de tout ce que l'on aime le plus dans les autres chofes.

Que fi les veritez qu'elle propofe ne font pas fort utiles ny fort importantes, fi l'on en demeuroit là; il eft neanmoins tres utile & tres important de s'accoûtumer à aimer la verité, à la goufter, à en fentir la beauté. Et Dieu fe fert fouvent de cette difpofition d'efprit, pour nous faire entrer dans l'amour & dans la pratique des veritez qui conduifent au falut, pour nous faire voir l'illufion de tout ce qui plaift dans les chofes fenfibles & exterieures, & pour nous rendre juftes & equitables dans toute la conduite de noftre vie; cet efprit d'equité confiftant principalement dans le difcernement & dans l'amour de la verité en toutes les affaires que nous traittons.

PREFACE.

Mais la Geometrie ne sert pas seulement à détacher l'esprit des choses sensibles, & à inspirer le goust de la verité ; elle apprend aussy à la reconnoistre & à ne se laisser pas tromper par quantité de maximes obscures & incertaines, qui servent de principes aux faux raisonnemens dont les discours des hommes sont tout remplis. Car si l'on y prend garde, ce qui nous jette ordinairement dans l'erreur & nous fait prendre le faux pour le vray, n'est pas le defaut de la liaison des consequences avec les principes, en quoy consiste ce qu'on appelle la forme des argumens ; mais c'est l'obscurité des principes mêmes, qui n'estant pas exactement vrais, & n'estant pas aussy evidemment faux, presentent à l'esprit une lumiere confuse où la verité & la fausseté sont mêlées, ce qui cause à plusieurs un espece d'éblouissement qui leur fait approuver ces principes sans les examiner davantage.

Il est vray que la Logique nous donne deux excellentes regles pour éviter cette illusion, qui sont de definir tous les mots equivoques, & de ne recevoir jamais que des principes clairs & certains. Mais ces regles ne suffisent pas pour nous garantir d'erreur. Premierement, parce qu'on se trompe souvent dans la notion même de l'evidence en prenant pour evident ce qui ne l'est pas. Et en second lieu, parce que quoiqu'on sçache ces regles, on n'est pas toûjours appliqué à les pratiquer. Il n'y a donc que la Geometrie qui remedie en effet à l'un & à l'autre de ces defauts. Car d'une part en four-

nissant

niſſant des principes vraiment clairs , elle nous
donne le modelle de la clarté & de l'evidence pour
diſcerner ceux qui l'ont de ceux qui ne l'ont pas:
& de l'autre, comme elle ne ſe diſpenſe jamais de
l'obſervation de ces deux regles , elle accoûtume
l'eſprit à les pratiquer, & à eſtre toûjours en garde contre les equivoques des mots & contre les
principes confus, qui ſont les deux ſources les plus
communes des mauvais raiſonnemens.

Il ne faut pas diſſimuler neanmoins , que cette
coûtume même de rejetter tout ce qui n'eſt pas entierement clair peut engager dans un défaut tres
conſiderable , qui eſt de vouloir pratiquer cette
exactitude en toute ſorte de matieres, & de con-
tredire tout ce qui n'eſt pas propoſé avec l'evidence Geometrique. Cependant il y a une infinité de
choſes dont on ne doit pas juger en cette maniere,
& qui ne peuvent pas eſtre reduites à des demonſtrations methodiques. Et la raiſon en eſt, qu'elles
ne dépendent pas d'un certain nombre de principes groſſiers & certains, comme les veritez Ma-
thematiques; mais d'un grand nombre de preuves
& de circonſtances qu'il faut que l'eſprit voye tout
d'un coup, & qui n'eſtant pas convaincantes ſepa-
rément, ne laiſſent pas de perſuader avec raiſon
lors qu'elles ſont jointes & unies enſemble. La
pluſpart des matieres morales & humaines ſont de
ce nombre; & il y a même des veritez de la Reli-
gion qui ſe prouvent beaucoup mieux par la lumiere de pluſieurs principes qui s'entr'aident & ſe

foûtiennent les uns les autres, que par des raifon-
nemens femblables aux demonftrations Geometriques.

C'eft donc fans doute un fort grand défaut que
de ne faire pas diftinction des matieres ; d'exiger
par tout cette fuite methodique de propofitions,
que l'on voit dans la Geometrie ; de faire difficulté fur tout, & de croire avoir droit de rejetter abfolument un principe lors qu'on juge qu'il peut recevoir quelque exception en quelque rencontre.

Mais fi ce défaut eft affez ordinaire à quelques
Geometres, il ne naift pas neanmoins de la Geo-
trie même. Cette fcience eftant toute veritable ne
peut pas autorifer une conduite qui n'eft fondée
que fur des principes d'erreur. Car il n'eft pas vray
qu'un principe qui ne prouve pas abfolument ne
prouve rien ; & que ne prouvant pas tout feul, il ne
prouve pas eftant joint à d'autres. Il y a differens
degrez de preuves. Il y en a dont on conclut la
certitude, & d'autres dont on conclut l'apparence ; & de plufieurs apparences jointes enfemble
on conclut quelquefois une certitude à laquelle
tous les efprits raifonnables fe doivent rendre. Il
n'eft pas abfolument certain que l'on doive voir le
Soleil quelqu'un des jours de l'année qui vient, je
le dois neanmoins croire ; & je ferois ridicule d'en
douter, quoiqu'il foit impoffible de le démontrer.
La raifon ne doit donc pas pretendre de démontrer Geometriquement ces chofes ; mais elle peut
prouver Geometriquement que c'eft une fottife

de ne les pas croire : Et c'eſt en cette maniere
qu'on ſe peut ſervir de la Geometrie même dans
ces ſortes de matieres, pour faire voir plus clairement la force de la vrayſemblance qui nous les
doit faire croire.

Outre ces utilitez que l'on peut tirer de la Geometrie, on en peut encore remarquer deux autres
qui ne ſont pas moins conſiderables. Il y a des veritez importantes pour la conduite de la vie &
pour le ſalut, qui ne laiſſent pas d'eſtre difficiles à
comprendre, & qui ont beſoin d'une attention pe-
nible; Dieu ayant voulu, comme dit S. Auguſtin,
que le pain de l'ame ſe gagnaſt avec quelque ſorte
de travail auſſy bien que le pain du corps. Et il arrive de là que pluſieurs perſonnes s'en rebutent par
une certaine pareſſe, ou plûtoſt par une delicateſſe
d'eſprit qui leur donne du dégouſt de tout ce qui
demande quelque effort & quelque ſorte de con-
tention. Or l'étude de la Geometrie eſt encore un
remede à ce défaut ; car en appliquant l'eſprit à
des veritez abſtraittes & difficiles, elle luy rend faciles toutes celles qui demandent moins d'application ; comme en accouſtumant le corps à porter
des fardeaux peſans, on fait qu'il ne ſent preſque
plus le poids de ceux qui ſont plus legers.

Non ſeulement elle ouvre l'eſprit & le fortifie
pour concevoir tout avec moins de peine ; mais
elle fait auſſy qu'il devient plus étendu & plus capable de comprendre pluſieurs choſes à la fois.
Car les veritez Geometriques ont cela de propre

qu'elles dépendent d'un long enchaîfnement de
principes qu'il faut fuivre pour arriver à la conclufion ; & comme cette conclufion tire fa lumiere de
ces principes il faut que l'efprit voye en même
temps, & ce qui éclaire & ce qui eft éclairé, ce qu'il
ne peut faire fans s'étendre & fans porter fa veuë
plus loin que dans fes actions ordinaires.

Cette étendüe d'efprit, qui paroift dans la Geometrie, eft non feulement tres utile pour tous les
fujets qui ont befoin de raifonnement ; mais
elle eft auffy tres admirable en elle même ; & il n'y
a gueres de qualité de noftre ame qui en faffe
mieux voir la grandeur, & qui détruife davantage
les imaginations baffes & groffieres de ceux qui
voudroient la faire paffer pour une matiere. Car le
moyen de s'imaginer qu'un corps, c'eftadire, un
eftre où nous ne concevons qu'une étendüe figu-
rée & mobile, puiffe penetrer ce grand nombre de
principes tout fpirituels qu'il faut lier enfemble
pour la preuve des propófitions que la Geometrie
nous demótre, & qu'il porte même fa veuë jufques
dans l'infiny pour en affeurer ou en tirer plufieurs
chofes avec une certitude entiere. Elle nous fait
voir par exemple, que la Diagonale & le cofté d'un
Quarré n'ont nulle mefure commune, c'eftadire,
que l'efprit voit que dans l'infinité des parties de
differente grandeur qu'on y peut choifir, il n'y en
a aucune qui puiffe mefurer exactement l'une &
l'autre de ces deux lignes.

On peut dire que toutes les propofitions Geo-

metriques font de même infinies en étendüe ; parceque l'on n'y conclut pas ce qu'on démótre d'une
feule ligne, d'un feul angle, d'un feul cercle, d'un
feul triangle, mais de toutes les lignes, de tous les
angles, de tous les cercles, de tous les triangles;
& qu'ainſy l'eſprit les renferme & les comprend
tous en quelque forte quelques infinis qu'ils foiët.
Or que tout cela fe puiſſe faire par le bouleverfe-
ment d'une matiere, & qu'en la remuant elle de-
vienne capable de comprendre des objets fpirituels, & d'en comprendre même une infinité, c'eſt
ce que perſonne ne ſçauroit croire ny penſer, pourveu qu'il veüille de bonne foy fonger à ce qu'il dit.

Ce font ces reflexions qui ont fait juger à l'Auteur de ces Elemens, qu'on pouvoit faire un bon
uſage de la Geometrie ; mais ce n'eſt pas neanmoins ce qui l'a porté à travailler à en faire de
nouveaux, puiſqu'on peut tirer tous ces avantages des livres ordinaires qui en traittent. Ils por-
tent tous à aimer la verité ; ils apprennent à la diſcerner ; ils fortifient la raiſon ; ils étendent la veüe
de l'eſprit, & ils donnent lieu d'admirer la grandeur de l'ame de l'homme, & de reconnoiſtre
qu'elle ne peut eſtre autre que fpirituelle & im-
mortelle. Ce qui luy a donc fait croire qu'il eſtoit
utile de donner une nouvelle forme à cette fcience eſt, qu'eſtant perſuadé que c'eſtoit une choſe
fort avantageuſe de s'accoûtumer à reduire fes
penſées à un ordre naturel, cet ordre eſtant comme une lumiere qui les éclaircit toutes les unes

par les autres, il a toûjours eu quelque peine de ce
que les Elemens d'Euclide eſtoient tellement
confus & broüillez, que bien loin de pouvoir donner à l'eſprit l'idée & le gouſt du veritable ordre,
ils ne pouvoient au contraire que l'accoûtumer au
deſordre & à la confuſion.

Ce défaut luy paroiſſoit conſiderable dans une
ſcience dont la principale utilité eſt de perfection-
ner la raiſon ; mais il n'euſt pas penſé neanmoins à
y remedier ſans la rencontre que je vas dire qui l'y
engagea inſenſiblement. Un des plus grands eſprits de ce ſiecle, & des plus celebres par l'ouverture admirable qu'il avoit pour les Mathemati-
ques, avoit fait en quelques jours un eſſay d'Elemens de Geometrie ; & comme il n'avoit pas cette
veüë de l'ordre, il s'eſtoit contenté de changer pluſieurs des démonſtrations d'Euclide pour en ſubſtituer d'autres plus nettes & plus naturelles. Ce petit
ouvrage eſtant tombé entre les mains de celuy qui
a depuis compoſé ces Elemens, il s'étonna qu'un
ſi grand eſprit n'euſt pas eſté frappé de la confuſion qu'il avoit laiſſée pour ce qui eſt de la methode, & cette penſée luy ouvrit en même temps
une maniere naturelle de diſpoſer toute la Geometrie, les démonſtrations s'arrangerent d'elles
mêmes dans ſon eſprit, & tout le corps de l'ouvrage que nous donnons maintenant au public ſe
forma dans ſon idée.

Cela luy fit dire en riant à quelques uns de ſes
amis, que s'il avoit le loiſir il luy ſeroit facile de

faire des Elemens de Geometrie mieux ordonnez que ceux que l'on luy avoit montrez ; mais ce n'e-ſtoit encorè qu'un projet en l'air qu'il avoit peu d'eſperance de pouvoir executer, quoique quel-ques perſonnes l'en priaſſent ; parcequ'il auroit fait ſcrupule d'y employer un temps où il auroit eſté en eſtat de faire quelque autre choſe.

Il eſt arrivé neanmoins depuis que diverſes ren-contres luy ont donné le loiſir dont il avoit beſoin pour cela. Il fut une fois obligé par une indiſpo-ſition de quitter ſes occupations ordinaires, & il trouva ſon ſoulagement en ſe déchargeant d'une partie de ce qu'il avoit dans l'eſprit ſur cette ma-tiere. Une autrefois il ſe trouva quatre ou cinq jours dans une maiſon de Campagne ſans aucun livre, & il remplit encore ce vuide en compoſant quelque partie de ce Traitté. Enfin en ménageant ainſy quelques petits temps, il a achevé ce qu'il avoit deſſein de faire de cet ouvrage, s'eſtant bor-né d'abord à la Geometrie des Plans comme pou-vant ſuffire au commun du monde.

Quelques perſonnes ſe ſont étonnez qu'en écri-vant d'une matiere ſi étendüe, & qui a eſté traitée par un ſi grand nombre d'habiles gens, il ne leuſt pour cela aucun livre de Geome-trie, n'en ayant point même dans ſa bibliothe-que : mais il leur répondoit, que l'ordre le condui-ſoit tellement qu'il ne croyoit pas pouvoir rien oublier de conſiderable. Il ajoûtoit même que cet ordre ne ſervoit pas ſeulement à faciliter l'intelli-gence & à ſoulager la memoire ; mais qu'il don-

noit lieu de trouver des principes plus feconds, &
des démonftrations plus nettes que celles dont on
fe fert d'ordinaire. Et en effet il n'y a prefque dans
ces nouveaux Elemens que des démonftrations
toutes nouvelles, qui naiffent d'elles mêmes des
principes qui y font établis, & qui comprennent un affez grand nombre de nouvelles propofitions.

On voit affez par là qu'il n'eftoit pas fort difficile à l'Auteur de la nouvelle Logique ou Art de
penfer, qui avoit veu quelque chofe de cette Geometrie, de remarquer, comme il a fait dans la
IVᵉ Partie, les défauts de la methode d'Euclide, &
d'avancer qu'on pourroit digerer la Geometrie
dans un meilleur ordre. C'eftoit deviner les chofes
paffées. Mais cette avance qu'il avoit faite, fans fe
hazarder beaucoup, a depuis fervy d'engagement
à produire ce petit ouvrage, à quoy l'on n'auroit
peuteftre jamais penfé. Car tant de perfonnes ont
demandé au Libraire une nouvelle Geometrie,
qu'on n'a pas pû la refufer aux inftances qu'il a faites de leur part pour l'obtenir, n'eftant pas jufte
de fe faire beaucoup prier pour fi peu de chofe.

On s'eft donc refolu de la donner au public, &
de le rendre juge de l'utilité qu'on en peut tirer.
On croit feulement devoir avertir le monde qu'il
y aura peuteftre quelques perfonnes qui pourront
trouver les IV. premiers Livres un peu difficiles,
parcequ'on s'y eft fervy de démonftrations d'Al-
gebre, aufquelles on a quelque peine d'abord à
s'accoûtumer.

s'accoûtumer. La raison qui a obligé d'en uſer ainſy eſt, que traittant des grandeurs en general entant que ce mot comprend toutes les eſpeces de quantité, on ne pouvoit pas ſe ſervir de figures pour aider l'imagination; outre que l'on jugeoit qu'il eſtoit utile de ſe rompre d'abord à cette me-thode, qui eſt la plus feconde & la plus Geometri-que; mais ceux neanmoins à qui elle feroit trop de peine ont moyen de s'en exemter en commen-çant par le Vᵉ Livre, & en ſuppoſant prouvées quel-ques propoſitions qui dépendent des quatre pre-miers. Ce remede eſt aiſé, & il ne les privera pas du fruit qu'ils pourront tirer de la methode de ces Elemens lors qu'en une ſeconde lecture ils les li-ront tous de ſuite.

Pour les autres jugemens qu'on peut faire de cet ouvrage, comme il eſt facile de les prévoir, il ſemble auſſy qu'on n'ait pas ſujet de s'en mettre en peine. Car s'il ſe trouve des perſonnes qui le mépriſent par des principes plus élevez, & par un éloignement de toutes ces ſortes de ſciences, peut-eſtre ne ſeront-ils pas fort éloignez du ſentiment de l'Auteur. S'il y en a qui le blaſment comme Geometres en y remarquant de veritables fautes ils ſeront encore d'accord avec luy, parcequ'il ſera toujours tout preſt de les corriger. Enfin ceux qui le reprendront comme Geometres, mais en ſe trompant, ne peuvent pas luy eſtre fort incommo-des, parceque c'eſt une matiere où les veritez ſont ſi claires qu'elles n'ont gueres beſoin d'apologie contre les injuſtes accuſations.

ij

DEFINITIONS DE QUELQUES MOTS
dont on s'eſt ſervi dans ces Elemens ſans les definir,
parcequ'ils ſont plûtoſt de Logique
que de Geometrie.

AXIOME. On appelle ainſy une propoſition ſi claire qu'elle n'a pas beſoin de preuve : comme ; *Que le tout eſt plus grand que ſa partie.* Voir la Logique IV. Part. Chap. VI.

DEMANDE. On ſe ſert de ce mot quand on a quelque choſe à faire, qui eſt ſi facile qu'on n'a pas beſoin de preuve pour demontrer qu'on a fait ce que l'on vouloit faire: comme ; *Décrire un Cercle d'un intervale donné.*

DEFINITION. Ce qu'on appelle de ce nom en Geometrie eſt la determination d'un mot qui pourroit former diverſes idées, à une idée ſi claire & ſi diſtincte qu'elle revienne toujours dans l'eſprit lorſqu'on ſe ſert de ce mot: comme; *On appelle Parallelogramme une figure dont les coſtez oppoſez ſont paralleles.* Voyez la Logique I. Part. Ch. XI.

THEOREME. On nomme ainſy une propoſition dont il faut démontrer la verité : comme ; *Que le quarré de la baſe d'un angle droit eſt égal aux quarrez des deux coſtez.*

PROBLEME. C'eſt auſſy une propoſition qu'il faut démontrer ; mais dans laquelle il s'agit de faire quelque choſe, & prouver qu'on a fait ce qu'on avoit propoſé de faire: comme ; *Faire paſſer par un point donné une ligne parallele à une ligne donnée.*

LEMME. C'eſt une propoſition qui n'eſt au lieu où elle eſt que pour ſervir de preuve à d'autres qui ſuivent. On en peut voir des exemples au commencement des Livres VI. X. & XI.

COROLLAIRE. C'eſt une propoſition qui n'eſt qu'une ſuite d'une autre precedente, on en peut voir un grand nombre dans le Livre IX.

Mais il faut remarquer, que pour mieux faire la depen-

dance qu'avoient plusieurs propositions d'une seule qui
en estoit comme le principe & le fondement, on a quelquefois mis en Corollaire ce qu'on auroit pû mettre en
Theoreme, si on avoit voulu.

Et pour la même raison, il y a de certains Theoremes à
qui on a donné le nom de *Proposition fondamentale* ; parceque toutes les propositions d'une certaine matiere en
dependent. On en peut voir des exemples dans les Livres
VI. VIII. X. XI.

EXPLICATION DE QUELQUES NOTES.

QUOIQUE ces notes soient expliquées chacune en
son lieu ; neanmoins on a cru les devoir encore mettre icy, afin de les faire mieux entendre

+ *Plus* ; ainsy 9 + 3, c'estadire ; neuf plus trois.

— *Moins* : ainsy 14 — 2 , c'estadire ; quatorze moins
deux.

= *Marque de l'égalité* ; ainsy 9 + 3 = 14 — 2. c'estadire ; neuf plus trois est égal à quatorze moins deux.

:: Ces quatre points entre deux termes devant, & deux
termes aprés marquent que ces quatre termes sont proportionnels ou arithmetiquement, ou geometriquement.

Ainsy, Arithmetiquement 7. 3 :: 13. 9.

Et Geometriquement 6. 2 :: 12. 4.

÷ Ces mêmes quatre points avec une ligne qui les
coupe marquent la proportion continüe ; ainsy ÷ 3. 9. 27.
c'estadire, 3 est à 9 ; comme 9 est à 27.

Deux lettres ensemble comme *bd* , marquent quelquefois une grandeur de deux dimensions , comme un plan
dont la longueur soit *b* & la largeur *d*. Mais d'autres fois
ce n'est qu'une ligne dont ces deux lettres marquent les
deux extremitez ; ce qu'il est aisé de discerner par le sujet
que l'on traitte.

Les livres sont divisez en nombres par des chiffres qui
sont en marge : & c'est seulement à cela qu'on a égard

dans les citations & les renvois à quelques points des livres precedens ; le premier chiffre , qui est romain marquant le livre ; & le second qui est Arabe , marquant le nombre de ce livre. Ainsy V. 29. veut dire *le vingt-neuvième nombre du livre cinquième.*

Que si l'endroit où l'on renvoie est du même livre , on cite quelquefois un tel Theorême , ou un tel Lemme , ou bien le nombre precedent avec cette marque s̃. qui veut dire *supra* ; comme s̃. 15. c'estadire , *cy dessus , nombre 15.*

TABLE
De ce qui est traitté dans chaque Livre.

On pourroit dire beaucoup de choses sur l'ordre qu'on a suivi dans ces Elemens , & pour faire voir qu'il est beaucoup plus naturel que celuy qu'on a jamais observé dans ces matieres. Mais on aime mieux en laisser le jugement à ceux qui les liront , & l'on se contente d'en representer le plan en faisant voir de suite ce qui est traitté dans chaque livre.

PRIVILEGE DU ROY.

LOUIS PAR LA GRACE DE DIEU ROY DE FRANCE ET DE NAVARRE. A nos amez & feaux Conseillers, les Gens tenans nos Cours de Parlemens de Paris, Toulouze, Bordeaux, Dijon, Roüen, Aix, Rennes, Grenoble & Mets; Maistres des Requestes ordinaires de nostre Hostel, Baillifs, Seneschaux, Prevosts, leurs Lieutenans, & à tous autres de nos Justiciers & Officiers qu'il appartiendra : Salut. Nostre amé le Sieur Claude de Beaubourg, Avocat en Parlement, Nous a fait remontrer qu'il a entre les mains un Livre intitulé, NOUVEAUX ELEMENS DE GEOMETRIE, *Contenant outre un ordre tout nouveau, & de nouvelles demonstrations des propositions les plus communes, de nouveaux moyens de faire voir quelles lignes sont incommensurables : De nouvelles mesures de l'Angle dont on ne s'estoit point encore avisé ; Et de nouvelles manieres de trouver & de démontrer la proportion des lignes. &c. par M. D. M. G. B.* Lequel Livre il est sollicité de donner au Public, s'il avoit nos Lettres de permission sur ce necessaires, lesquelles il nous a tres-humblement supplié de luy accorder. A CES CAUSES, Nous avons permis & permettons par ces Presentes à l'Exposant, de faire imprimer, vendre & debiter en tous les lieux de nostre obeïssance ledit Livre par tel Imprimeur ou Libraire qu'il voudra choisir ; & ce en un ou plusieurs Volumes, en telles marges, en tels caracteres, & autant de fois qu'il voudra, durant l'espace de sept années, à compter du jour qu'il sera achevé d'imprimer la premiere fois en vertu des Presentes. Et faisons tres expresses deffenses à tous Libraires, Imprimeurs, & autres personnes de quelque qualité & condition qu'elles soient, de l'imprimer, faire imprimer, vendre ny debiter en aucun lieu de nostre obeïssance, sous pretexte d'augmentation, correction, changement de titre, fausses marques ou autrement, en quelque sorte & maniere que ce soit; & mesme à tous Graveurs d'en contrefaire aucunes Figures, Fleurons, Vignettes, s'il y en a, ny d'en faire des extraits ou abregez : Et à tous Marchands estrangers, Libraires ou autres, d'en apporter ny distribuer en ce Royaume d'autre impression que de celles qui auront esté faites du consentement de l'Exposant, ou de ceux qui auront droit de luy en vertu des Presentes : le tout à peine de Trois mille livres d'amende, payables sans déport par chacun des contrevenans, & appliquables un tiers à Nous, un tiers à l'Hostel-Dieu de Paris, & l'autre tiers audit Exposant; de confiscation des Exemplaires qui seront trouvez contrefaits en France ou ailleurs, & de tous dépens, dommages & interests; à condition qu'il sera mis deux Exemplaires dudit Livre en nostre Bibliotheque publique, un en celle de nostre Chasteau du Louvre, appellée le Cabinet de nos Livres; & un en celle de nostre tres-cher & feal le Sieur Seguier, Chevalier, Chancelier de France, avant que de l'exposer en vente, à peine de nullité des presentes; lesquelles seront registrées gratuitement, & sans frais, dans le Registre de la Commuuauté des Marchands Libraires de nostre bonne Ville de Paris. Du contenu desquelles Nous voulons & vous mandons que vous fassiez jouïr pleinement & paisiblement l'Exposant, & ceux qui auront droit de luy, sans souffrir qu'il luy soit donné aucun trouble ny empeschement. Voulons aussi qu'en mettant au commencement ou à la fin dudit Livre autant des Presentes ou un Extrait d'icelles, elles soient tenuës pour deuëment signifiées, & que foy y soit ajoûtée, & aux copies collationnées par un de nos amez & feaux Conseillers & Secretaires, comme à l'original. MANDONS au premier nostre Huissier ou Sergent sur ce requis, de faire pour l'execution d'icelles tous Exploits necessaires, sans demander autre permission : CAR tel est nostre plaisir, Nonobstant clameur de Haro, Chartre Normande, & autres Lettres à ce contraires. DONNE' à Paris le 19. jour de Juillet 1665, & de nostre regne le Vingt-troisiéme. *Signé*, Par le Roy en fon Confeil, PETITPIED: Et fcellé de cire jaune fur fimple queuë.

Regiftré fur le Livre de la Communauté, fuivant l'Arreft du Parlement en datte du 8. Avril. 1653. le 22. Septembre 1665. Signé, PIGET, Syndic.

Mr de Beaubourg a cedé fon droit du Privilege cydeffus à Charles Savreux Libraire Juré à Paris, pour en jouïr par luy tout le temps & aux claufes qu'il contient, fuivant l'accord fait entr'eux.

Achevé d'imprimer pour la premiere fois le 22. de Ianvier 1667.

Les Exemplaires ont efté fournis.

FAUTES A CORRIGER.

Pages.	Lignes.	Fautes.	Corrigées.
96	12	le moyen	la maxime.
136	*penult.*	au deffus	au deffous
145	15	même point, *ajoutez*	& du même cofté
189	21	dans ce même	dans un même
254	9	ainfi égales	auffi egales
261	*antepen.*	le diametre	le demydiametre
262	15	& extréme	ou extreme
299	14	divifée en 6, & en c	en b & en c
306	18	quoy qu'elle foit en l'un	quoy qu'en l'un elle foit l'un

FAUTES DANS LES FIGURES.

Page 91. *La 1re figure de cette page devroit eftre au 1er Theoreme de la page precedente.*

135. *Il devroit y avoir une figure pour le 5e. Que fi au contraire. On la peut fuppléer par ce qui eft dit en la page 131.*

198. *Il y a des lettres manquées dans la figure. Au deffus de B, qui eft embas, il faut un petit b romain, & à cofté un grand B italique.*

* 228. *Il manque une raye droite de c à d. On la peut fuppléer à la plume.*

295. *Lettres mal placées. Nulle ne doit eftre à la fin des lignes. Mettre b au milieu de la ligne d'embas, & approcher x & y un peu plus prés de d.*

310. Dans la 1re figure mettre un *n* où il y a un *x*.

* Le chiffre eft manqué, ne marque que 100, & le fuivant 211.

NOUVEAUX

NOVVEAVX ELEMENS
DE
GEOMETRIE.

LIVRE PREMIER.

DES GRANDEVRS EN GENERAL,
ET DES QUATRE OPERATIONS,
Ajoûter, Souſtraire, Multiplier, Diviſer,
entant qu'elles ſe peuvent appliquer
à toutes ſortes de grandeurs.

SVPPOSITIONS GENERALES.

OVTES les Sciences ſuppoſent des connoiſſances naturelles, & elles ne conſiſtent
proprement qu'à étendre plus loin ce que nous
ſçavons naturellement.

AINSI quoy qu'il ſemble que ce ſoit contre le vray ordre des ſciences de ſuppoſer dans
les ſuperieures, ce qui ne ſe doit traiter que dans les inferieu-
res, comme qui ſuppoſeroit dans la Geometrie, ce qui ne s'ap-
prendroit que dans l'Aſtronomie; neanmoins ce n'eſt point

I.

A

contre cét ordre que de supposer dans une science superieure ce qui regarde l'objet de l'inferieure, lors que nous ne supposons que ce qui se peut sçavoir par la seule lumiere naturelle sans l'ayde d'aucune science.

C'est pourquoy ayant entrepris de traiter icy de la quantité ou grandeur en general, entant que ce mot comprend l'étenduë, le nombre, le temps, les degrez de vitesse, & generalement tout ce qui se peut augmenter en ajoûtant ou multipliant, & diminuer en soustraiant, ou divisant, &c. je ne ferai point de difficulté de supposer qu'on sçait de certaines choses qui semblent appartenir à la science des nombres qu'on appelle Arithmetique, ou à la science de l'étenduë qu'on appelle Geometrie ; parce que je ne supposeray rien qu'on ne puisse sçavoir sans l'aide de l'Arithmetique ou de la Geometrie pour peu d'attention qu'on y fasse, ou qu'on y ait déja fait.

PREMIERE SUPPOSITION.

I I.   Ie suppose donc premierement qu'on sçache ajoûter & multiplier de petits nombres, comme que 4 & 5 font 9, que 3 fois 5 font 15, &c.

SECONDE SUPPOSITION.

I I I.   Secondement qu'on sçache que c'est la mesme chose dans la multiplication de commencer par lequel on veut des deux nombres que l'on multiplie : comme que 3 fois 5, est la mesme chose que 5 fois 3, que 4 fois 6, est la mesme chose que 6 fois 4.

TROISIEME SUPPOSITION.

I V.   Ie suppose en troisiême lieu, que l'on sçache que ce qu'on appelle corps, espace, étenduë, (car tout cela signifie la mesme chose) a trois dimensions, longueur, largeur, & profondeur. Et que quand on les considere toutes trois ; c'est alors que cette sorte de grandeur s'appelle proprement corps ou Solide. Que quand on n'en considere que deux, sçavoir la longueur & la largeur, on l'appelle alors Surface. Et que quand on n'en considere qu'une, sçavoir la longueur, on l'appelle alors Ligne.

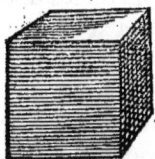

QUATRIEME SUPPOSITION.

JE suppose en quatrième lieu, que la multiplication & la division se peuvent appliquer à toutes grandeurs, & non seulement aux nombres. Car par exemple dans l'étendüe on appelle multiplier la longueur par la largeur, lors qu'ayant un morceau de terre de 4 perches de longueur & 3 de largeur, on dit que ce morceau de terre a 12 perches de surface. Et au contraire, on appelle diviser, lors que sçachant par exemple quel est le contenu d'un morceau de terre, comme qu'il est de 12 perches, & sçachant aussi quelle en est la longueur, comme de 4 perches, on en cherche la largeur qui se trouvera estre de 3 perches. On pourroit encore donner une autre notion de la multiplication & de la division par rapport à l'unité. Mais celle-là suffit pour ce que nous avons à faire, & l'autre ne se pourroit bien expliquer qu'en supposant des choses dont nous ne parlerons que dans la suite.

V.

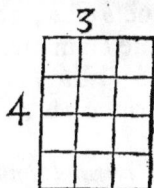

CINQUIEME SUPPOSITION.

JE suppose en cinquième lieu, que l'on se puisse mettre dans l'esprit que ce qu'on appelle les trois dimensions dans les corps s'applique par accommodation à toutes les autres grandeurs, & mesme aux nombres.

CAR on les considere quelquefois comme n'ayant qu'une dimension lors qu'on ne suppose point qu'on les

VI.

A ij

ait multipliez par une autre grandeur. Et alors on les peut appeller grandeurs lineaires : comme est par exemple le nombre de 7, qu'on ne considere que comme estant composé de sept unitez.

Et quelquefois on les considere comme ayant deux dimensions lors qu'on suppose qu'une grandeur est née de la multiplication de deux lineaires ; Et alors on les peut appeller grandeurs planes. Comme est par exemple le nombre de 12, lors qu'on le considere comme estant né de la multiplication de 3 par 4. . . . . .
. . . .

Et enfin on les considere comme ayant trois dimensions lors qu'on suppose qu'une grandeur est née de la multiplication de trois grandeurs lineaires, ou d'une plane qui en a déja deux, par une lineaire. Et alors on peut appeller ces grandeurs solides. Comme est par exemple le nombre de 24, quand on le considere comme né de la multiplication de ces trois nombres 2.3.4, parce que 2 fois 3 font 6, & 4 fois 6 font 24.

Sixieme Supposition.

VII.   Ie suppose enfin qu'on s'accoûtume à concevoir generalement les choses en les marquant par des lettres sans se mettre en peine de ce qu'elles signifient, puis qu'on ne s'en sert que pour conclure que *b* est *b*, que *c* est *c*, ou ce qui est pris pour la mesme chose en matiere de grandeur, sur tout en general, que *b* est égal à *b*, & *c* à *c*, ou que *b* multiplié par *c* est égal à *b* multiplié par *c*, ou selon la 2ᵉ Supposition à *c* multiplié par *b*.

Cette remarque est de grande importance. Car on ne feroit que se broüiller si dans ces commencemens qui doivent estre très simples on vouloit appliquer ce qu'on traite generalement à des exemples particuliers dont la connoissance dépendroit d'autres principes. Et de plus, l'une des plus grandes utilitez de ce traité, est d'accoûtumer l'esprit à concevoir les choses d'une maniere spirituelle sans l'aide d'aucunes images sensibles, ce qui sert beaucoup à nous rendre capables de la connoissance de Dieu & de nostre ame.

PRINCIPES GENERAVX.
Du Tout et des Parties.

TOUTE grandeur est considerée comme divisible en ses parties. VIII.

LA grandeur est appellée *tout* au regard de ses parties. IX.

LORS qu'une partie de la grandeur est contenuë precisément tant de fois dans son tout, comme 2 fois, 3 fois, 4 fois, &c. elle s'appelle *partie aliquote*, ou simplement *aliquote*. X.

ON dit aussi qu'elle en est *la mesure*; parce qu'elle la mesure justement estant prise autant de fois qu'il faut. XI.

AINSI 3 est partie aliquote de 9, parce qu'il y est trois fois; 5, partie aliquote de 20, parce qu'il y est 4 fois.

QUAND les parties aliquotes d'une grandeur sont autant de fois dans leur tout que les parties aliquotes d'une autre grandeur dans le leur, elles sont appellées *aliquotes pareilles*. Ainsi 3 & 4, sont les aliquotes pareilles de 9 & de 12, parce que 3 est autant de fois dans 9, que 4 dans 12, l'un & l'autre y estant 3 fois. XII.

LE tout est mesure à soy-même, parce que toute grandeur est contenuë une fois dans soy-même. XIII.

ON appelle *portion* toute partie aliquote ou non aliquote. Ainsi 4 est une portion de 13; 5 de 7. XIV.

AXIOMES.
DE L'EGALITE' ET INEGALITE'.

LE tout est plus grand que sa partie. XV.

LE tout est égal à toutes ses parties prises ensemble. XVI.

LES grandeurs égales à une même grandeur sont égales entr'elles. XVII.

SI à grandeurs égales on en ajoûte d'égales, les tous sont égaux. XVIII.

SI de grandeurs égales on en oste d'égales, les restes seront égaux. XIX.

SI de grandeurs inégales on en oste d'égales, les restes seront inégaux. XX.

XXI.   Si à grandeurs inégales on en ajoûte d'égales, les tous feront inégaux.

XXII.   Les aliquotes pareilles de grandeurs égales font égales. Par exemple, si b eſt égal à c, le tiers de b ſera égal au tiers de c, cela eſt manifeſte.

XXIII.   Et par la meſme raiſon deux grandeurs font égales quand leurs aliquotes pareilles font égales. Si le tiers de b eſt égal au tiers de c, b eſt égal à c, car b eſt égal à ſes trois tiers, & c aux trois ſiens. Or ſi un tiers eſt égal à un tiers, les trois tiers font égaux aux trois tiers : puis que ce n'eſt qu'ajoûter choſes égales à choſes égales. Donc, &c.

XXIV.   On peut marquer ainſi qu'une grandeur eſt égale à une autre, comme que b eſt égal à c, $b = c$.

DES QVATRE OPERATIONS,
AIOVTER, &c.
ADDITION.

XXV.   Ajoûter ou *Addition* s'exprime ainſi b, plus c, & ſe marque ainſi $b + c$. Et le tout s'appelle *ſomme*.

SOUSTRACTION.

XXVI.   Souſtraire ou *Souſtraction* s'exprime ainſi b, moins c, & ſe marque ainſi $b - c$. Et cela s'appelle *reſte* ou *diffe-rence*.

MULTIPLICATION.

XXVI.   Multiplier ou *Multiplication* s'exprime ainſi b en c, & ſe marque ainſi $b \times c$, ou plus brévement $b\,c$. Nous ne nous ſervirons que de ce dernier $b\,c$.

XXVIII.   Où il faut remarquer qu'une grandeur marquée par un ſeul caractere comme b, ou c, s'appelle grandeur lineaire, ſelon la 5e Suppoſition. Que quand on les joint enſemble en mettant $b\,c$. cela ne veut pas dire que l'une ſoit ajoûtée à l'autre (ce qu'il faudroit marquer par $b + c$, b plus c,) mais que l'une eſt multipliée par l'autre, d'où naiſt ce qu'on appelle *produit*.

XXIX.   Que s'il n'y a eu que deux grandeurs lineaires qui ayent eſté multipliées l'une par l'autre, *ce produit s'appelle gran-deur plane* ou *plan*.

XXX.   Et les deux grandeurs lineaires d'où ce plan a eſté produit, s'appellent *ses deux dimensions* ou ses deux costez.

Et si c'est la mesme grandeur lineaire qui a esté multi-   XXXI.
pliée par soy mesme, comme si b en b a fait bb, ce plan
s'appelle *quarré*. Et cette grandeur lineaire *sa racine*. On
marque quelquefois le quarré ainsi b^2 c'est à dire b quarré, ou $b^{..}$ c'est à dire b de deux dimensions.

Que si trois grandeurs lineaires sont multipliées l'une   XXXII.
par l'autre, comme b en c, & bc en d. ce qui fait bcd, ou ce
qui est la mesme chose si une grandeur plane, comme bc
est multipliée par une lineaire comme par d, ce qui fait
aussi bcd, ce produit s'appelle *solide*, ou une grandeur à 3
dimensions.

Et si c'est une mesme grandeur qui est multipliée 2 fois XXXIII.
par elle-mesme, comme b en b, & bb en b, ou ce qui est la
mesme chose si un quarré comme bb est encore une fois
multiplié par b sa racine, ce qui fait bbb, ce solide s'appelle *cube*, & b la racine de ce cube.

On marque quelquefois le cube ainsi b^c c'est à dire b
cube, ou $b^{...}$ c'est à dire b de trois dimensions.

DIVISION.

Diviser ou *Division* s'exprime ainsi, bc divisé par p,   XXXIV.
& se marque ainsi $\frac{bc}{p}$. Et ce qui en naist s'appelle *quotient*,
& la grandeur de dessus, *grandeur à diviser*, & celle de
dessous, *diviseur*.

C'est presque toûjours une grandeur de plusieurs dimensions qu'on divise par une grandeur de moins de dimensions. Car la division est opposée à la multiplication,
comme la soustraction à l'addition. D'où vient que la
multiplication du diviseur & du quotient fait une grandeur égale à la grandeur à diviser ; parce que la multiplication refait ce que la division avoit défait. Et d'où vient
aussi par la mesme raison que si on veut multiplier une
grandeur divisée par le diviseur même, on n'a qu'à oster
le diviseur, & la grandeur à diviser demeurant seule, sera
le produit. Ainsi le produit de $\frac{bc}{g}$ en g est bc.

La division est de peu d'usage dans le traité de la gran-   XXXV.
deur en general, parce qu'on ne sçauroit d'ordinaire dé-

terminer un quotient qu'en defcendant à quelque efpece
de grandeur, comme l'étenduë ou le nombre.

IL n'y a qu'une rencontre où on le peut, qui eft lors
que le mefme caractere fe trouve dans la grandeur à divifer & dans le divifeur. Car alors oftant ce caractere de
l'un & de l'autre, ce qui reftera fera le quotient.

Ainfi ayant $\frac{b\,c}{b}$ le quotient fera c.

Ayant $\frac{b\,c\,d}{b\,c}$ le quotient fera d.

Ayant $\frac{b\,c\,d}{b}$ le quotient fera $c\,d$.

DES GRANDEVRS
INCOMPLEXES ET COMPLEXES.

XXXVI.   OUTRE ce que nous avons remarqué que l'on pouvoit
confiderer les grandeurs comme n'ayant qu'une dimenfion, ou en ayant plufieurs : on peut encore confiderer
toutes ces fortes de grandeurs lineaires, planes, ou folides comme incomplexes, ou comme complexes.

XXXVII·   IE les appelle *incomplexes* quand on confidere une grandeur d'une ou de plufieurs dimenfions à part , comme b,
ou $c\,d$, ou $m\,n\,o$, fans y rien ajoûter ou en rien ofter.

XXXVIII.   ET je les appelle *complexes* quand on y en joint d'autres
de mefme genre par un *plus* ou un *moins*, ou qu'on marque par un chiffre que la même grandeur fe doit prendre
plufieurs fois, comme $b + c$, ou $b + c + d$, ou $b + f — g$,
ou $b\,c + f\,g$, ou $b\,c + f\,g, — m\,n$.

Ou par des chiffres $3\ b$.

Or comme il y a quelque difficulté un peu plus grande
pour faire les operations dont nous venons de parler fur
les grandeurs complexes, nous en donnerons les principes
& les regles.

PRINCIPES
POUR FAIRE LES QUATRE OPERATIONS
SUR LES GRANDEURS COMPLEXES.

XXXIX.   1. CHAQUE grandeur incomplexe dont la complexe eft
compofée fe peut appeller *terme*.

XL.   2. LE plus & le moins font appellez *fignes*.

LE plus $+$, *figne affirmatif*, le moins, $—$ *figne negatif*.

XLI.   3. PAR tout où n'eft point le figne negatif, l'affirmatif
                                                            eft

est sous-entendu. Ainsi $b + c$, vaut $+ b + c$. Mais il seroit inutile de marquer le plus au commencement.

4. LE plus & le moins d'une même grandeur ou ter-   XLII.
me sont égaux à rien, ou valent zero. Car l'un ostant ce
que l'autre a mis, il ne demeure rien. Ainsi $b - b$, ce n'est
rien, $b + c - c$, ne vaut que b.   Cela est aussi important
que facile.

5. LORS que le même terme est plusieurs fois repeté   XLIII.
dans une grandeur complexe , si c'est toûjours avec le
mesme signe, soit affirmatif, soit negatif, on peut ne le
mettre qu'une fois avec son même signe , en marquant
par un chiffre combien il doit estre pris de fois. Ainsi pour
$b + c + c + c$, on peut mettre b plus $3c$, ou $b + 3c$:
au lieu de $b - g - g - g$, on peut mettre b moins $3g$, ou
$b - 3g$.

6. MAIS si la même grandeur ou terme est avec des signes   XLIV.
divers, on peut alors selon le principe 4, oster ce terme
de la grandeur complexe autant de fois qu'il est avec un
plus & avec un moins. Ainsi $b + c + c - c - c$, ne vaut
que b, parce que c est autant de fois osté que mis, & ainsi
il ne reste rien. Que s'il y avoit un *plus* davantage, comme $b + c + c - c$, alors il le faudroit laisser une fois
avec *plus* $b + c$, & de même s'il y avoit un moins davantage.

ADDITION
DES GRANDEURS COMPLEXES.

POUR ajoûter une grandeur complexe, comme $b + c$,   XLV.
à une autre grandeur ou complexe comme $m + c$, ou incomplexe comme m, il ne faut qu'y joindre la grandeur
qu'on veut ajoûter & en conserver tous les signes, en observant toûjours que le signe affirmatif est sous-entendu
où il n'y en a point.

A $b + c$. ⎱ Somme $b + c + m + n$.
ajoûter $m + n$. ⎰

A $b + c$. ⎱ Somme $b + c + m - n$.
ajoûter $m - n$. ⎰

QUE s'il y a des chiffres, il les faut laisser comme on   XLVI.

B

les trouve.

A $\qquad$ $2b + 3c.$

ajoûter $\quad 3m + 4n.$ $\Big\}$ Somme $2b + 3c + 3m + 4n,$

XLVII.   La somme estant trouvée, si le même terme s'y trouve plusieurs fois, on peut pratiquer ce qui a esté dit dans le principe 5 & 6. Ce qui soit dit une seule fois pour toutes les autres operations.

SOVSTRACTION
DES GRANDEURS COMPLEXES.

XLVIII.   Pour soustraire une grandeur complexe d'une autre grandeur ou complexe ou incomplexe, il ne faut que l'y joindre en changeant tous les signes de la grandeur qu'on soustrait, & observant toûjours que le signe affirmatif est sous-entendu où il n'y en a point.

De $\quad b + c.$

oster $\quad m + n.$ $\Big\}$ reste $b + c - m - n.$

De $\quad b + c.$

oster $\quad m - n + o.$ $\Big\}$ reste $b + c - m + n - o.$

XLIX.   Il n'est pas difficile de juger pourquoy on change le *plus* sous-entendu en *moins* dans le premier terme de la grandeur à soustraire : car c'est en cela même que consiste la soustraction. Mais d'abord on est surpris de ce qu'il faut changer les signes des autres termes de *plus* en *moins* & de *moins* en *plus*. Et neanmoins cela est assez facile à comprendre, si on considere que pour oster *m moins p*, il ne faut pas oster *m* tout seul; car ce seroit trop oster de *p* (puisque *m* est plus grand que *m moins p*) & ainsi ayant osté *m* parce qu'on a trop osté, il faut ajoûter *p* qui est ce qu'on a osté de trop. D'où il s'ensuit qu'il faut changer le signe de *moins* qui estoit avant *p*, & qui faisoit qu'en ostant *m* on ostoit trop, au signe de *plus* qui remet ce *p* qu'on avoit osté de trop.

Et par la même raison il faut changer en *moins* le signe de *plus* qui estoit avant *o*, parce qu'on n'osteroit pas assez si on ostoit cet *o* ; ce qui se fait en l'affectant du signe *moins — o.*

MVLTIPLICATION
DES GRANDEURS COMPLEXES.

POUR multiplier une grandeur complexe par une autre   L.
complexe ou incomplexe, il faut faire autant de multiplications particulieres que chaque terme de la grandeur
complexe peut eftre comparé avec chaque terme de l'autre grandeur.

DE forte que multipliant le nombre des termes d'une
grandeur à multiplier, avec le nombre des termes de l'autre , on a le nombre des multiplications partiales qu'il
faut faire pour avoir la multiplication totale , ou le produit total.

AINSI lors qu'une des deux grandeurs n'a qu'un terme   LI.
& que l'autre en a deux, parce qu'une fois deux ne font
que deux, il ne faudra faire que deux multiplications partiales de chacun des deux termes d'une grandeur par le
terme unique de l'autre.

$$\text{En } \left. \begin{array}{c} b. \\ c + d. \end{array} \right\} \text{ produit } cb + db.$$

LORS que les deux grandeurs ont chacune deux ter-   LII.
mes, parce que deux fois deux font 4, il faudra faire 4
multiplications partiales pour avoir le produit total.

$$\text{En } \left. \begin{array}{c} b + c. \\ p + q. \end{array} \right\} \text{ produit } pb + pc + qb + qc.$$

LORS que chacune a trois termes, parce que trois fois   LIII.
trois font neuf, il faudra faire neuf multiplications qu'on
pourra difpofer trois à trois en cette forte ;

$$\text{En } \left. \begin{array}{c} b + c + d. \\ p + q + r. \end{array} \right\} \begin{array}{l} pb + pc + pd. \\ + qb + qc + qd. \\ + rb + rc + rd. \end{array}$$

& ainfi à l'infini.

LA même chofe fe fait quand on multiplie des gran-   LIV.
deurs planes par des grandeurs lineaires, d'où naiffent des
grandeurs folides.

$$\text{En } \left. \begin{array}{c} bd + pq. \\ f + t. \end{array} \right\} \text{ produit } sbd + spq + tbd + tpq.$$

L V.   Voila ce qu'il faut obſerver generalement dans toute multiplication des grandeurs complexes. Mais il y a une difficulté particuliere pour ſçavoir quand il faut mettre les ſignes de *plus* ou de *moins* avant les produits des multiplications partiales. C'eſt ce qu'on apprendra par ces trois Regles.   Premiere Regle.

L V I.   Plus en *plus* fait *plus* ; c'eſt à dire que la multiplication de deux termes qui ont chacun un *plus* exprimé ou ſous-entendu, donne un produit qui doit avoir le ſigne de *plus*. Cela eſt ſans difficulté, & les exemples qu'on a propoſez le font aſſez voir.

Seconde Regle.

L V I I.   Plus en *moins*, ou *moins* en *plus* donne *moins*. C'eſt à dire que la multiplication de deux termes dont l'un a *plus* & l'autre *moins*, donne un produit qui doit avoir le ſigne de *moins*.

En $p - q \begin{Bmatrix} b \\ \end{Bmatrix} p\,b - q\,b$. parce que q a *moins* & b *plus* ſous-ent.

L V I I I.   La raiſon eſt que la multiplication partiale de p en b donne un produit plus grand que ne doit eſtre le total, parce que $p - q$ eſt moindre que p ſimplement. Et par conſequent pour oſter ce qu'on a mis de trop, il faut multiplier q en b, & l'oſter de $p\,b$, ce qui donne $p\,b - q\,b$. Et pour le faire voir encore plus clairement, il faut marquer $p - q$ par une ſeule lettre, comme par x. car alors le produit de x en b, qui eſt $x\,b$. ſera égal au produit de b en $p - q$, puis que $p - q$ eſt égal à x. Or le produit de b en p eſt égal au produit de b en $x + q$, puiſque p eſt égal à $x + q$. Et il eſt clair que le produit de b en $x + q$. eſt $b\,x + b\,q$. Et par conſequent le produit de $b\,p$ eſtant plus grand que $b\,x$ de $p\,q$, il faut oſter $p\,q$, afin qu'il ne reſte que la valeur $b\,x$, qui vaut b en $p - q$.

Cela peut eſtre encore demonſtré d'une autre ſorte.

Par l'hypotheſe $p - q = x$. & $p = x + q$.

Donc c'eſt la même choſe de multiplier b par x, que de le multiplier par $p - q$.

Et c'eſt auſſi la même choſe de multiplier b par p, que

de le multiplier par $x + q$, qui eſt égal à p; c'eſt à dire que $bp = bx + bq$.

ET par conſequent la premiere multiplication partiale donnant pour produit bp, qui eſt égal à $bx + bq$, comme la multiplication totale ne doit valoir que bx, il faut oſter bq de bp, afin qu'il ne vaille que bx. Et c'eſt ce qu'on fait en mettant le ſigne negatif à la ſeconde multiplication partiale qui donne pq, & ainſi le produit de $\begin{Bmatrix} p \\ -q \end{Bmatrix}$ eſt $bp - bq$.

IL s'enſuit de là que le produit de $b + d$ par $b - d$ eſt   LIX.
égal au quarré de b, moins le quarré de d.

Car $\begin{Bmatrix} b + d. \\ b - d. \end{Bmatrix} bb. (+ bd. - bd.) - dd.$

OR par le 5e principe $+ bd - bd$ ne valent rien, & par conſequent les oſtant comme ne faiſant rien, il reſte $bb - dd$.

TROISIEME REGLE.

MOINS en *moins* donne *plus* : c'eſt à dire que la multi-   LX.
plication de deux termes qui ont tous le ſigne de *moins* donne un produit qui doit avoir le ſigne de plus.

$\begin{Bmatrix} b - d. \\ p - q. \end{Bmatrix} bp - bq - pd + dq.$

CELA paroiſt bien étrange, & en effet il ne faut pas   LXI.
s'imaginer que cela puiſſe arriver autrement que par accident. Car de ſoy-même *moins* multiplié par *moins* ne peut donner que *moins*. Mais ce qui fait qu'on met plus, c'eſt que ces deux termes qui ſont tous deux avec *moins* eſtant multipliez par les termes qui ont *plus*, on fait par la 2e Regle deux multiplications negatives ou affectées de *moins*, dans leſquelles on a plus oſté qu'il ne faloit, de ſorte qu'on ne met un *plus* à la multiplication de ces deux termes affectez de *moins* que pour remplacer ce qu'on a oſté de trop.

POUR le faire entendre, ſuppoſons que $b - d$ ſoit égal à x, & $p - q$ égal à y; il s'enſuit de là que la multiplication totale ne doit valoir que xy.

OR la premiere multiplication qui eſt bp, vaut autant

que $x + d$ par $y + q$, puis que b vaut $x + d$, & p vaut $y + q$.

Et ainsi $b\,p = \left. \begin{array}{l} x + d. \\ y + q. \end{array} \right\}\ y\,x + y\,d + q\,x + q\,d.$

De sorte qu'on met de trop $y\,d + q\,x + d\,q$.

Mais on fait en suite deux autres multiplications partiales toutes deux negatives, dont l'une est $-p\,d$, & l'autre $-b\,q$.

Or la premiere, qui est $p\,d$, est égale à $y + q$ par d, puis que $y + q = p$ c'est à dire que $p\,d = y\,d + d\,q$.

Et la seconde qui est $b\,q$, est égale à $x + d$ par q, puis que $x + d = b$ c'est à dire que $b\,q = x\,q + d\,q$.

Et par consequent ces deux multiplications ostent 4 choses, $y\,d. + x\,q. + d\,q. + d\,q$.

Or elles n'en doivent oster que trois, sçavoir $y\,d + x\,q + d\,q$. Et par consequent elles ostent de trop une fois $d\,q$ (qu'elles ostent deux fois) qui est le produit des deux termes affectez de *moins*. Et c'est ce qui oblige de mettre un *plus* à cette multiplication pour remplacer ce qu'on avoit osté de trop.

LXII.   DE LA il s'ensuit que $b - d$ par $b - d$ vaut les deux quarrez $b\,b$ & $d\,d$ moins 2 fois $b\,d$.

Car $\left. \begin{array}{l} b - d \\ b - d \end{array} \right\}\ b\,b - b\,d - b\,d + d\,d$ c'est à dire $b\,b + d\,d - 2\,b\,d$.

LXIII.   C'EST sur cela aussi qu'est fondée une invention fort aisée de trouver les multiplications des nombres depuis 5 jusqu'à 10.

Il ne faut que baisser les 10 doigts, puis relever d'une main autant de doigts qu'il s'en faut que l'un des nombres qu'on veut multiplier n'aille jusqu'à 10 ; comme si ce nombre est 8, en relever 2, & de l'autre de même autant qu'il s'en faut que l'autre nombre n'aille jusqu'à dix ; comme si ce nombre est 7, en relever 3 : cela fait il faut conter autant de dixaines qu'il y a de doigts baissez, & multiplier les doigts levez d'une main par ceux de l'autre, en ne les prenant que pour des unitez, & on aura le nombre qu'il faut.

La raison de cela est qu'on ne fait en cela que multiplier

par
$$\left.\begin{array}{c} 10. \underline{\qquad} 2. \\ 10. \underline{\qquad} 3. \end{array}\right\} 100 - 20 - 30 + 6. \text{ somme } 56.$$

Car en baissant tous les doigts, on fait la premiere multiplication partiale qui donne dix dizaines.

En levant deux doigts d'une main on fait ce que doit
faire la seconde multiplication partiale, qui est de + 10.
par — 2, ce qui donne — 20 : car en levant deux doigts
on oste deux dizaines.

En levant 3 doigts de l'autre main on fait encore ce que
doit faire la troisième multiplication partiale, qui est de
+ 10 par — 3, ce qui donne — 30 : car en levant 3 doigts
on oste trois dizaines.

Et enfin en multipliant les doigts levez d'une main par
ceux de l'autre, on multiplie — 2 par — 3, ce qui donne
+ 6 par la raison que nous avons dite, qui est que les deux
multiplications negatives ont osté cela de trop. Car la
premiere ostant 2 fois 10, a osté 2 fois 7 plus 2 fois 3. Et la
seconde ostant 3 fois 10, a osté 3 fois 8, plus 3 fois 2. Et
ainsi elles ont osté deux fois 3 fois 2, qui n'en devoient
estre ostez qu'une fois.

Car 10 fois 10 est égal à

par
$$\left.\begin{array}{c} 7. + 3. \\ 8 + 2. \end{array}\right\}$$

Ce qui fait 7 fois 8 + 8 fois 3 + 2 fois 7 + 2 fois 3.

Et ainsi 10 fois 10 n'est plus grand que 7 fois 8 (qui est
ce que l'on cherche) que des trois dernieres multiplications, 8 fois 3, 2 fois 7, 2 fois 3. Et ainsi cette derniere n'en
doit estre ostée qu'une fois, & si on l'a ostée deux fois, il
la faut remettre une fois : comme on fait aussi en mettant
plus à la multiplication de moins 3 par moins deux.

QUATRIEME REGLE.

QUAND les termes se trouvent avec des nombres, il
faut multiplier les nombres par les nombres, & les termes
par les termes pour en avoir les multiplications partiales,

LXIV.

en gardant les regles precedentes pour ce qui est des *plus* & des *moins*.

$$\left.\begin{array}{l} 3 \quad b \\ 5 \quad d \end{array}\right\} 15\,bd. \qquad \left.\begin{array}{l} 3\,b. \\ \quad d. \end{array}\right\} 3\,bd.$$

$$\left.\begin{array}{l} 3\,b+2\,d \\ 4\,p+3\,q \end{array}\right\} 12\,bp+8\,pd+9\,bq+6\,dq.$$

THEOREME
POUR EXEMPLE DE LA MULTIPLICATION DES GRANDEURS COMPLEXES.

De 4 grandeurs deux estant égales & les deux autres inégales, le produit d'une égale plus une inégale par l'autre égale plus l'autre inégale, est égal au produit d'une égale par les trois autres, plus le produit des deux inégales. Soient les 4 grandeurs $x. x. b. c.$

Il est clair que des 3 produits marquez dans le Theoreme

Le premier qui est $\left.\begin{array}{l} x+b \\ \text{en } x+c \end{array}\right\}$ ce qui fait $xx.\ xb.\ xc.\ bc.$

Est égal au secõd qui est $\left.\begin{array}{l} x+b+c. \\ \text{en } x. \end{array}\right\}$ ce qui fait $xx.\ xb.\ xc.$

Plus le troisiéme $\left.\begin{array}{l} b \\ \text{en } c \end{array}\right\}$ ce qui fait $bc.$

1. COROLLAIRE.

Trois grandeurs estant données comme $b. x. c.$ le produit de la 1 plus la 2 par la 2 plus la 3, est égal au produit des 3 par la 2 plus le produit de la 1 par la derniere. C'est la mesme chose.

2. COROLLAIRE.

Ce Theoreme fait voir sur quoy est fondée cette regle d'Arithmetique pour la multiplication des nombres digites. On regarde de combien chacun est different de 10. On oste du 1 la difference du 2, & ce qui reste est pris pour dizaines ; puis ayant multiplié les deux differences, le tout fait le produit de ces deux nombres digites.

Ainsi 7 fois 8 font 56, parce que la difference de 7 d'avec 10 est 3, & celle de 8, 2. Ostant donc 2 de 7, reste 5, ce qui me donne 50 ; & multipliant 2 par 3, c'est 6. Donc le tout est 56.

Mais

Mais voicy comment cela revient au Theoreme precedent.

7.   8.   2 est la difference de 8
d'avec 10 que je mets sous

5.   2.   3.   5.   7, & 3 la difference de 7
d'avec 10 que je mets sous 8. Puis ostant 2 de 7, reste 5
que je marque au costé gauche de 2. Et ostant 3 de 8, reste
aussi 5 que je marque en suite de 3.

I'ay donc 4 nombres dont les extrêmes sont égaux.
Et il faut remarquer;

1. Que les deux premiers d'embas sont égaux au premier d'enhaut, & les deux derniers au dernier d'enhaut.

2. Que les 3 premiers valent 10 necessairement, parce
que le 3 est la difference du 1 d'enhaut d'avec 10, & les
deux premiers d'embas valent le 1 d'enhaut.

Donc quand je dis 10 fois 5 ce qui fait 50, c'est la même chose que de multiplier les 3 premiers qui valent 10
par le dernier (5) qui est un des égaux.

Et quand je multiplie les deux differences, c'est multiplier les deux inégaux.

Donc ces deux produits doivent estre égaux au produit
des deux premiers par les deux derniers, qui est la même
chose que le produit des deux d'enhaut, qui est ce que
l'on cherchoit.

DIVISION
DES GRANDEURS COMPLEXES.

ELLE n'a rien de particulier, & il ne faut que mettre la   LXV.
grandeur à diviser au dessus & le diviseur au dessous.

$$\frac{b\,d + p\,q.}{r + s.}$$

DES EQVATIONS.

TOUTE égalité entre deux grandeurs se peut appeller   LXVI.
équation: mais pour l'ordinaire on donne ce nom à l'égalité de deux grandeurs complexes, comme $b\,p + fg$
$= m\,n + s\,t$.

Ou au moins dont l'une est complexe, comme $b + c$
$= d$.

C

Chacune de ces grandeurs égales peut eftre appellée *membre de l'equation.*

LXVII.   IL eft fouvent trés utile de trouver des equations, & l'un des plus grands fecrets pour les trouver eft de pouvoir donner à une même grandeur diverfes dénominations, parce que fouvent une dénomination en fait voir l'égalité avec une autre grandeur qu'une autre dénomination n'auroit pas fait voir.

Ainfi aiant une grandeur comme b partagée en deux portions, comme c & d, on peut nommer chaque portion ou par fon propre caractere, comme c, ou par le caractere du tout moins l'autre partie. Car il eft bien vifible que b eftant égal à $c + d$ chaque partie eft égale au tout moins l'autre partie, & qu'ainfi $c = b - d$. Et $d = b - c$.

Or il y a beaucoup de rencontres où il eft plus avantageux de nommer une partie du nom du tout moins l'autre partie que de luy donner un nom propre. Comme au contraire il eft quelquefois plus utile de donner un nom propre à ce qui eft marqué par une grandeur moins quelque chofe, comme nous avons veu dans les regles de la multiplication.

THEOREME.

LXVIII.   LA plus importante obfervation touchant les Equations eft celle-cy.

On peut transferer chaque terme d'un des membres d'une equation en l'autre fans en troubler l'égalité, pourveu qu'on en change les fignes, c'eft à dire que l'oftant d'un des membres où il eftoit avec *plus*, on le mette dans l'autre avec *moins* ou au contraire. Par exemple,

$$b + d = f.$$

Ie puis tranfporter d en l'autre membre en changeant de figne & mettant

$$b = f - d.$$

Et fi au contraire on avoit

$$b - d = g.$$

On pourroit mettre

$$b = g + d.$$

Que si on transportoit tous les termes d'un membre dans l'autre membre en les changeant chacun de signe, le membre où on auroit transporté tous les signes seroit égal à rien, comme seroit celuy d'où on les auroit transportez. Car si

$$b + d - f = p + q - r.$$
$$b + d - f - p - q + r = \text{à zero.}$$

Et si on ne laisse d'un costé qu'un terme avec un *moins*, cela fera que le membre où on aura transporté les autres termes sera égal à zero moins ce terme - là.

$$b + d = f - g.$$
$$b + d - f = -g.$$

C'est à dire sera moins que rien. Ce qui semble impossible à concevoir, quoy que cela ne soit pas sans exemple même dans le langage commun, puis qu'on dit d'un homme endebté qu'il s'en faut vingt mille escus qu'il n'ait un sou.

La raison de tout cela n'est autre que les deux maximes   LXIX. de l'égalité.

Si à grandeurs égales on en ajoûte d'égales, les tous seront égaux.

Si de grandeurs égales on en oste d'égales, les restes seront égaux.

Car si $b - d = g$.

En ajoûtant d de costé & d'autre ils demeureront égaux.

Or pour ajoûter d au membre où il est avec *moins*, je n'ay qu'à le retrancher; puis qu'aussi bien si je l'avois ajoûté en disant,

$$b - d + d.$$

$-d$ & $+ d$. ne feroient rien par le 4e principe.

Et pour ajoûter d à l'autre membre où il n'est point du tout, il faut que je l'y mette avec *plus* en disant $g + d$.

Et par consequent ce transport d'un terme d'un membre en un autre en changeant le *moins* en *plus* ne fait qu'ajoûter choses égales à choses égales, ce qui ne trouble point l'égalité.

Et si j'avois $b + d = f$.

En retranchant d de costé & d'autre ils demeureront égaux.

Or pour retrancher d du membre où il est avec un *plus*, je n'ay qu'à l'oster tout à fait, puis qu'on ne peut pas mieux le retrancher qu'en le supprimant.

Et pour le retrancher du membre où il n'estoit point du tout, il faut l'y mettre avec un *moins*, en disant $f - d$.

Et par consequent ce transport d'un terme d'un membre à un autre en changeant le *plus* en *moins*, ne fait qu'oster choses égales de choses égales, ce qui ne trouble point l'égalité.

EXEMPLES.

DE LA SOLUTION D'UN PROBLEME PAR EQUATIONS.

LXX.

On feint qu'une Mule allant avec une Asnesse se plaignoit d'estre trop chargée, & que la Mule luy dit ; Si je t'avois donné un de mes sacs, nous en aurions autant l'une que l'autre : & si tu m'en avois donné un des tiens, j'en aurois le double de toy.

On demande combien chacune portoit de sacs. Et on le trouve ainsi.

Le nombre inconnu des sacs de la Mule soit appellé A. & de l'Asnesse B.

Par la premiere hypothese

$$A - 1 = B + 1.$$

Donc ajoûtant 1 de part & d'autre

$$A = B + 2.$$

Par l'autre hypothese.

$A + 1$ est égal à deux fois B $- 1$, c'est à dire à $2B - 2$. Donc en mettant au lieu d'A, $B + 2$ qui luy est égal.

$$B + 3 = 2B - 2.$$

Donc ajoûtant 2 de part & d'autre

$$B + 5 = 2B.$$

Donc ostant un B de part & d'autre

$$5 = B.$$

C'est à dire que B, le nombre des sacs de l'Asnesse, est 5, & 7 celuy des sacs de la Mule.

SECOND EXEMPLE.

AYANT rencontré des pauvres & leur voulant donner   LXXI.
à chacun 5 fols, j'ay trouvé que j'en avois un de trop peu.
Et ainſi ne leur en ayant donné qu'à chacun 4 , il m'en eſt
reſté 6. Combien y avoit-il de pauvres, & combien avois-
je de ſols.

Soit le nombre des pauvres appellé A.

Par l'hypotheſe

$5A - 1 = 4A + 6.$

Donc ajoûtant 1 de part & d'autre

$5A = 4A + 7.$

Donc oſtant 4 A de part & d'autre

$A = 7.$

Donc il y avoit 7 pauvres. Et j'avois 34 ſols.

TROISIEME EXEMPLE.

N'AYANT que des Carolus de 10 deniers & des pieces   LXXII.
de 3 blancs de 15 deniers, faire 20 ſols en 20 pieces.

Soient appellez le ſol A.

Le Carolus $B = A - 2$ den.

La piece de trois blancs $C = A + 3$ den.

Multipliant B par la difference de C à A, c'eſt à dire
prenant 3 B; & C par la difference de B à A, c'eſt à dire
prenant 2 C.

Ie dis que $3B + 2C$ valent $5A$.

Car $3B = 3A - 6$ d.

Et $2C = 2A + 6$ d.

Or plus & moins valent zero. Donc, &c.

Or 4 fois 5 valent 20.

Donc 4 fois 3 B c'eſt à dire 12 B , & 4 fois 2 C, c'eſt à
dire 8 C valent 20 A. Ce que l'on cherchoit.

Cette equation eſt le fondement d'une regle d'Arithmetique qu'on appelle la regle d'alliage.

C iij

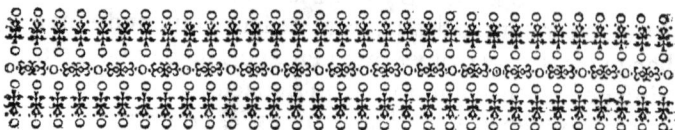

NOVVEAVX ELEMENS

DE

GEOMETRIE.

LIVRE SECOND.

DES PROPORTIONS.

DE LA COMPARAISON DES GRANDEVRS.

DIFFERENCE ET RAISON.

DEFINITIONS ET DIVISIONS.

I.   LEs grandeurs de mefme genre s'appellent *homogenes*, comme deux nombres, deux lignes, deux furfaces.

I I.   DE divers genres *eterogenes*, comme un nombre & une ligne ; une furface & un folide.

I I I.   QUAND on compare deux grandeurs homogenes enfemble, le premier terme de cette comparaifon s'appelle *antecedent* : & le fecond *confequent*.

I V.   OR cette comparaifon fe peut faire en deux manieres.

La premiere eft quand l'une eftant plus grande que l'autre on regarde de combien la plus grande furpaffe la plus petite, ce qui s'appelle *excés* ou *difference* : comme

de combien A furpaſſe B. Cette difference ſe peut exprimer ainſi A — B.

L'AUTRE eſt quand on conſidere la maniere dont une   v.
grandeur eſt contenuë dans une autre, ou en contient une
autre, ce qui s'appelle *raiſon*.

CONTENIR & eſtre contenu ont un rapport ſi naturel   v i.
& l'un s'entend ſi facilement par l'autre, que je ne parle-
ray plus que d'eſtre contenu.

LA maniere dont une grandeur eſt contenuë dans une   v i i.
autre que nous avons dit s'appeller raiſon, eſt encore de
deux ſortes. L'une eſt quand la grandeur ou quelqu'une
de ſes aliquotes eſt contenuë tant de fois preciſément
dans une autre, ce qui s'appelle *raiſon exacte*, ou *raiſon de
nombre à nombre*, parce que tous les nombres ont entr'eux
cette raiſon aiant tous au moins l'unité pour une de leurs
aliquotes qui eſt contenuë preciſément tant de fois dans
tout autre nombre que ce ſoit.

LES grandeurs qui ont entr'elles cette raiſon de nom-   v i i i.
bre à nombre ſont appellées *commenſurables*, parce qu'elles ont quelque aliquote qui leur ſert de meſure commune.

L'AUTRE maniere ſelon laquelle une grandeur eſt con-   i x.
tenuë dans une autre, eſt quand il ne ſe trouve aucune
aliquote dans l'une qui ſoit preciſément tant de fois dans
l'autre. De ſorte que l'une & l'autre aiant une infinité
d'aliquotes & de meſures, il n'y en a aucune neanmoins
qui meſure preciſément l'une & l'autre grandeur, mais
celle qui meſure preciſément la premiere ne meſurera jamais preciſément la ſeconde, & celle qui meſure preciſément la ſeconde ne meſure jamais preciſément la premiere. Cette raiſon s'appelle *ſourde*.

ET les grandeurs qui n'ont entr'elles que cette ſorte   x.
de raiſon s'appellent *incommenſurables*, parce qu'elles
n'ont entr'elles aucune meſure commune.

LA raiſon exacte ou de nombre à nombre ſe diviſe pre-   x i.
mierement en raiſon *d'égalité*, ou *d'inégalité*.

LA raiſon d'égalité eſt fondée ſur ce que l'une eſt con-   x i i.
tenuë preciſément une fois dans l'autre.

XIII. La raison d'inégalité se divise en celle qu'on appelle *de plus grande inégalité*, qui est quand on commence par le plus grand terme en le comparant au plus petit, comme 3 à 2.

XIV. Et celle *de moindre inégalité*, qui est quand on commence par le plus petit terme en le comparant au plus grand, comme 2 à 3.

XV. Que si ce ne sont que les mêmes termes dont l'ordre est seulement renversé, l'une de ces raisons est appellée *inverse* au regard de l'autre.

XVI. L'une & l'autre de ces raisons d'inégalité est *multiple* ou *non multiple*.

XVII. On l'appelle *multiple* quand une grandeur entiere est contenuë plusieurs fois precisément dans une autre. Car alors celle qui contient est appellée multiple de celle qui est contenuë, & celle qui est contenuë *sous-multiple*. Et l'une & l'autre se subdivise à l'infini selon l'infinie varieté des nombres; double, triple, quadruple, &c. moitié, tiers, quart.

XVIII. La raison non multiple est quand il n'y a que quelque aliquote de la grandeur, & non pas la grandeur entiere qui soit contenuë precisément dans l'autre grandeur. Et cette raison se subdivise encore à l'infini, & reçoit differens noms : mais le plus court est de les nommer selon les plus petits nombres ausquels elles se rapportent, comme de 3 à 5, de 7 à 13, &c.

DES PROPORTIONS.
DEFINITIONS ET DIVISIONS.

XIX. Nous venons de dire que les comparaisons de deux grandeurs entr'elles s'appellent difference, ou raison.

Mais on peut comparer ensemble ces comparaisons mêmes, & c'est de là que vient ce qu'on appelle *proportion*.

XX. Car l'égalité des differences ou des raisons s'appelle *proportion* : celle des differences *proportion Arithmetique*, & celle des raisons *proportion Geometrique*.

XXI. On voit par là que chacune des deux differences, ou des

des deux raisons dont l'égalité fait la proportion deman-
dant deux termes , chaque proportion en demande 4.
dont le premier est un antecedent, le second son consequent : le troisième un antecedent, & le quatrième son
consequent. Ce qui se peut marquer ainsi $b. c :: f. g.$

ET de plus, le premier & le dernier terme s'appellent   XXII.
les extrêmes , le 2 & le 3 ceux *du milieu* , ou *les moyens.*

NEANMOINS une mesme grandeur peut servir de con-   XXIII.
sequent au premier antecedent, & d'antecedent au second
consequent : & alors cette proportion est appellée *conti-*
nuë, & la grandeur qui est ainsi prise deux fois *moyenne pro-*
portionnelle. Comme $b. c :: c. d.$

On peut marquer ainsi cette proportion continuë pour
la distinguer de l'autre $\div b. c. d.$

QUE si cela se continuë plus loin que ces 3 premiers   XXIV.
termes , cela s'appelle *progression*, $\div b. c. d. f. g,$ &c.

PROPORTION ARITHMETIQVE.

DANS la proportion arithmetique la difference du   XXV.
premier antecedent à son consequent est égale à la difference du 2e antecedent à son consequent.

$3. \, {}^4 7 :: 8. \, {}^4 12.$

THEOREME.

LA plus considerable proprieté de la proportion ari-   XXVI.
thmetique est que les extrêmes ajoûtez ensemble font
une somme égale à celle des deux du milieu. Ce qu'il est
aisé de montrer en reduisant les termes à une commune
denomination : ce qui est un des plus grands secrets dans
la Geometrie.

Car si b est arithmetiquement à c comme m à n. C'est
à dire si la difference de b à c est égale à la difference de
m à n , appellons cette difference z, & supposant que c'est
b qui est plus grand que c , & m que n, b sera égal à $c + z$,
& m à $n + z$, & ainsi la proportion se pourra reduire à
ces termes,

$c + z. \; c :: n + z. \; n.$

Et par consequent l'addition des extrêmes donne
$c + z + n.$

D

Et l'addition de ceux du milieu donne aussi $c + n + z$.
Ce qui est la même chose.

AVERTISSEMENT.

XXVII. IE *ne diray rien davantage de la proportion arithmetique,*
parce qu'elle n'est pas de grand usage, & que quand on parle
absolument de proportion on entend la Geometrique; outre que
tout ce qui se dit de la proportion Geometrique se peut appli-
quer à l'arithmetique, pourveu que l'on prenne garde que l'Ad-
dition & la Soustraction sont dans la proportion arithmeti-
que, ce que la Multiplication & la Division font dans la Geo-
metrique.

DE LA PROPORTION GEOMETRIQVE.
DEFINITION.

XXVIII. LORS que la raison d'un antecedent à son consequent
est égale à celle d'un autre antecedent à un autre consequent, cette égalité de raisons, côme nous avons déja dit,
s'appelle *proportion Geometrique,* & absolument *proportion.*

Et ces 4 termes, *proportionels.*

Et les deux extrêmes au regard des deux moyens, *reci-*
proques.

Et cela s'exprime ainsi,

b est à c comme f à g.

Ou b est à c en même raison que f à g.

Ou la raison de b à c est égale à la raison de f à g.

Et se marque ainsi,

$$b. \quad c :: f. \quad g.$$

Quand la proportion est continuë elle se peut marquer
de même, en repetant deux fois le terme du milieu, qui
s'appelle alors *moyen proportionel.*

$$b. \quad c :: c. \quad d.$$

Ou bien ainsi,

$$\ddot{\cdot} \quad b. \quad c. \quad d.$$

I. DEFINITION DE L'EGALITE' DES RAISONS.

XXIX. VOICY la premiere notion de l'égalité de deux
raisons.

Deux raisons sont appellées égales quand les antecedens contiennent également les consequens, ou sont éga-

lement contenus dans les confequens.

Dans la raifon d'égalité, contenir & eftre contenu font la même chofe.

Mais dans les raifons d'inégalité cela eft different. Car dans celles de plus grande inégalité les antecedens contiennent les confequens, parce que l'on compare le plus grand terme au plus petit.

Mais dans celles de plus petite inégalité, les antecedens font contenus dans les confequens, parce que l'on compare le plus petit terme au plus grand.

AVERTISSEMENT.

CETTE notion de l'égalité des raifons fuffiroit, s'il eftoit toujours aifé de juger fi les antecedens font également contenus dans les confequens. Mais parce que cela eft fouvent difficile, voicy des proportions naturellement connües qui ferviront d'Axiomes pour le faire juger par le moyen d'une feconde definition qui ne fera qu'une explication de la premiere. XXIX.

PROPORTIONS NATVRELLEMENT
CONNVES.

PREMIER AXIOME.

LE multiple d'une grandeur eft à cette grandeur, comme le multiple pareil d'une autre grandeur eft à cette autre grandeur. Et au contraire une grandeur eft à fon multiple comme une autre grandeur eft à fon multiple pareil. XXXI.

$$3 \; B. \quad B :: 3 \; C. \quad C.$$
$$B. \quad 3 \, B :: C. \quad 3 \, C.$$

SECOND AXIOME.

LES multiples pareils de deux grandeurs font entr'eux comme ces grandeurs: & au contraire deux grandeurs font entr'elles comme leurs multiples pareils. XXXII.

$$3 \; B. \quad 3 \; C :: \quad B. \quad C.$$
$$B. \quad C :: 3 \, B. \quad 3 \, C.$$

TROISIEME AXIOME.

LES multiples differens de la même grandeur font entr'eux, comme les multiples d'une autre grandeur pa- XXXIII.

reils aux premiers , chacun à chacun & dans le même ordre.

$$3\,B.\quad 5\,B::3\,C.\quad 5\,C.$$

Quatrieme Axiome.

xxxiv.　Les multiples pareils de deux grandeurs sont entr'eux comme d'autres multiples pareils des mêmes grandeurs.

$$3\,B.\quad 3\,C::5\,B.\quad 5\,C.$$

Avertissement.

xxxv.　Tout *ce que j'ay dit des multiples se peut dire des aliquotes , n'estant que la même chose sous un autre nom. Car toute grandeur est multiple de ses aliquotes , & aliquote de ses multiples.*

Cinquieme Axiome.

xxxvi.　Les equimultiples de deux grandeurs demeurent equimultiples chacun de sa grandeur, si on ajoute ou l'on oste à l'un & à l'autre d'autres equimultiples de la grandeur de chacun.

$5\,A$, & $5\,B$ sont equimultiples l'un de A & l'autre de B, si l'on ajoûte à l'un $3\,A$ & à l'autre $3\,B$. Il est visible que $5\,A + 3\,A$ & $5\,B + 3\,B$ seront encore equimultiples de A & de B.

Et de mesme $5\,A - 3\,A$ & $5\,B - 3\,B$.

Sixieme Axiome.

xxxvii.　Deux raisons estant égales , les inverses le sont aussi.

Car une raison est inverse de soy-même quand on en a transposé les termes, & que de l'antecedent on en a fait le consequent. Or dans les raisons d'égalité cette transposition ne fait rien.

Mais en celles d'inégalité elle fait que la raison qui estoit de plus grande inégalité en comparant le plus grand terme au plus petit, ce qui faisoit que l'antecedent contenoit le consequent, devient de plus petite inégalité en comparant le plus petit terme au plus grand , ce qui fait que l'antecedent est contenu dans le consequent.

Or il est visible que contenir & estre contenu estant des termes relatifs & reciproques, les antecedens de deux raisons ne peuvent contenir également les consequens (ce

qui doit arriver quand deux raisons de plus grande inégalité sont égales) que les consequens ne soient également
contenus dans les antecedens.

Et ainsi tout ce qui arrivera quand on transposera les
termes de chacune de ces raisons ce qui est les rendre inverses, sera que les nouveaux antecedens seront également
contenus dans les consequens : ce qui montre que
ces raisons inverses sont encore égales.

SECONDE DEFINITION
DE L'EGALITÉ DES RAISONS.

Deux raisons sont appellées égales quand toutes les XXXVIII.
aliquotes pareilles des antecedens sont chacunes également contenües dans chaque consequent.

*Pour mieux comprendre cette definition qui est une des plus
difficiles de la Geometrie*, soient les 4 grandeurs qu'on veut
montrer estre proportionnelles *b. c. f. d.*

Soient les aliquotes quelconques de *b*, premier antecedent, appellées *x*, & les aliquotes quelconques du second
antecedent pareilles à celles du premier appellées *y* : en
sorte que si *x* est ou la $\frac{1}{10}$ ou la $\frac{1}{100}$ ou la $\frac{1}{1000}$ du premier
antecedent, *y* soit aussi ou la $\frac{1}{10}$ ou la $\frac{1}{100}$ ou la $\frac{1}{1000}$ du second. Il s'ensuit de là par le 1er Aziome que *b. x :: f. y* : &
par le second, que *b. f :: x. y*.

Cela estant supposé, afin que selon cette definition les
4 grandeurs *b. c. f. g.* soient proportionnelles, il faut que
x & y (aliquotes quelconques pareilles de *b* & d'*f*) soient
également contenües dans *c* & dans *g*. C'est à dire que si
x est precisément tant de fois dans *c*, *y* soit aussi precisément autant de fois dans *g*. Et alors la raison de chaque
antecedent à son consequent est de nombre à nombre.

Mais si *x* n'est jamais precisément tant de fois dans *c*,
mais toûjours avec quelque residu, il faut qu'*y* soit aussi
autant de fois dans *g*, mais avec quelque residu: & alors
leur raison est sourde.

*Ce qui semble étrange en cecy est que les deux antecedens
ayant une infinité d'aliquotes pareilles, on puisse estre asseuré
que si celles du premier ne sont jamais precisement tant de fois*

D iij

dans *son consequent*, *il en soit de même de celles du second antecedent au regard de son consequent. Mais on verra plus bas par une nouvelle demonstration des lignes proportionnelles, que non seulement cela peut estre, mais qu'on en est effectivement asseuré avec une entiere certitude lors que dans les lignes il n'y a qu'une raison sourde de l'antecedent au consequent.*

PREMIER COROLLAIRE.

XXXIX.   Quand x & y ne sont pas precisément tant de fois dans les consequens, mais qu'il reste quelque chose, le residu du premier consequent soit appellé r, & celuy du second, r.

Et alors les aliquotes quelconques pareilles d'x & d'y seront également contenuës dans r & r; d'où il s'ensuivra que

$$x. \ r :: y. \ \text{r}.$$

Car supposons que la 1re proportion soit reduite en ces termes selon les premieres aliquotes qu'on y a considerées.

$$b. \qquad c \qquad :: \qquad f. \qquad g.$$
$$5x. \quad 3.x + r :: \quad 5y. \quad 3y + \text{r}.$$

Ie dis que les aliquotes pareilles d'x & d'y seront également contenuës dans r, & r.

Soient par exemple $x \frac{1}{10}$ d'x, & $y \frac{1}{10}$ d'y. Si x est dans r 7 fois $+r$, y doit aussi estre dans r 7 fois $+$ r; en sorte que cette seconde proportion sera telle.

$$x. \qquad y \ :: \ y. \qquad \text{r}.$$
$$10x. \quad 7.x + r. \quad 10y. \quad 7y + \text{r}.$$

Si cela n'estoit, la 1re proportion auroit esté fausse.

Car b valant 5x, & chaque x. 10 x. b vaut 50 x, & par la même raison, f 50 y.

c valant $3 x + r$, & les 3 x valant 30 x, & r, 7 $x + r$, c vaut en tout 37 $x + r$.

Et par consequent il faut que g vaille aussi 37 $y + r$, autrement $x \frac{1}{10}$ de b, & $y \frac{1}{10}$ de f ne seroient pas également contenuës dans c, & dans f, & ainsi il faut que la 1re Proportion pour estre vraye se puisse reduire à ces nouveaux termes.

$$b. \quad c \quad :: \quad f. \quad g.$$
$$50x. \quad 37x+r \quad :; \quad 50y. \quad 37y+r.$$

Donc les aliquotes pareilles d'*x* & d'*y* font également contenües dans *r* & *r*.

Donc *x*. *r* :: *y*. *r*. *Ce qu'il faloit démonſtrer.*

SECOND COROLLAIRE.

ON peut voir par là que la difference qu'il y a entre l'égalité des raiſons de nombre à nombre, & celle des raiſons ſourdes, eſt que la premiere ſe moñtre poſitivement, & la ſeconde negativement, en ce qu'on n'y peut jamais trouver d'inégalité.

XL.

FONDEMENT DE CETTE SECONDE
DEFINITION DE L'EGALITE' DES RAISONS.

CETTE ſeconde definition a pour fondement la premiere & les axiomes des proportions naturellement connuës, n'eſtant en effet qu'un moyen qui fait voir que les antecedens contiennent également les conſequens, ou qu'ils en ſont également contenus, en reduiſant la proportion à quelqu'une de celles qui ſont naturellement connües.

C'eſt ce que l'on fait en prenant les aliquotes pareilles des antecedens, & conſiderant ſi les unes ſont autant de fois que les autres contenües dans les conſequens. Car alors on fait les deux termes de la premiere raiſon multiples d'une même grandeur, & les deux termes de la ſeconde multiples auſſi d'une autre grandeur: De ſorte que ſi les antecedens ſont equimultiples chacun de leur grandeur & les conſequens de même, il s'enſuit que ces raiſons ſont égales par le 3ᵉ Axiome.

C'eſt ce qu'on a déja veu dans le premier Corollaire, & on y a reconnu auſſi que cela n'eſt pas ſeulement vray dans les raiſons de nombre à nombre, mais auſſi dans les raiſons ſourdes, autant que cela le peut eſtre, ſelon ce qui a eſté dit dans le ſecond Corollaire.

PREMIER THEOREME.

DEUX grandeurs qui ont même raiſon à une même

XLI.

grandeur font égales, & fi elles font égales elles ont même
raifon à une même grandeur.

Exemple. Si

$$b. \qquad d :: f. \qquad d.$$

Ie dis que b eft égal à f. Car afin que b & f aient même
raifon à d, il faut que leurs aliquotes pareilles foient également contenuës en d. ̃s. 38. Ce qui ne peut eftre qu'elles
ne foient égales, eftant clair que les plus grandes y feroient moins contenuës que les plus petites. Or deux
grandeurs font égales quand leurs aliquotes pareilles font
égales. I. 23.

Que fi on fuppofe au contraire que b & f font égales, il
s'enfuivra qu'elles auront même raifon à une même grandeur comme d. Car eftant égales leurs aliquotes pareilles
feront égales (I. 22.) & par confequent également contenuës dans d. Ce qui eft la même chofe qu'avoir même
raifon à d. ̃s. 38.

SECOND THEOREME.

XLII.   LORS que deux grandeurs font multipliées par une
même grandeur, elles font en même raifon eftant multipliées qu'avant qu'eftre multipliées.

Ce n'eft prefque que le 2ᵉ Axiome. Mais on le peut
encore prouver par la 2ᵉ Definition.

$$b. \; c :: f \, b. \; f \, c.$$

Soit x aliquote quelconque de b, fx fera l'aliquote pareille de $f \, b$ (par I. 50 & 51.) Et par la même raifon $f \, x$
fera dans $f \, c$ autant de fois qu'x fera dans c. Donc fi par
exemple b vaut $10 \, x$, & c, $9 \, x$, $f \, b$ vaudra $10 \, fx$, & $f \, c$,
$9 \, fx$, Et ainfi la proportion fera la même que celle du
3ᵉ Axiome.

$$b. \qquad c :: f \, b. \qquad f \, c.$$
$$10 \, x. \quad 9 \, x :: 10 \, fx. \quad 9 \, fx.$$

Et quand il n'y auroit qu'une raifon fourde de b à c, cela
n'empefcheroit pas la proportion. Car fi x (aliquote quelconque de b) n'eftoit jamais tant de fois dans c qu'avec
quelque refidu ; fx (aliquote quelconque pareille de $f \, b$)
feroit autant de fois dans $f \, c$, mais toûjours auffi avec
quelque

quelque refidu. Et par conſequent ces 4 grandeurs ſeroient proportionnelles ſelon ce qui a eſté dit ſ. 38. Et
cette proportion ſe pourroit exprimer ainſi,

$$b. \qquad c \quad :: \quad fb. \qquad fc.$$
$$10\,x. \quad 9\,x + r \quad :: \quad 10fx. \quad 9fx + fr.$$

TROISIEME THEOREME.

DEUX raiſons égales à une troiſiéme raiſon ſont égales   XLIII.
entr'elles.

$$\text{Si} \quad \left.\begin{matrix} f. & g. \\ m. & n. \end{matrix}\right\} :: b.\ c.$$
$$f. \quad g \quad :: \quad m.\ n.$$

Car ſi toutes les aliquotes d'f & d'm ſont chacunes
autant contenuës dans leurs conſequens g & n que toutes
les aliquotes de b ſont contenuës dans ſon conſequent c,
il eſt clair que toutes les aliquotes pareilles d'f & d'm ſeront auſſi entr'elles également contenües dans leurs conſequens g & n. En quoy conſiſte la proportion ſ. 38. Cela
ſe peut marquer ainſi,

$$\left.\begin{matrix} f. & g. \\ 5y. & 3y. \\ m. & n. \\ 5z. & 3z. \end{matrix}\right\} :: b.\ c. \quad {\scriptstyle 5x.\ 3x.}$$

Et ce ſera la même choſe dans les raiſons ſourdes, en
ajoûtant ſeulement aux trois conſequens , *plus le reſidu.*

QUATRIEME THEOREME.

DEUX grandeurs demeurent en même raiſon , quoy   XLIV.
qu'on ajoûte à l'une & à l'autre , ou quoy qu'on en oſte,
pourveu que ce qu'on ajoûte à la premiere , ou ce qu'on en
oſte , ſoit à ce qu'on ajoûte à la ſeconde , ou à ce qu'on en
oſte , comme la premiere eſt à la ſeconde.

Soient les deux grandeurs b & c.

Soient ce qu'on ajoûte ou ce qu'on en oſte m & n qui
ſoient en meſme raiſon que b eſt à c.

Il faut demontrer que $b + m.\quad c + n :: b, c.$

Par l'hypotheſe $b. c :: m. n.$

Soient priſes à diſcretion des aliquotes pareilles des

E

antecedens *b. m* qui ſoient également contenües dans les conſequens *c.n.*

Soient par exemple *x*, la ⅟ de *b*, qui ſoit dans *c* 3 fois ─+ *r*. Et *y* la ⅟ d' *m*, qui ſoit dans *n* 3 fois ─+ *r*.

Il eſt clair que *b* ─+ *m* contiendra 5 *x*, & 5 *y* : ce qui vaudra 5 aliquotes égales chacunes à *x* ─+ *y*.

Et par la même raiſon *c* ─+ *n* contiendra 3 *x* ─+ *r* & 3 *y* ─+ r : ce qui vaudra trois fois une portion égale à *x* ─+ *y*, & un reſidu égal à *r* ─+ r.

Donc toutes les aliquotes pareilles des antecedens *b* ─+ *m*, & *c* ─+ *n*, ſont également contenuës dans les conſequens *b* & *c*.

Donc par la 2ᵉ definition, *b* ─+ *m. c* ─+ *n* : : *b. c. Ce qu'il faloit démontrer.*

Que ſi on oſte *m* & *n* de *b* & *c*; on montrera par la même voye que *b* ─ *m* contient 5 fois une aliquote égale à *x* ─ *y* : & que *c* ─ *n* contient 3 fois une portion égale à *x* ─ *y*, avec un reſidu égal à *r* ─ r.

Cinquieme Theoreme.

XLV.   Lors que 4 termes ſont proportionnels ils le ſeront encore.

1. En tranſpoſant les termes de chaque raiſon, ce qui s'appelle *Permutando.*

2. En les prenant alternativement, c'eſt à dire en comparant les antecedens enſemble & les conſequens enſemble : le 1ᵉʳ terme au 3ᵉ, & le 2ᵉ au 4ᵉ, ce qui s'appelle *Alternando.*

3. En comparant chaque antecedent plus ſon conſequent avec ſon conſequent, ce qui s'appelle *Componendo.*

4. En comparant chaque antecedent moins ſon conſequent avec ſon conſequent, ce qui s'appelle *Dividendo.*

Exemples. Si   *b. c* : : *f. g.*

5 *x*. 3 *x* : : 5 *y*. 3 *y*.

Permutando   *c.   b* : : *g.   f.*

3 *x*. 5 *x* : : 3 *y*. 5 *y*.

Alternando $\quad b. \quad f \quad :: \quad c. \quad g.$

$\qquad 5x. \; 5y. \; :: \; 3x. \; 3y.$

Componendo $\quad b+c. \; c \quad :: \quad f+g. \; g.$

$\qquad 5x+3x. \; 3x \; :: \; 5y+3y. \; 3y.$

Dividendo $\quad b-c. \; c \quad :: \quad f-g. \; g.$

$\qquad 5x-3x.3x \; :: \; 5y-3y.3y.$

Il ne faudroit point chercher d'autres preuves si toutes les raisons estoient de nombre à nombre ; mais à cause des raisons sourdes, il en faut chercher qui les comprennent.

Preuve de la Permutation.

Il n'en faut point d'autre que le 6e Axiome. §.37. XLVI.

Preuve de l'Alterne.

Il faut prouver que si $b. c :: f. g.$ XLVII.

$\qquad b. \quad f \quad :: \quad c. \; g.$

Soit x l'aliquote quelconque de b & z aliquote pareille de c devenu second antecedent. Il y aura proportion entre ces 4 grandeurs disposées en cette nouvelle maniere si x & z sont également contenües en f & g, or cela est.

Car x & z estant aliquotes pareilles de b & c, il s'ensuit (selon ce qui a esté dit §38) que

$\qquad b. \quad c \quad :: \quad x. \; z.$

Or par l'Hipothese $b. \; c :: f. \; g.$

Donc $x. \; z \; :: \; f. \; g.$ ($§.45.$)

Or cela estant, il faut que f & g soit equimultiples l'un d'x & l'autre de z, ou que si x n'est tant de fois dans f qu'avec residu, z aussi ne soit autant de fois dans g qu'avec residu. Comme si par exemple f valoit $7x+r$, g doit valoir aussi $7z+r$.

Que si quelqu'un vouloit contester une verité siclaire on l'en pourroit convaincre en le reduisant à une absurdité visible en cette maniere.

Par le 1er Ax. $x. \; z \; :: \; 7x. \; 7z.$

Or par la fausse hypotese de cette personne

$\qquad x. \; z \quad :: \quad 7x+r. \; 7z.$

Donc par le 3e Theoreme §45.

$\qquad 7x. \; 7z \; :: \; 7x+r. \; 7z.$

Or deux grandeurs sont égales quand elles ont même

raifon à une même grandeur §.43.

Il faudroit donc que $7x$ fût égal à $7x + r$, c'est à dire la partie au tout, ce qui eft abfurde.

Preuve de la Composition.

XLVIII.   C'est le 5ᵉ Axiome. Et on ne fe doit pas mettre en peine du refidu des raifons fourdes, puifque s'il ne troubloit pas la proportion avant qu'on eût ajoûté chaque confequent à fon antecedent, il ne la doit pas troubler apres cette addition qui ne fait autre chofe finon que chaque antecedent eft de nouveau une fois dans fon confequent, puifque chaque confequent fe contient foy-mefme. Et ainfi fi par le 3ᵉ Axiome il y a proportion entre

$$b. \qquad c \qquad :: \qquad f. \qquad g.$$
$$5x. \quad 3x + r. \qquad 5y. \quad 3y + r.$$

Il y en doit avoir felon le 5ᵉ entre

$$5x + 3x + r. \quad 3x + r \ :: \ 5y + 3y + r. \qquad 3y + r.$$

Autre Preuve par le IV. Theoreme.

Par l'hypothefe $b. c :: f. g.$
Donc *alternando* $b. f :: c. g.$
Donc par le 4ᵉ Theoreme
$\quad b + c. \ f + g :: \ b. f :: \ c. g.$
Donc par le 3ᵉ $b + c. \ f + g :: \ c. g.$
Donc *alternando* $b + c. \ c :: f + g. \ g.$ *Ce qu'il falloit demonftrer.*

Preuve de la Division.

XLIX.   C'est le mefme 5ᵉ Axiome, & c'eft la mefme chofe dans les raifons fourdes.

$$5x - 3x - r. \ 3x + r \ :: \ 5y - 3y - r. \quad 3y + r.$$

Car ce retranchement fait feulement que chaque antecedent ceffe de contenir une fois fon confequent, puifque le confequent qu'on ofte de l'antecedent contenoit de part & d'autre une fois le confequent.

Autre Preuve par le IV. Theoreme.

Il ne faut faire que ce qu'on a fait pour la *Compofition*, en mettant par tout *moins* au lieu de *plus*.

SIXIEME THEOREME.

ESTANT données 3 grandeurs d'une part & 3 de l'au-   L.
tre, si la 1re d'une part est à la 2e comme la 1re de l'autre
part est à la 2e, & la 1re d'une part à la 3e comme la 1re de
l'autre part à la 3e, la 2e d'une part sera à la 3e comme la 2e de
l'autre part à la 3e.

Soient les 3 grandeurs d'une part *b. c. d.*

Et les 3es de l'autre *m. n. o.*

Par l'Hypothese

$$b. \ c \ :: \ m. \ n.$$

Et $\quad b. \ d \ :: \ m. \ o.$

Donc *alternando* l'un & l'autre

$$b. \ m \ :: \ \begin{cases} c. \ n. \\ d. \ o. \end{cases}$$

Donc par le 1er Theoreme.

$$c. \ n \ :: \ d. \ o.$$

Donc *alternando.*

$$c. \ d \ :: \ n. \ o. \quad \text{Ce qu'il faloit demonstrer.}$$

SEPTIEME THEOREME.

AYANT plusieurs termes d'une part & autant de l'au-   LI.
tre, si chacun d'une part est à chacun de l'autre en même
raison, tous ceux d'une part seront à tous ceux de l'autre
en la même raison : c'est à dire que plusieurs raisons estant
égales, tous les antecedens seront à tous les consequens comme un antecedent quelconque à son consequent.

Soient $\begin{cases} b. \ c. \ d. \\ m. \ n. \ p. \end{cases}$ en sorte que $b. \ m :: c. \ n :: d. \ p.$

Alternando $b. \ c :: m. \ n.$

Componendo $b + c. \ c :: m + n. \ n.$

Et *alternando* $b + c. \ m + n :: c. \ n.$

Voilà déja les deux premiers antecedens qui sont aux
deux premiers consequens, comme l'antecedent *c* au consequent *n.*

Or $c. n :: d. p.$ Donc $b + c. m + n :: d. p.$

Et *alternando* $b + c. d :: m + n. p.$

Donc *componendo* $b + c + d. d :: m + n + p. p.$

Et *alternando* $b + c + d. m + n + p :: d. p.$

Donc les 3 antecedens aux 3 confequens comme un antecedent à un confequent. Ce qu'il faloit demonftrer.

PROPRIETEZ DE LA PROPORTION GEOMETRIQVE,

QUAND LES TERMES D'UNE RAISON SONT MULTIPLIABLES PAR CEUX DE L'AUTRE.

AVERTISSEMENT.

LII. ·On croit ordinairement que les grandeurs de divers genres qu'on appelle heterogenes ne fe peuvent pas multiplier. Cela ne me paroift pas vray, ou a befoin d'explication. Car les nombres font d'un autre genre que les autres grandeurs, comme l'étenduë & le temps. Et neanmoins il eft clair que les nombres multiplient toutes fortes de grandeurs, & que c'eft une veritable multiplication quand je dis 6 toifes ou 6 heures, puifque c'eft prendre une toife ou une heure autant de fois qu'il y a d'unitez dans 6, en quoy confifte la multiplication.

De plus ce qui ne fe peut multiplier par la nature fe peut multiplier par une fiction d'efprit par laquelle la verité fe decouvre auffi certainement que par les multiplications réelles. Ainfi voulant fçavoir quel chemin fera en 10 heures celuy qui a fait 24 lieuës en 8 heures, je multiplie par une fiction d'efprit 10 heures par 24 lieuës, ce qui me donne un produit imaginaire d'heures & de lieuës de 240, qui eftant divifé par 8 heures me donne 30 lieuës. On multiplie auffi par la même fiction d'efprit des furfaces par des furfaces, quoy que cela donne pour produit une eftenduë de 4 dimenfions qui ne peut eftre dans la nature. Et neanmoins on ne laiffe pas de decouvrir beaucoup de veritez par ces fortes de multiplications.

Ie fçay bien qu'on dit que c'eft parce que ces produits imaginaires fe peuvent reduire en lignes qui auront même raifon entr'elles que ces produits. Mais il n'y a guere d'apparence que la verité de ces fortes de preuves dépendent de

ces lignes qui sont visiblement étrangeres à ces demonstra-
tions.

Quoy qu'il en soit ne me voulant broüiller avec personne,
chacun prendra ce que je m'en vais dire des proprietez des pro-
portions considerées selon la multiplication des termes d'une
raison par ceux de l'autre , selon l'opinion qu'il aura que les
termes de certaines raisons sont ou ne sont pas multipliables les
uns par les autres. Car ce n'est que dans cette supposition que
tout ce que je m'en vais dire se doit entendre.

LA PRINCIPALE PROPRIETE'
DE LA PROPORTION GEOMETRIQVE.
HUITIEME THEOREME.

LORS que 4 grandeurs sont en proportion Geometrique, si les termes de l'une des raisons sont multipliables
par ceux de l'autre ou réellement ou par fiction d'esprit,
le produit des extrémes est égal au produit des moyens.
Cela se peut prouver en deux manieres. La 1re est par les
aliquotes pareilles des antecedens également contenuës
dans les consequens. Car supposons comme nous avons
déja fait que ces aliquotes soient telles.

L V.

$$b. \qquad c \quad :: \quad f. \qquad g.$$
$$5x. \qquad 3x \quad :: \quad 5y. \qquad 3y.$$

La multiplication des extrémes est $5x$ par $3y$, ce qui
fait 15 fois x par y, c'est à dire 15 xy, & la multiplication
des moyennes est 3 x par $5y$, ce qui fait aussi 15 fois x par y,
c'est à dire 15 xy. Et par consequent ces deux multiplications se reduisent aux mêmes termes, & par consequent
sont égales.

La mesme chose se peut montrer quand il y a du residu,
mais avec plus de longueur & en faisant voir seulement
qu'on n'y trouvera jamais d'inégalité.

Car supposons que les aliquotes pareilles des antecedens ne sont pas justement tant de fois dans les consequens, mais avec quelque residu que nous marquerons
par r & r.

$$m. \qquad n: \quad :: \quad p. \qquad q.$$
$$5x. \qquad 3x + r \qquad 5y. \qquad 3y + r.$$

La multiplication des extrémes fera $15\,xy + 5\,xr$. Et celle des moyens fera $15\,xy + 5\,yr$.

Il ne refte donc qu'à prouver que xr eft égal à yr. Or cela fe prouve par ce qui a efté dit dans les definitions des raifons égales, que les aliquotes de x font également contenuës dans r le refidu du premier confequent, que les pareilles aliquotes de y dans r refidu du 2. confequent, de forte qu'il fe fait une nouvelle proportion.

$$x. \qquad r :: y. \qquad r.$$

Et ainfi l'égalité qu'on a trouvée dans la multiplication des extrémes & des moyens de la 1re proportion à ces deux refidus prés, fe trouvera encore icy à d'autres petits refidus prés, fur lefquels on fera encore le même raifonnement, & ainfi à l'infini.

La feconde maniere de montrer cette égalité qui eft plus claire pour les raifons fourdes, eft prife du 1er Theoreme (43. *fup.*) Que deux grandeurs font égales quand elles ont même raifon à une même grandeur.

Car les produits des extrêmes & des moyens ont même raifon aux produits des deux antecedens, c'eft à dire que $bg.\ bf :: cf.\ bf.$ Ce qu'il eft aifé de montrer en confiderant ces proportions.

$$b. \quad c \quad :: \quad f. \quad g. \quad \text{par l'hypothefe.}$$

Or $bf \begin{cases} bg & :: & f. & g. \\ cf & ::. & b. & c. \end{cases}$ par 44 *fup.*

Donc $bg = cf$ par 43 *fup.*

Car par l'hypothefe la raifon de $f.g$ (qui eft la même que celle de $bf.\ bg$) eft égale à la raifon de $b.\ c$ (qui eft la même que celle de $bf.\ cf$) & par confequent bg & cf ont une même raifon avec vne même grandeur, fçavoir bf. Et par confequent bg, eft égal à $cf.$ par 43, ce qu'il falloit demonftrer.

NEUVIEME THEOREME.

LIII. LORS que quatres grandeurs font tellement difpofées que le produit des deux extrémes eft égal au produit des deux moyens ; ces quatres grandeurs font proportionelles. C'eft à dire que la premiere eft à la feconde, comme

la

la troifiéme à la quatriéme.

Ainfi fi de ces quatres grandeurs.

$$b. \quad c. \quad f. \quad g.$$

Le produit de *b* par *g* eft égal au produit de *c* par *f*, *b* fera
à *c* comme *f* à *g*. c'eft la converfe de la propofition precedente, & qui fe prouve de la même maniere.

Car puifque par l'hypothefe *b g* eft égal à *cf* ils doivent
avoir même raifon à une même grandeur fçavoir à *b. f*
par 43 s̄.

Or la raifon de *b f* à *b g* eft celle de *f. g*, & la raifon du même *b f* à *c f* (égale à *b. g*) eft celle de *b. c*, donc la raifon de
b c eft la même que celle de *f. g*.

COROLLAIRE PREMIER.

DE cette propofition il eft aifé de juger de tous les   LVI.
changemens qu'on peut faire entre quatre termes proportionels fans qu'ils ceffent d'eftre proportionels.

Car tant que les deux extrémes, ou demeureront tous
deux extrémes, ou deviendront tous deux moyens, ou, ce
qui eft la même chofe, tant que les deux moyens demeureront tous deux moyens, ou deviendront tous deux extrémes, les termes demeureront toûjours proportionels,
puis qu'il eft clair que de quelqu'autre maniere qu'on les
tranfpofe, cela n'empefchera pas que le produit des extrémes ne foit égal au produit des moyens.

Et ainfi les termes peuvent demeurer proportionnels
en huit manieres. Dont il y en a quatre où les extrêmes
demeurent extrêmes, & les moyens moyens: Et quatre
autres où les extrêmes deviennent moyens, & les moyens
extrêmes.

Mais je les difpoferay dans un autre ordre pour les raifons que nous dirons en fuite : & je marqueray les termes par lettres, & felon qu'ils auront efté antecedens &
confequens dans la premiere difpofition, qui eft le fondement des autres.

F

1.	1. Ant. *b.*	1. Conf. *c.*	2. Ant. :: *f.*	2. Conf. *g.*	Principale.
2.	2. Ant. *f.*	2. Conf. *g.*	1. Ant. :: *b.*	1. Conf. *c.*	Equivalen-te.
3.	1. Conf. *c.*	1. Ant. *b.*	2. Conf. :: *g.*	2. Ant. *f.*	Permuta-tion.
4.	2. Conf. *g.*	2. Ant. *f.*	1. Conf. :: *c.*	1. Ant. *b.*	Equivalen-te.
5.	1. Ant. *b.*	2. Ant. *f.*	1. Conf. :: *c.*	2. Conf. *g.*	Alterne.
6.	1. Conf. *c.*	2. Conf. *g.*	1. Ant. :: *b.*	2. Ant. *f.*	Equivalen-te.
7.	2. Ant. *f.*	1. Ant. *b.*	2. Conf. :: *g.*	1. Conf. *c.*	Permutatiõ de l'Alterne
8.	2. Conf. *g.*	1. Conf. *c.*	2. Ant. :: *f.*	1. Ant. *b.*	Equivalen-te.

AVERTISSEMENT.

LVII.   DE ces huit *dispositions où les mêmes termes se trouvent toûjours proportionels, les Geometres n'en considerent que trois.*

La 1ᵉ qui est le fondement des autres.

La 3ᵉ qui est ce qu'on a appellé cy-devant Permutation. š. 46.

Et la 5ᵉ qu'on a appellée Alterne. š. 46.

La 2ᵉ 4ᵉ 6ᵉ & 8ᵉ n'ont rien de considerable, parce qu'on n'y fait que transporter les raisons sans rien changer en leur termes.

Pour la 7ᵉ ce n'est que la permutation de l'Alterne, car elle est à la 5ᵉ ce que la 3ᵉ est à la 1ᵉ.

A ces deux changemens Permutation *&* Alterne, *ils ont ajouté la* Composition *& la* Division *dont il a esté parlé* š. 46.

Et ainſi tous ces changemens ſe peuvent reduire à 4, que nous avons déja prouvez generalement pour toutes ſortes de proportions, ſoit que les termes d'une raiſon ſoient multipliables par ceux de l'autre, ſoit qu'ils ne le ſoient pas. Mais nous le prouvons icy de nouveau quand ils ſont multipliables.

DIXIEME THEOREME.

Si 4 termes ſont proportionels, ils le ſeront encore en changeant les antecedens en conſequens; C'eſt à dire en faiſant dans chaque raiſon que le terme qui en eſtoit antecedent en ſoit conſequent. Ce qui s'appelle *permuter, permutando.*

Si $b. \quad c \, :: \, f. \quad g.$

permutando $c. \quad b \, :: \, g. \quad f.$

Car les deux extrémes n'aiant fait que devenir tous deux moyens, le produit des moyens ſera toûjours égal au produit des deux extrémes. Ce qui eſt une marque infaillible de proportion par 56.

ONZIEME THEOREME.

Si 4 termes ſont proportionels, ils le ſeront encore en comparant l'antecedent d'une raiſon avec l'antecedent de l'autre, & le conſequent avec le conſequent : Ce qui s'appelle prendre les termes *alternativement alternando.*

Si $b. \quad c \, :: \, f. \quad g.$

alternando $b. \quad f \, :: \, c. \quad g.$

C'eſt par la même raiſon que la precedente.

DOUZIEME THEOREME.

Si 4 termes ſont proportionels, ils le ſeront encore en joignant chaque antecedent à ſon conſequent, & *comparant* chacune de ſes ſommes avec chaque conſequent : Ce qui s'appelle *compoſer, componendo.*

Si $b. \quad c \, :: \, f. \quad g.$

componedo $b + c. c \, :: \, f + g. g.$

Car dans cette derniere diſpoſition le produit des extrémes ſera $b + c$ par g, c'eſt à dire $bg + cg$.

Et le produit des moyens ſera $f + g$ par c, c'eſt à dire $cf + cg$.

Or puiſque par l'hypoteſe $b. \quad c \, :: \, f. \quad g$, le produit des extrémes *b g* eſt égal au produit des moyens *f c*. Et par conſequent ce changement n'ayant fait autre choſe qu'ajoûter à chaque produit la même grandeur *c g*.

$$b g + c g \text{ sera égal à } f c + c g.$$

Treizieme Theoreme.

LXI.   Si 4 termes ſont proportionels, ils le ſeront encore en retranchant chaque conſequent de ſon antecedent, & comparant ce qui reſtera avec chaque conſequent.

Si   *b*.   *c* :: *f*.   *g*.

erit dividendo b — c. c :: *f — g. g.*

La preuve eſt la même que la precedente en changeant par tout *plus* en *moins*.

NOVVEAVX ELEMENS
DE
GEOMETRIE.
LIVRE TROISIEME.

DES RAISONS COMPOSEES,
D'OV DEPEND LA PROPORTION
DES GRANDEVRS PLANES ET SOLIDES.

PREMIERE DEFINITION.

N dit que plusieurs raisons ont esté *ajoûtées* ensemble lors qu'on multiplie les antecedens de ces raisons les uns par les autres , & les consequens de même.

    Ainsi pour ajoûter la raison de *b. c.*
        à la raison de *f. g.*

Il ne faut que multiplier *b* par *f*, ce qui donne *b f* & *c* par *g* ce qui donne *c g.*

I.

SECONDE DEFINITION.

LA raison qui naist de l'addition de plusieurs raisons s'appelle *raison composée de ces raisons* , & ces raisons dont elle est composée, *raisons composantes.* Ainsi la raison de *b f* à *c g* est composée des raisons de *b. c* & *f. g.*

La même marque dont on se sert pour marquer qu'une raison est égale à une autre, peut aussi servir pour marquer

I I.

qu'une raiſon eſt compoſée de deux autres en cette maniere. *bf.　cg　: : b. c — + f. g.*

III. · PREMIER AVERTISSEMENT.

C E que nous avons appellé addition de raiſons *eſt appellé
par d'autres* multiplication, *parce que cela ſe fait par la
multiplication des antecedens & celle des conſequens. Mais
quoy que l'on multiplie les termes ce n'eſt pas à dire que l'on
multiplie les raiſons. Et le mot d'addition ſemble mieux convenir à celuy de raiſon compoſée. Car on dit plûtoſt qu'une
choſe eſt compoſée de ſes parties ajoûtées enſemble. que de ſes
dimenſions multipliées l'une par l'autre.*

IV. SECOND AVERTISSEMENT.

*L A notion que nous venons de donner de la raiſon compoſée,
fait voir que cette raiſon ne convient proprement qu'aux grandeurs de pluſieurs dimenſions, comme aux plans & aux ſolides.
Car de ce que la grandeur de chaque plan dépend de ſa longueur & de ſa largeur, il eſt viſible que pour avoir la raiſon
d'un plan à un autre plan, il faut conſiderer non ſeulement
quelle eſt la raiſon de la longueur de l'un à la longueur de l'autre, mais quelle eſt celle de la largeur à la largeur. Et ainſi il
eſt clair que la raiſon d'un plan à un plan eſt compoſée de deux
raiſons, de celle de la longueur à la longueur, & de celle de la
largeur à la largeur. Neanmoins on ne laiſſe pas de reconnoiſtre
des raiſons compoſées entre des grandeurs d'une ſeule dimenſion,
mais ce n'eſt que par rapport à des plans ; & lors ces grandeurs lineaires ſont entr'elles, comme des plans qui ſont entr'eux
en raiſon compoſée de leur longueur & de leur largeur.*

C'eſt pourquoy on peut ajoûter encore cette definition.

TROISIEME DÉFINITION.

V. L A raiſon entre deux grandeurs lineaires eſt dite
compoſée de pluſieurs raiſons, lors qu'elle eſt égale à la
raiſon entre deux grandeurs de pluſieurs dimenſions compoſées de raiſons égales chacune à chacune à celles dont la
raiſon entre ces deux grandeurs lineaires eſt dite compoſée. Ainſi la raiſon de *b* à *d* peut eſtre dite compoſée de la
raiſon de *b* à *c* & de *c* à *d*, parce qu'elle eſt égale à la raiſon
de *b c* à *c d* qui eſt effectivement compoſée (par la defini-

tion de la raison compofée) des deux raifons de *b. c* & *c. d.*

$$b. \quad c.$$
$$c. \quad d.$$
$$b\,c. \quad c\,d.$$

PREMIER THEOREME.

DEUX raifons compofées font égales entr'elles lors que les raifons compofantes de l'une font égales aux raifons compofantes de l'autre chacune à chacune.

Soient 4 raifons égales entr'elles deux à deux.

$$b. \qquad c \quad :: \quad m. \qquad n.$$
$$5\,x. \quad 3\,x. \qquad 5\,z. \quad 3\,z.$$
$$d. \qquad f \quad :: \quad p. \qquad q.$$
$$2\,y. \quad 5\,y. \qquad 2\,\alpha. \quad 5\,\omega.$$

Ie dis que la raifon compofée de *b c* & de *df*, qui eft *b d, c f*, eft égale à la raifon compofée de *m n* & de *p q*, qui eft *m p. n q.* Et qu'ainfi

$$b\,d. \quad c\,f \quad :: \quad m\,p. \quad n\,q.$$

Cela femble clair de foy-même. Car fi *b* longueur du 1er eft à *c* longueur du 2e comme *m* longueur du 3e à *n* longueur du 4e. Et que *d* largeur du 1er foit à *f* largeur du 2e comme *p* largeur du 3e à *q* largeur du 4e; il femble évident que le premier doit eftre au fecond comme le fecond au quatriéme.

Neanmoins on le peut encore prouver par les aliquotes pareilles felon que nous les avons marquées.

$$\text{Car} \quad b\,d. \qquad c\,f \quad :: \quad m\,p. \qquad n\,q.$$
$$10\,xy. \quad 15\,xy. \quad 10\,z\omega. \quad 15\,z\omega.$$

Et je penfe avoir affez fait voir dans le 2e Livre que la même chofe fe trouveroit dans les raifons fourdes, quoy qu'avec plus de longueur. Donc, &c.

SECOND THEOREME.

TROIS grandeurs homogenes quelconques eftant données, la raifon de la 1re à la 3e eft compofée de la raifon de la 1re à la 2e, plus de celle de la 2e à la 3e. Ce n'eft que la même chofe que nous venons de montrer.

Car foient

$$b. \quad f. \quad p. \left\{ \begin{array}{l} b. \quad\quad\quad f. \\ f. \quad\quad\quad p. \end{array} \right.$$

La raison de $b.p$, ne peut pas manquer d'estre composée
de la raison de $b.f$, plus de la raison de $f.p$; puisque la même grandeur f, estant consequent d'une raison & antecedent de l'autre, & entrant ainsi dans la multiplication des
antecedens & des consequens laisse les grandeurs extrêmes b & p en même raison, apres avoir esté multipliées
par la même grandeur f, qu'avant qu'estre multipliées.
Or estant multipliées, la raison de leurs produits est composée des deux raisons de la 1re à la 2e, & de la 2e à la 3e par
la definition de la raison composée. Et par consequent
elle en estoit composée avant cette multiplication.

Car par 11. 43. $b f. \quad f p \quad :: \quad b.p.$
Or par la definition 1re $b f. \quad f p \quad :: \quad b.f + f.p.$
Donc $b. \quad\quad p \quad :: \quad b.f + f.p.$
par la definition 3e.

TROISIEME THEOREME.

VIII. DES grandeurs homogenes quelconques estant données en quelque nombre que ce soit, la raison de la premiere à la derniere sera composée de la raison de la 1re à la
2e, & de la 2e à la 3e, & de la 3e à la 4e, & ainsi consecutive-
ment jusqu'à la derniere. Car il est visible que toutes
ces grandeurs, hors la premiere & la derniere, sont antecedens & consequens de toutes ces raisons : & ainsi tous
ces antecedens estant multipliez les uns par les autres, &
tous ces consequens de même, la raison du produit de ces
antecedens au produit des consequens (qui est composée
de toutes ces raisons selon la definition de la raison composée) est la même que celle de la premiere grandeur à la
derniere : parce qu'il n'y a que ces deux-là qui mettent
de la difference entre les deux produits.

COROLLAIRE.

IX. S'IL y a plusieurs termes d'une part & autant de l'au-
tre, & que le 1er soit au 2e, le 2e au 3e, & le 3e au 4e, jusques à la fin en mesme raison de part & d'autre, le premier
sera au dernier en même raison de part & d'autre.

Car par le precedent Theoreme la raison du 1er au dernier de part & d'autre est composée de nombre égal de
raisons.

raisons égales chacune à chacune de part & d'autre par l'hypothese : Donc ces deux raisons composées sont égales par le premier Theoreme.

QUATRIEME THEOREME.

S'IL y a 3 grandeurs homogenes d'une part & 3 de l'autre, & que la 1re soit à la 2e d'une part en même raison que la 2e à la 3e de l'autre part, & la 2e à la 3e de la premiere part en même raison que la 1re à la 2e de l'autre ; la 1re sera à la 3e en même raison de part & d'autre.   X.

Soient d'une part b. c. d.

Et de l'autre m. n. o.

Si b. c : : n. o.

          c. d : : m. n.

Ie dis que

          b. d : : m. o.

Car b. d : : bc. cd.

Et m. o : : mn. no.

Or par le 1er Theoreme.

          bc. cd : : mn. no.

(Il faut seulement remarquer que b & c estant pris pour les longueurs du 1er & du 2e plan, c'est n & o qu'il faut prendre pour les longueurs du 3e & du 4e.)

Donc b. d : : m. o.   *Ce qu'il falloit démonstrer.*

QUATRIEME DEFINITION.

VNE raison composée de deux raisons égales, s'appelle *raison doublée* de chacune de ces raisons.   XI.

CINQUIEME DEFINITION.

VNE raison composée de trois raisons égales, s'appelle *raison-triplée* de chacune de ces raisons.   XII.

AVERTISSEMENT.

IL *ne faut pas confondre une raison double ou triple, avec une raison doublée ou triplée ; ce qui est tout different. Car la raison non ecuple n'est pas une raison double, quoy qu'elle soit doublée de la raison triple, parce que l'addition de deux raisons triples fait la raison non ecuple.*   XIII.

CINQUIEME THEOREME.

VNE raison composée de deux raisons égales dont l'une   XIV.

G

eſt l'inverſe de l'autre, eſt une raiſon d'égalité.

Soient *b*. *c* :: *f*. *g*.

La 2ᵉ raiſon ſera inverſe de la 1ʳᵉ en diſpoſant les termes ainſy, *b*. *c* :: *g*. *f*.

Or la raiſon compoſée de ces deux raiſons ſera celle de *b g* à *c f*. Ce qui fait une raiſon d'égalité, parce que le produit des extrêmes d'une proportion (tel qu'eſt *b g* de la proportion *b*. *c* :: *f*. *g*.) eſt égal au produit des extrêmes de la même proportion ; (tel qu'eſt *c f*.) par Liv. II. 54.

Sixieme Theoreme.

XV.　　　S'il y a pluſieurs termes en proportion continuelle, c'eſt à dire que le 1ᵉʳ ſoit au 2ᵉ comme le 2ᵉ au 3ᵉ, & le 3ᵉ au 4ᵉ, & le 4ᵉ au 5ᵉ, &c. ce qui s'appelle progreſſion geometrique ; la raiſon d'un terme à l'autre ſera ſimple, ou doublée, ou triplée, ou quadruplée &c. ſelon les intervales qui ſeront entre les deux termes que l'on compare, & il y aura toûjours un intervale de plus que ne ſera le nombre des termes interpoſez, entre les termes dont on cherche la raiſon.

Car ſi ce ſont deux termes qui ſe ſuivent immediatement, il n'y aura qu'un intervale, & leur raiſon ſera ſimple, c'eſt à dire la même qui regne dans toute la progreſſion.

S'il y a un terme interpoſé, il y aura deux intervales, & la raiſon ſera doublée de la raiſon ſimple de la progreſſion. Car la raiſon de l'un des termes à l'autre ſera compoſée de la raiſon du 1ᵉʳ terme à l'interpoſé, & de celle de l'interpoſé au 2ᵉ terme, (par 7) qui ſont deux raiſons égales par l'hypotheſe, & par conſequent cette raiſon ſera doublée (par 12.)

Que s'il y a deux termes interpoſez, il y aura trois intervales, & la raiſon ſera triplée de la raiſon ſimple. Car (par 8) elle ſera compoſée de ces trois raiſons ; ſçavoir de celle du 1ᵉʳ terme des deux qu'on compare au 1ᵉʳ des interpoſez, & de celle du 1ᵉʳ des interpoſez au 2ᵉ des interpoſez, & de celle du 2ᵉ des interpoſez au dernier des deux

que l'on compare. Or ces trois raisons sont égales par
l'hypothese, & une raison composée de trois raisons égales est appellée triplée de chacune. Donc, &c.

On prouvera de même tous les autres cas.

Septieme Theoreme.

Dans une progression Geometrique de plusieurs ter-   XVI.
mes la raison entre deux termes quelconques est égale à
la raison de deux autres termes, entre lesquels il y a même
intervale qu'entre les premiers.

Mais la raison de ceux entre lesquels il y a double intervale est doublée; & triple intervale triplée.

La 1re partie est claire par 4. & la 2e, supposé cette premiere, n'est qu'une suite de la proposition precedente.

Huitieme Theoreme.

La raison d'une grandeur de plusieurs dimensions à   XVII.
toute autre grandeur homogene d'autant de dimensions,
est composée de toutes les raisons de chacune des dimensions d'une grandeur à chacune des dimensions de l'autre.

Ce n'est qu'une application de la definition de la raison
composée. Car comparant chacune des dimensions d'une
grandeur à chacune des dimensions de l'autre, on met tous
les antecedens de ces raisons dans une des grandeurs, &
tous les consequens dans l'autre. Or une grandeur de
plusieurs dimensions est la même chose que le produit de
ces dimensions multipliées l'une par l'autre. Et par consequent les grandeurs sont entr'elles comme le produit
de leurs dimensions, c'est à dire, comme le produit des
antecedens des raisons de chacune des dimensions de l'une
à chacune des dimensions de l'autre, au produit des consequens de ces mêmes raisons. Ce qui est une raison composée de ces raisons par la definition même de la raison
composée.

Premier Corollaire.

Toute grandeur plane est à une autre grandeur plane   XVIII.
en raison composée des deux raisons de chacun des costez
de l'une à chacun des costez de l'autre.

C'est la même chose que la precedente.

SECOND COROLLAIRE.

XIX.   TOUTE grandeur folide eſt à une autre grandeur folide en raiſon compoſée des trois raiſons de chacun des coſtez de l'une à chacun des coſtez de l'autre.

C'eſt la même choſe que la propoſition generale.

TROISIEME COROLLAIRE.

XX.   LES grandeurs planes & folides ayant quelqu'une de leurs dimenſions égale & l'autre inégale, ſont entr'elles comme les inégales.

$$b\,f. \qquad b\,g \quad :: \quad f. \quad g.$$
$$b\,f\,d. \qquad b\,f\,g \quad :: \quad d. \quad g.$$
$$b\,f\,d. \qquad b\,m\,n \quad :: \quad f\,d. \quad m\,n.$$

Cela eſt clair par liu. 11. 33. Et par le 1er & 2e Corollaire, joint à 13. ſup.

QUATRIEME COROLLAIRE.

XXI.   LES plans dont les deux dimenſions ont même raiſon chacune de l'un à chacune de l'autre, ſont en raiſon dou-blée de cette raiſon. Cela eſt clair par le 1er Corollaire & la definition de la raiſon doublée.

CINQUIEME COROLLAIRE.

XXII.   LES ſolides dont les trois dimenſions ont même raiſon chacune de l'un à chacune de l'autre, ſont en raiſon triplée de cette raiſon.

Cela eſt encore clair par le 2e Corollaire, & la definition de la raiſon triplée.

SIXIEME COROLLAIRE.

XXIII.   TOUS les quarrez & tous les cubes ſont en raiſon les uns doublée, les autres triplée de la raiſon de leurs ra-cines.

Car toutes les dimenſions des quarrez & des cubes eſtant égales entr'elles, elles ne peuvent pas n'avoir pas chacune la même raiſon à chacune des dimenſions des au-tres quarrez & des autres cubes.

SEPTIEME COROLLAIRE.

XXIV.   Si 4 grandeurs ſont proportionelles, leurs quarrez & leurs cubes le ſont auſſy.

Si b. c $::$ f. g.

bb. cc $::$ ff. gg.

bbb. ccc $::$ fff. ggg.

Car les quarrez estant en raison doublée de leurs racines, & les cubes en raison triplée, les raisons doublées & triplées de raisons égales doivent estre égales par le 1er Theoreme.

HUITIEME COROLLAIRE.

LE produit de deux grandeurs quelconques est moyen   XXV. proportionnel entre les quarrez de chaque grandeur.

Soient les grandeurs b & c.

bb. bc $::$ bc. cc.

Car bb. bc $::$ b. c.

Et bc. cc $::$ b. c.

C'est la même chose de dire que le produit de la toute & d'une partie est moyen proportionnel entre le quarré de la toute & le quarré de cette partie. Car il est visible que si la toute est t. & m. une partie tt. tm $::$ tm. mm.

NEUVIEME COROLLAIRE.

EN toute progression Geometrique les quarrez de   XXVI. deux termes qui se suivent immediatement sont entr'eux comme le 1er terme à celuy qui suit le 2e.

Soient $\div$ b. c. d. f. g. en progression Geometrique.

Ie dis que bb. cc $::$ b. d. ou cc. dd $::$ c. f.

Car par 12. la raison de b. d. est doublée de celle de b. c. Or par le 6e Corollaire les quarrez bb & cc sont aussi en raison doublée de celle de b. c.

Donc ils sont en même raison.

Cela se peut prouver encore d'une autre sorte.

Si $\div$ b. c. d. f.

bd. $==$ cc.

Or bb. bd $::$ b. d.

Donc bb. cc $::$ b. d.

DIXIEME COROLLAIRE.

ON peut dire plus generalement que les quarrez de   XXVII. deux termes d'une progression geometrique sont entre

G iij

eux comme les termes de la même progreffion, entre lefquels il y a deux fois autant d'intervale qu'entre les termes
dont on compare les quarrez. Cela eft clair par 13.

ONZIEME COROLLAIRE.

XXVIII.   EN toute progreffion Geometrique les cubes de deux
termes qui fe fuivent immediatement font entr'eux, comme deux termes entre lefquels il y a triple intervale.

Car les cubes font en raifon triplée de la raifon de la
progreffion, & les termes entre lefquels il y a triple intervale font auffi en raifon triple de cette même raifon.

Cela fe peut prouver auffi par 23. Corollaire 7e.

Car fi $\div\ b.\ c.\ d.\ f.$

par 23. $bb.\ cc :: c.\ f.$

Donc $bbf. = ccc.$

Or $bbb.\ bbf :: b.\ f.$

Donc $bbb.\ ccc :: b.\ f.$

DOUZIEME COROLLAIRE.

XXIX.   C'EST par là qu'on a trouvé comment il s'y faloit prendre pour doubler un cube donné.

Car ayant un cube donné comme bbb, il faut prendre
f double de b, & fi on peut trouver deux moyennes con-
tinüement proportionnelles entre b & f. comme feroient
c & d. En forte que foient $\div\ b.\ c.\ d.\ f.$
Le cube de c. premiere de ces moyennes proportionelles
fera double du cube de b.

TREIZIEME COROLLAIRE.

XXX.   ON peut dire generalement que les cubes de deux termes d'une progreffion Geometrique font entr'eux, comme les termes de la même progreffion, entre lefquels il y
a trois fois autant d'intervales, qu'entre les termes dont
on compare les cubes.

IX. THEOREME. DEFINITION.

XXXI.   DEUX grandeurs planes qui font telles que les deux
dimenfions de l'une font les extrêmes d'une proportion
dont les deux dimenfions de l'autre font les moyens: ou
(ce qui eft la même chofe) que l'une des dimenfions de
la 1re foit à l'une des dimenfions de la 2e comme l'autre di-

menſion de la 2e eſt à l'autre dimenſion de la 1re, ſont appellées reciproques & ſont toûjours égales.

Soient $b. g.$ & $c. f.$ je dis que ſi b eſt à c, comme f à g.

$$b. \quad g :: c. \quad f.$$
$$bg. \text{ eſt égal à } cf.$$

Car par Liv. II. 35. le produit des extrêmes $b. g.$ qui eſt
le premier de ces deux plans, eſt égal au produit des
moyens $c. f.$ qui eſt le ſecond de ces deux plans.

DIXIEME THEOREME.

LES grandeurs planes égales ſont toûjours reciproques. XXXII.
C'eſt à dire les deux dimenſions de l'une ſont les extrêmes
de la proportion, dont les deux dimenſions de l'autre ſont
les moyens.

Si $b g.$ eſt égal à $cf.$ je dis que

$$b. \quad c :: f. \quad g.$$

C'eſt la converſe de la precedente, & qui ſe prouve
auſſi par la converſe de la proprieté de la proportion Geometrique, Liv. II. 36.

ONZIEME THEOREME.

SI deux grandeurs ſolides ſont telles que le produit de XXXIII.
deux dimenſions de la 1re eſt au produit de deux dimen-
ſions de la 2e, comme la 3e dimenſion de la 2e eſt à la 3e dimenſion de la 1re, elles ſont égales.

Soient $b c d.$ & $m n o.$ Ie dis que ces ſolides ſont égaux ſi

$$b c. \quad m n :: o. \quad d.$$

Car le produit des extrêmes $b c d.$ qui eſt le 1er ſolide, ſera égal au produit des moyens $m n o.$ qui eſt le 2^e
ſolide.

COMPARAISON DES RAISONS INEGALES,
ET CE QVI FAIT QVE LES VNES SONT APPELLEES
PLUS GRANDES QUE LES AUTRES.

IUSQUES icy nous avons conſideré les raiſons en les XXXIV.
comparant ſelon qu'elles ſont égales les unes aux autres;
ſoit une à une, ce qui fait la proportion; ſoit deux à une,
ce qui en fait la compoſition.

Il reſte maintenant à les comparer quand elles ſont
inégales: ou il n'y a qu'à montrer d'où l'on juge qu'une

raiſon eſt plus grande que l'autre.

C'eſt ce qui n'eſt pas peu embaraſſé. Mais voicy ce me ſemble la plus facile maniere de le concevoir.

Definition.

XXXV.   De deux raiſons inégales celle qui approche davantage de la raiſon d'égalité ſoit appellée la plus grande, & celle qui s'en éloigne davantage la plus petite.

Ainſy la raiſon double eſt plus grande que la triple, ou la quadruple ; parce que la raiſon de 2. à 1. approche plus de la raiſon d'égalité que celle de 3. à 1. ou de 4. à 1.

Avertissement.

XXXVI.   *Mais cela ne ſuffit pas toûjours pour juger ſi une raiſon eſt plus grande qu'une autre, parce qu'il eſt ſouvent difficile de diſcerner qui eſt celle qui approche le plus de la raiſon d'égalité : Et on s'y pourra tromper, ſi on croit que celle-là en approche toûjours davantage entre les termes de laquelle la difference eſt plus petite. Car par là on jugeroit que la raiſon de 5 à 7 eſt plus grande que celle de 8 à 11. ce qui n'eſt pas. Il faut donc conſiderer la grandeur de cette difference, non abſolument, mais proportionellement, ou bien quelle partie le petit terme eſt du grand. Et ſelon cela on peut faire cette Regle.*

Theoreme.

XXXVII.   La raiſon dont le petit terme eſt à proportion une plus grande partie du grand terme approche plus de l'égalité, que celle où il en eſt une plus petite partie.

Soit b plus grand que c, & m que n.

Si c eſt le tiers de b, & que n ne ſoit que le quart de m, la raiſon de $b. c.$ approchera plus de l'égalité, & par conſequent ſera plus grande que la raiſon de $m. n.$ Car $b. c.$ ne ſeront pas ſi éloignez d'eſtre égaux. Mais comme cela même n'eſt pas toûjours aiſé à ſçavoir, voicy une autre voye qui peut ſervir à ſortir de cette difficulté, quand les termes d'une raiſon ſont multipliables par ceux de l'autre.

Premier Axiome.

XXXVIII.   Lors que deux raiſons ont un terme commun, ou ce qui eſt la même choſe, lors que l'on compare deux grandeurs à une troiſiéme, il eſt alors tres certain que celle
dont

dont la difference est moindre avec cette troisiéme grandeur, a une plus grande raison à cette grandeur, que celle dont la difference est plus grande. Car on ne peut pas douter alors que la raison de celle dont la difference est moindre, n'approche plus de l'égalité. Cela est tres clair.

SECOND AXIOME.

Deux raisons estant égales à deux raisons inégales chacune à chacune, celle qui est égale à la plus grande, est plus grande que celle qui est égale à la plus petite. Cela est encore évident. XXXIX.

PROBLEME.

De deux raisons inégales dont tous les termes sont differens, juger quelle est la plus grande. XL.

Il faut trouver deux raisons qui ayent un terme commun & qui soient égales à ces deux premieres, ce qui se fera ainsi.

Soient les deux raisons dont on est en peine qui est la plus grande b. c & m. n.

Multipliant les consequens l'un par l'autre, ce qui donne c n. & chaque antecedent par le consequent de l'autre raison, ce qui donne pour la premiere raison b n. & pour la seconde m c.

On aura deux nouvelles raisons égales aux deux premieres par 11. 44.

Car $b n$. $c n$ :: b. c.

Et $m c$. $c n$ :: m. n.

Comme donc ces deux raisons b n. c n. & m c. c n. ont un terme commun, sçavoir c n. comparant l'antecedent de chaque raison avec ce terme commun, si la difference de b n. à c n. est plus grande que la difference de m c. avec le même c n. la raison de b n. à c n. sera la plus petite par le 1er Axiome. Et par consequent celle de b. c. sera plus petite que celle de m. n. par le 2e.

AVERTISSEMENT.

MAIS *il n'est pas toûjours facile de discerner en toutes sortes de grandeurs quelle est la plus grande difference de deux termes à un terme commun: au lieu que cela se peut toûjours* XLI.

H

dans les nombres, ce qui fait qu'on en juge d'ordinaire dans les autres grandeurs par rapport aux nombres.

Et ainſi il ſera bon de donner pour exemple dans les nombres celuy dont nous venons de parler.

EXEMPLE.
DANS LES NOMBRES.

XLII.   POUR ſçavoir ſi la raiſon de 5 à 7 eſt plus grande, ou plus petite que la raiſon de 8 à 11.

5 à 7.

8 à 11.

Ie multiplie les conſequens, c'eſt à dire 7 par 11, ce qui me donne 77.

Puis l'antecedent d'une raiſon par le conſequent de l'autre, ce qui me donne pour la premiere raiſon 5 par 11, c'eſt à dire 55.

Et pour la ſeconde raiſon 8 par 7, c'eſt à dire 56.

Et ainſi j'ay deux nouvelles raiſons égales aux deux premieres chacune à chacune.

Car   5.   7   ::   55.   77.

8.   11   ::   56.   77.

Or il eſt viſible que la difference de 55 à 77 eſt plus grande d'une unité que celle de 56 au meſme 77.

Donc la meſme raiſon de 55 à 77 eſt plus éloignée de la raiſon de l'égalité.

Donc elle eſt plus petite.

Donc la raiſon de 5 à 7, qui luy eſt égale, eſt auſſi plus petite que la raiſon de 8 à 11, qui eſt égale à celle de 56 à 77.

NOVVEAVX ELEMENS
DE
GEOMETRIE.
LIVRE QVATRIEME.

DES GRANDEVRS COMMENSVRABLES ET INCOMMENSVRABLES.

N Ous *avons dit generalement qu'il y a deux sortes de raisons ; la raison de nombre à nombre , & la raison sourde ; & comme c'est par là que les grandeurs sont commensurables & incommensurables , la suite naturelle nous oblige de parler de ces sortes de grandeurs ; à quoy nous ajoûterons quelque chose de la proportion entre les diverses aliquotes d'une même grandeur.*

PREMIER LEMME.

C'est la même chose de dire que deux grandeurs sont commensurables, & de dire qu'elles sont comme nombre à nombre.

Car afin que b soit commensurable à c , il faut que quelque grandeur comme x soit precisément tant de fois dans b & precisément tant de fois dans c comme si elle est 9 fois dans b & 10 fois dans c.

H ij

Donc b est la même chose que $9x$, & c la même chose que $10x$.

Or $9x$. $10x$ :: 9. 10.

Donc b. c :: 9. 10.

Donc b est à c comme nombre à nombre. Et de là il s'enfuit que c'est auffi la même chofe de dire que deux grandeurs ne font pas entr'elles comme nombre à nombre, & de dire qu'elles font incommenfurables, puifque fi elles eftoient commenfurables elles feroient comme nombre à nombre.

SECOND LEMME.

III.   Si deux grandeurs n'eftant pas comme nombre à nombre, leurs quarrez ou leurs cubes font comme nombre à nombre ; on dit alors que ces grandeurs font incommenfurables en elles-mêmes, ou en longueur, ou lineairement; mais qu'elles font commenfurables en puiffance.

Et il faut remarquer que le quarré eft la 1re puiffance, qui s'appelle fimplement puiffance : Le cube la 2e : Le quarré de quarré la 3e ; & ainfi à l'infini.

TROISIEME LEMME.

IV.   Ie fuppofe que l'on fçait de l'arithmetique commune qu'une même raifon fe peut exprimer par une infinité de nombres, comme la raifon double par 2. 1. par 6. 3. par 8. 4. par 12. 6. &c. La raifon de 4 à 9 par 8. 18 :: 12. 27 :: 20. 45. &c.

Mais qu'on ne connoift diftinctement & precifément quelle eft une raifon, que quand on l'a reduite aux plus petits nombres par lefquels elle puiffe eftre exprimée, comme la raifon de 12 à 6. à 2 & 1. & la raifon de 20 à 45. à 4 & 9.

Soient donc appellez ces plus petits nombres par lefquels chaque raifon puiffe eftre exprimée, *les expofans de cette raifon.*

QUATRIEME LEMME.

V.   Ie fuppofe auffy que l'on fçache que la multiplication d'un nombre par foy même eft ce qu'on appelle *un nombre quarré*, & que la multiplication d'un nombre quarré par sa racine est ce qu'on appelle *un nombre cube.*

CINQUIEME LEMME.

LES nombres se peuvent considerer comme estant d'une   V I.
dimension, ou de deux, ou de trois, ou de quatre, &c.

On considere un nombre comme estant d'une seule
dimension, lors qu'on regarde simplement ce qu'il contient d'unitez & qu'on le marque par une seule lettre,
soit qu'il ait besoin pour estre écrit en chifre d'un seul ou
de plusieurs characteres. Ainsi 72 marqué par une *s*, est
un nombre d'une seule dimension.

On le considere comme ayant deux dimensions, lors
qu'il est exprimé par deux lettres qui marquent deux
nombres, qui se multipliant l'un l'autre font le nombre
total qu'on veut exprimer. Ainsi *b* signifiant 2, & *p* 36,
b p. signifie deux fois 36, ce qui fait encore 72.

On le considere comme ayant 3 dimensions, lors qu'il
est exprimé par 3 lettres, qui marquent 3 nombres,
dont le 3e multiplie le produit des deux premiers. Ainsi *b*
signifiant 2, *c* 3 & *m* 12 : *b c m* signifie 2 fois 3 fois 12. c'est à
dire, 6 fois 12 ; ce qui fait encore 72.

On le considere comme ayant 4 dimensions, lors qu'il
est exprimé par 4 lettres qui marquent 4 nombres, dont
le 3e ayant multiplié le produit des deux premiers, le 4^e
multiplie le produit des 3 autres. Ainsi *b* signifiant 2, *c* 3,
& *d* 4 ; *b c d c* signifie 2 fois 3 fois 4 fois 3. c'est à dire,
6 fois 4 fois 3 ; ou 24 fois 3 ; ce qui fait encore 72.

On le considere comme ayant 5 dimensions lors qu'il
est exprimé par 5 lettres.

De 6 quand par 6.

De 7 quand par 7.

De 8 quand par 8, &c.

Observant toûjours que les nombres marquez par ces
lettres se multiplient les uns les autres en la maniere qui a
esté expliquée en parlant de ceux qui ont 3 ou 4 dimensions.

SIXIEME LEMME.

CETTE maniere d'exprimer les nombres par lettres est   V I I.

fort differente de celle où on les exprime par chiffres.
Et en voicy les principales differences.

I. Dans les chiffres chaque nombre marqué par chaque
chiffre s'ajoûte aux autres : mais icy chaque nombre marqué par chaque lettre multiplie les autres.

Si j'écris par exemple 26, le (2) eſtant dans les dixaines
ſignifie vingt & l'autre caractere ſix, & le tout eſt vingt
plus ſix, c'eſt à dire 26 : mais ſuppoſant que *k* ſignifie
vingt, & *f*, 6 ; *k f*. ſignifiera 20 fois 6, ou 6 fois 20, ce qui
eſt la même choſe ; c'eſt à dire 120.

II. Dans les chiffres il y a beaucoup d'affaires à multiplier
l'un par l'autre deux nombres qui ont chacun beaucoup
de caracteres, comme 267 par 343, mais dans les lettres il
n'y a rien de plus facile : car il ne faut que joindre les lettres de l'un des nombres aux lettres de l'autre, & la multiplication eſt toute faite, comme ſi l'un eſt *b c m* & l'autre
f d p, le produit de ces deux nombres, quels qu'ils ſoient,
eſt *b c m f d p*.

III. Dans les chiffres le rang où chaque chiffre eſt placé
eſt ce qui en détermine la ſignification ; de ſorte qu'on ne
peut troubler ce rang ſans changer le nombre que les chiffres ſignifient. C'eſt pourquoy il y a bien de la difference
entre 29 & 92.

Mais dans les lettres ce rang ne fait rien du tout, &
pourveu que les mêmes lettres demeurent, quelque tranſ-
poſition qu'on en faſſe, cela ne change rien dans la ſignification de chaque lettre, ny dans l'expreſſion du nombre
total. C'eſt pourquoy *b c d*, ou *d c b*, ou *d b c*, eſt toûjours
la même choſe : parce que ces lettres ſe multipliant, il
n'importe de rien par où l'on commence la multiplication, n'y ayant point de difference entre 2 fois 3 fois 4,
ou 3 fois 4 fois 2, ou 4 fois 3 fois 2. Et tout cela faiſant
toûjours 24.

IV. Chaque chiffre ſignifie un nombre particulier &
determiné ſelon la place où il eſt. Car (2) à la place des
dixaines ne ſignifie jamais que vingt, & 3 à la place des
centaines ne ſignifie jamais que trois cent. Mais le grand &

ordinaire ufage des lettres eſt de ſignifier des nombres
quelconques avec cette obſervation, que dans le même
nombre, ou dans des nombres que l'on compare enſemble, les mêmes lettres ſignifient mêmes nombres quels
qu'ils ſoient, & differentes lettres differens nombres.
C'eſt pourquoy deux mêmes lettres comme *b b*, ou *c c*,
ſignifient un nombre quarré, & 3 mêmes lettres comme
b b b ou *c c c* des nombres cubiques.

SEPTIEME LEMME.

MAIS il y a encore une obſervation à faire ſur les nom,
bres quarrez & cubiques.

VIII.

C'eſt qu'un nombre eſt reconnu pour quarré non ſeulement quand il eſt exprimé par deux mêmes lettres comme *b b*, mais auſſi quand on peut partager en deux parts
égales les lettres d'un nombre, en ſorte que les mêmes
lettres ſe trouvent en l'une & en l'autre partie. Ainſi *bb*
cc, ou *b b cc dd*. ſont des nombres quarrez, parce que
l'un ſe peut partager en *b c* & *b c*, & l'autre en *b c d* &
b c d. Car on a déja veu qu'il n'importoit de rien en quelque maniere que les lettres fuſſent rangées.

Vn nombre de même eſt cubique non ſeulement quand
il eſt exprimé par les trois mêmes lettres comme *bbb*, mais
auſſi quand les lettres qui le marquent peuvent eſtre diviſées en trois parts égales dont chacune contienne les mêmes lettres. Ainſi *b b b c c c*, ou *b b b c c c d d d* ſont deux
nombres cubiques, parce que le premier ſe peut partager
en *b c*, *b c* & *b c*, & l'autre en *b c d*, *b c d* & *b c d*.

COROLLAIRE.

IL s'enſuit de là ſans autre preuve, que le produit de
deux nombres quarrez eſt toûjours un nombre quarré
qui a pour ſa racine le produit des deux racines des deux
autres nombres quarrez. Ainſi *bb* en *c c* fait *b b c c*, qui
a pour ſa racine *b c*. Et que le produit de deux nombres
cubiques eſt toûjours un nombre cubique, qui a auſſi pour
ſa racine le produit des deux racines des deux autres nombres cubiques.

IX.

HUITIEME LEMME.

x. Quoy que deux nombres n'ayent pas autant de dimenfions l'un que l'autre, ils ne laiſſent pas de pouvoir eſtre
comparez enſemble, parce que tous les nombres eſtant
meſurez par l'unité ont toûjours raiſon l'un à l'autre.

Neanmoins il eſt ſouvent utile de pouvoir faire que le
nombre qui auroit moins de dimenſions que l'autre, en ait
autant demeurant le même, & cela eſt aiſé.

Car reſervant la lettre (i) pour marquer l'unité il ne
faut qu'augmenter les lettres du nombre qui en a moins
que l'autre, d'autant d'i qu'il eſt neceſſaire pour faire
qu'il y ait autant de lettres à l'un qu'à l'autre. Ainſi ayant
à comparer b avec $b\,x$; ajoûtant un i à b, b i, aura autant
de dimenſions que $b\,x$.

Et neanmoins b i ſera le même nombre que b, parce
que l'unité multipliant un nombre ne le change point;
4 fois un, ou une fois 4, eſtant la même choſe que quatre.

Et quand on le multiplieroit 2, 3 & 4 fois par l'unité,
ce ſeroit toûjours de même : comme il ſe voit en ce que
l'unité priſe une fois (ce qui peut eſtre marqué par un ſeul
i.) eſt un nombre lineaire & multiplié par ſoy même, ce
qui peut eſtre marqué par deux (ii) eſt un nombre quarré, quoy que ce ſoit toûjours un : Et marqué par trois (iii)
un nombre cubique : Et par quatre (iiii) un nombre quarré de quarré : Et ainſi à l'infini. D'où il s'enſuit que comme un ſeul (i) n'apporte aucun changement au nombre
auquel il eſt ajoûté, deux, trois, quatre i, n'en apportent
point auſſy.

Cette obſervation ſera de grand uſage dans les Theoremes ſuivans.

PREMIER THEOREME.

XI. Deux nombres eſtant marquez par des lettres en la
maniere qui vient d'eſtre expliquée, ſi l'un & l'autre eſt
compoſé de lettres ſemblables à celles de l'autre, & de
lettres diſſemblables, ces nombres ſont entr'eux en même
raiſon que leurs lettres diſſemblables. Ou bien les lettres
qui ſont ſemblables dans les deux nombres eſtant retran-
chées

chées de part & d'autre, les lettres diſſemblables qui reſteront marqueront la raiſon entre ces deux nombres reduite à de moindres termes. Ainſi

$$
\begin{array}{lllll}
b\,c. & b\,d & :: & c. & d.\\
b\,c\,d. & b\,f\,g & :: & c\,d. & f\,g.\\
b\,b\,d. & b\,f\,g & :: & b\,d. & f\,g.\\
b\,x\,c\,x\,d\,x. & b\,y\,c\,y\,d\,y & :: & x\,x\,x. & y\,y\,y.
\end{array}
$$

Que ſi l'un des nombres comprend toutes les lettres de l'autre & quelques lettres de plus, ajoûtant un (i) à celuy qui n'a point de lettre qui ne ſoit dans l'autre, ce ſera cet i, & les lettres particulieres à l'autre nombre, qui marqueront la raiſon entre ces deux nombres.

$$
\left\{\begin{array}{ll}
b. & b\,x.\\
b\,i. & b\,x.
\end{array}\right\} :: i.\ x.
$$

$$
\left\{\begin{array}{ll}
b\,c. & b\,c\,x\,y\\
b\,c\,i. & b\,c\,x\,y
\end{array}\right\} :: i.\ x\,y.
$$

Ou ſi on veut on peut ajoûter autant d'i que l'autre nombre a plus de lettres que celuy-là.

$$
\left\{\begin{array}{ll}
b\,c. & b\,c\,x\,x\\
b\,c\,i\,i. & b\,c\,x\,x
\end{array}\right\} :: i\,i.\ x\,x.
$$

Tout cela n'eſt qu'une application particuliere aux nombres de ce qui a eſté demonſtré dans le Livre II. au regard de toutes ſortes de grandeurs : Que deux grandeurs eſtant multipliées par une même, ſont en même raiſon qu'elles eſtoient avant que d'eſtre multipliées. Car toute lettre marquant un nombre qui multiplie les nombres marquez par les autres lettres, la même lettre ſe trouvant en deux nombres, c'eſt un même nombre qui en multiplie d'autres: & par conſequent ces autres ſont en même raiſon avant & apres cette multiplication : Ou bien ſans cette multiplication & avec cette multiplication. Donc le nombre $x\,b$ doit eſtre au nombre $x\,c$, comme b à c, parce que b & c doivent eſtre en même raiſon ; ſoit que l'un & l'autre ſoit multiplié par le même nombre x ; ſoit que l'un & l'autre ſoit laiſſé ſeul ſans eſtre multiplié par x.

Soit donc poſé pour maxime, que retranchant dans

I

deux nombres les lettres qui se trouvent les mêmes en l'un qu'en l'autre, ce qui restera de l'un & de l'autre en marquera la raison.

Mais il faut remarquer qu'il n'en faut oster qu'autant de l'un que de l'autre. Car s'il y a deux b dans l'un, & un b seulement dans l'autre, comme si l'un est $b\,b\,c$, & l'autre $b\,f\,g$, il ne faudra oster qu'un seul b de celuy qui en a deux, parce qu'il n'y en a qu'un dans l'autre. C'est pourquoy

$$b\,b\,c. \qquad b\,f\,g \quad :: \quad b\,c. \qquad f\,g.$$

SECOND THEOREME.

XII.   LES raisons de nombre à nombre sont égales en trois manieres.

PREMIERE MANIERE.

La 1re est quand les consequens sont equimultiples des antecedens, ou les antecedens des consequens.

$$b. \qquad b\,x \quad :: \quad c. \qquad c\,x.$$

Car ajoûtant i aux antecedens, ce qui ne les change point (car par le 8e Lemme $b\,i = b$ & $c\,i = c$.)

Or $\left.\begin{array}{ll} b\,i. & b\,x \\ c\,i. & c\,x \end{array}\right\} :: i.\ x.$

Donc les deux raisons b & $b\,x$, c & $c\,x$, se reduisent à cette même raison $i.\ x.$

C'est la même chose quand ce sont les antecedens qui sont equimultiples des consequens.

$$b\,x. \qquad b \quad :: \quad c\,x. \qquad c.$$

SECONDE MANIERE.

La 2e est quand les termes d'une raison sont equimultiples des termes de l'autre, l'antecedent de l'antecedent, & le consequent du consequent.

$$b. \qquad c \quad :: \quad b\,x. \qquad c\,x.$$

Car ostant x des deux termes de la 2^e raison, elle est la même que la premiere par le 1er Theoreme.

TROISIEME MANIERE.

La 3^e est quand les termes d'une raison estant equimultiples de deux nombres, les termes de l'autre raison sont aussi equimultiples, quoy que differemment, des deux mêmes nombres disposez de la même sorte.

$$bx. \quad cx \; :: \; by. \quad cy.$$

Car oſtant x des deux premiers termes, & y des deux derniers, les deux raiſons ſe trouvent eſtre la même.

$$\left.\begin{array}{ll} bx. & cx \\ by. & cy \end{array}\right\} :: b. \; c.$$

AVERTISSEMENT.

Ie ne m'amuſe point à prouver que les raiſons de nombre à nombre ne peuvent eſtre égales qu'en ces trois manieres, parce qu'il ſuffit de pouvoir aſſeurer ſans crainte qu'il eſt impoſſible d'en trouver d'autres, ce qui ſeroit facile s'il y en avoit, n'y ayant rien que l'eſprit humain connoiſſe ſi clairement & ſi diſtinctement que les nombres.

On peut même dire que ces trois manieres ſe reduiſent à une ſeule. Car dans les deux premieres ajoûtant l'unité aux termes qui ont moins de dimenſions, elles deviennent la même choſe que la derniere, comme il ſe voit par ces exemples, XIII.

I. $\left.\begin{array}{l} b. \quad bx \; :: \; c. \quad cx. \\ bi. \; bx \; :: \; ci. \; cx. \end{array}\right\} :: i. \; x.$

II. $\left.\begin{array}{l} b. \quad c \; :: \; bx. \; cx. \\ bi. \; ci \; :: \; bx. \; cx. \end{array}\right\} :: b. \; c.$

III. $\{ bx. \; cx \; :: \; by. \; cy. \} :: b. \; c.$

TROISIEME THEOREME.

Deux raiſons de nombre à nombre eſtant égales, le produit des antecedens eſt au produit des conſequens comme deux nombres quarrez: ou, la raiſon du produit des antecedens au produit des conſequens a pour ſes expoſans des nombres quarrez. XIV.

PREMIERE PREUVE.

Si on reduit chaque raiſon aux moindres termes, elles ſe trouveront reduites aux mêmes nombres. Donc le produit des antecedens ſera la multiplication d'un nombre par ſoy même, ce qui fait un nombre quarré, & de même du produit des conſequens.

Deux raiſons égales $\quad bx. \quad cx \; :: \; by. \quad cy.$
reduites aux moindres termes $\quad b. \quad c \; :: \; b. \quad c.$

Donc le produit des antecedens eſt bb.

& celuy des conſequens cc.

I ij

Seconde Preuve.

Sans cette reduction on prouve la même chose en parcourant les 3 manieres dont les raisons de nombre à nombre sont égales. ·

Premiere Maniere.

$$b. \quad bx \quad :: \quad c. \quad cx.$$

Ajoûtant l'unité aux deux antecedens.

$$bi. \quad bx \quad :: \quad ci. \quad cx.$$

Donc le produit $\begin{cases} \text{des antecedens} & bici. \\ \text{des consequens} & bxcx. \end{cases}$

Donc ostant bc de l'un & de l'autre (selon le 1er Theoreme) reste pour l'un ii, qui est le quarré de l'unité, & pour l'autre, xx; qui est un autre quarré quelconque.

Que si les 4 termes estoient

$$b. \quad bxy \quad :: \quad c. \quad cxy.$$

ajoûtant l'unité $\quad bi. \quad bxy \quad :: \quad ci. \quad cxy.$

le produit $\begin{cases} \text{des antecedens} & bici. \\ \text{des consequens} & bxycxy. \end{cases}$

ostant bc de l'un & de l'autre, reste ii & $xyxy$. & ce dernier est un nombre quarré par le 7e Lemme. *Ce qui soit remarqué une fois pour toutes.*

Seconde Maniere.

$$b. \quad c \quad :: \quad bx. \quad cx.$$

Ajoûtant l'unité aux deux premiers termes.

$$bi. \quad ci \quad :: \quad bx. \quad cx.$$

Donc le produit $\begin{cases} \text{des antecedens} & bibx. \\ \text{des consequens} & cicx. \end{cases}$

Donc ostant $ix.$ de l'un & de l'autre, reste bb & cc.

Troisieme Maniere.

$$bx. \quad cx \quad :: \quad by. \quad cy.$$

le produit $\begin{cases} \text{des antecedens} & bxby. \\ \text{des consequens} & bxcy. \end{cases}$

ostant xy de part & d'autre, reste bb & cc.

Donc deux raisons de nombre à nombre estant égales, la raison du produit des antecedens au produit des consequens a pour ses exposans des nombres quarrez. Ce qu'il falloit demonstrer.

QUATRIEME THEOREME.

TROIS raiſons de nombre à nombre eſtant égales, la $\quad$ X V.
raiſon du produit des 3 antecedens au produit des 3 conſequens a pour ſes expoſans des nombres cubiques.

PREMIERE PREUVE.

Chacune des 3 raiſons égales eſtant reduite aux moindres termes, elles ſe trouvent reduites aux mêmes nombres.

$$bx. \quad cx :: \quad by. \quad cy :: \quad bz. \quad cz.$$
$$b. \quad c :: \quad b. \quad c :: \quad b. \quad c.$$

Donc le produit $\begin{cases} \text{des antecedens } bbb. \\ \text{des conſequens } ccc. \end{cases}$

SECONDE PREUVE.

Sans cette reduction en parcourant les 3 manieres.

PREMIERE MANIERE.

$$b. \quad bx :: \quad c. \quad cx :: \quad d. \quad dx.$$

Ajoûtant l'unité aux antecedens

$$bi. \quad bx :: \quad ci. \quad cx :: \quad di. \quad dx.$$

Donc le produit $\begin{cases} \text{des antecedens } bicidi. \\ \text{des conſequens } bxcxdx. \end{cases} \begin{cases} iii. \end{cases}$

Donc oſtant de part & d'autre bcd, reſte $\Big\} xxx.$

SECONDE MANIERE, qui eſt meſlée de la Troiſiéme.

$$b. \quad c :: \quad bx. \quad cx :: \quad by. \quad cy.$$

ajoûtant l'unité aux deux premiers termes

$$bi. \quad ci :: \quad bx. \quad cx :: \quad by. \quad cy.$$

Donc le produit $\begin{cases} \text{des antecedens } bibxby. \\ \text{des conſequens } cicxcy. \end{cases} \begin{cases} bbb. \end{cases}$

Donc oſtant de part & d'autre ixy, reſte $\Big\} ccc.$
C'eſt la même choſe de la 3ᵉ maniere.

PROPOSITION FONDAMENTALE
DES GRANDEVRS INCOMMENSVRABLES.

LA raiſon doublée ou triplée d'une raiſon de nombre $\quad$ X V I.
à nombre, eſt auſſi une raiſon de nombre à nombre, qui a
pour ſes expoſans des nombres quarrez ſi elle eſt doublée,
& des nombres cubiques ſi elle eſt triplée.

D'où il s'enſuit qu'une raiſon ſimple n'eſt pas de nom-

bre à nombre , si la raison doublée ou triplée de cette raison , ou n'est pas de nombre à nombre , ou n'a pas pour ses
exposans des nombres quarrez ou cubiques.

*La premiere partie estant vraye , la derniere en est une
suite necessaire , puis qu'il est toûjours permis de conclure de la
negation du consequent à la negation de l'antecedent.*

*Reste donc à prouver la premiere , ce qui est facile par les
deux Theoremes precedens.*

Car une raison doublée n'est autre chose qu'une raison
composée de deux raisons égales.

Or une raison composée de deux raisons n'est autre
chose que la raison du produit des antecedens de ces deux
raisons au produit de deux consequens par III. 1. & 5.

Donc une raison composée de deux raisons égales de
nombre à nombre (ce qui est la même chose que la raison
doublée d'une raison de nombre à nombre) n'est autre
chose que la raison du produit des antecedens de deux raisons égales de nombre à nombre au produit des consequens.

Or cette raison du produit des antecedens de deux raisons égales de nombre à nombre au produit des consequens , a pour ses exposans des nombres quarrez par le
Theoreme 3ᵉ.

Donc toute raison doublée d'une raison de nombre à
nombre a pour ses exposans des nombres quarrez.

On prouvera de la même sorte par le 4ᵉ Theoreme que
la raison triplée d'une raison de nombre à nombre a pour
ses exposans des nombres cubiques ; parce qu'une raison
triplée n'est autre chose qu'une raison composée de trois
raisons égales. Donc , &c.

Premier Corollaire.

XVII.   Trois grandeurs estant continuellement proportionelles , la raison de la 1ʳᵉ à la 3ᵉ ne peut estre que de 3 sortes.

1. Ou de nombre à nombre , ayant pour ses exposans des
nombres quarrez.

2. Ou de nombre à nombre n'ayant pas pour ses exposans des nombres quarrez.

3. Ou sourde & non de nombre à nombre.

PREMIER CAS.

Si la raison de la 1re grandeur à la 3e est une raison de nombre à nombre qui a pour ses exposans des nombres quarrez, la 2e grandeur est aux deux autres comme est le produit des racines de ces deux nombres quarrez est à ces deux nombres quarrez. Et par consequent les 3 grandeurs font commensurables.

Soient $\div$ b. c. d.

Soient b. d :: $\begin{cases} 4. & 9. \\ xx. & yy. \end{cases}$

Donc $\begin{cases} \div & b. \ c. \ d. \\ \div & 4. \ 6. \ 9. \\ \div & xx.\,xy.\,yy. \end{cases}$ par III. 25.

SECOND CAS.

Si la raison de la 1re grandeur à la 3e est une raison de nombre à nombre qui n'ait pas pour ses exposans des nombres quarrez, la moyenne grandeur est incommensurable en longueur, & commensurable en puissance à la 1re & à la derniere.

Soient $\div$ k. l. m.

Soient k. m :: 3. 4.

La raison de k, m estant doublée de la raison k, l, ou composée des deux raisons égales k, l, & l, m, puisque 3 & 4, qui sont les exposans de cette raison doublée k, m, ne font pas deux nombres quarrez, les deux raisons égales k, l, & l, m, dont cette raison est composée, ne peuvent estre des raisons de nombre à nombre par la seconde partie de la proposition fondamentale.

Donc k & l font incommensurables, comme aussi l & m, par le 1er Lemme.

Mais $\begin{matrix} kk. & ll \\ ll. & mm \end{matrix} \Big\} :: \begin{matrix} k. & m. \\ 3, & 4. \end{matrix}$

Donc $\begin{Bmatrix} kk. & ll \\ ll. & mm \end{Bmatrix}$ font commensurables.

Donc $\begin{Bmatrix} k \ \& \ l \\ l \ \& \ k \end{Bmatrix}$ font commensurables en puissance.

XVIII.

XIX.

TROISIEME CAS.

XX. Si la raison de la 1re grandeur à la 3e n'eſt pas de nombre à nombre, la moyenne grandeur ſera incommenſurable aux deux autres, tant en longueur qu'en puiſſance.

Elle leur ſera incommenſurable en longueur par la même preuve que celle du 2e cas.

Et elle leur ſera incommenſurable en puiſſance, parce que le quarré de la 1re eſt au quarré de la ſeconde comme la 1re eſt à la 3e. Donc ſi la raiſon de la 1re à la 3e n'eſt pas de nombre à nombre, la raiſon du quarré de la 1re au quarré de la 2e ne ſera pas de nombre à nombre.

Donc la 1re & la 2e ſont incommenſurables en puiſſance. Et il eſt de même de la 2e comparée à la troiſiéme.

SECOND COROLLAIRE.

XXI. 4 grandeurs eſtans continuellement proportionelles, la raiſon de la 1re à la 4e ne pouvant eſtre que de 3 ſortes, comme il vient d'eſtre dit, voicy ce qui arrivera.

PREMIER CAS.

XXII. Si la raiſon de la 1re à la 4e eſt une raiſon de nombre à nombre qui ait pour ſes expoſans des nombres cubiques, les moyennes grandeurs ſeront aux extrémes, comme ſont aux nombres cubiques (qui ſont les expoſans de la raiſon de la 1re à la 4e grandeur) le quarré de la racine de ce 1er cube multiplié par la racine du 2e & le quarré de la racine du 2e multiplié par la racine du 1er.

$$\text{Soient} \div b. \quad c. \quad d. \quad f.$$

$$\text{Soient} \quad b. \quad f. \quad :: \begin{cases} 8. \quad 27. \\ xxx. yyy. \end{cases}$$

$$\text{Donc} \begin{cases} \div & b. & c. & d. & f. \\ \div & 8. & 12. & 18. & 27. \\ \div & xxx. & xxy. & yyz. & yyy. \end{cases}$$

SECOND CAS.

XXIII. Si la raiſon de la 1re à la 4e eſt une raiſon de nombre à nombre qui n'ait pas pour ſes expoſans des nombres cubiques, la 1re & la 2e grandeur ſont incommenſurables en longueur & commenſurables en ſeconde puiſſance, & il en eſt de même de la 2e & 3e, de la 3e & 4e.

            Soient

Soient $\div$ $k.$ $l.$ $m.$ $n.$

Soient $k.$ n :: 3. 4.

La raison $k.$ n estant triplée de la raison $k.$ l, ou composée des 3 raisons égales, $\begin{cases} k.\ l. \\ l.\ m. \\ m.\ n. \end{cases}$

chacune de ces 3 raisons égales ne sçauroit estre de nombre à nombre (par la 2ᵉ partie de la proposition fondamentale) puisque la raison $k.$ n, qui est composée des trois, ou triplée de chacune, a les nombres 3 & 4 pour ses exposans, qui ne sont pas des nombres cubiques.

Donc $\begin{cases} k.\ l. \\ l.\ m. \\ m.\ n. \end{cases}$ soit incommensurables en longueur.

Mais par III.

$$\begin{rcases} kkk. \quad lll \\ lll. \quad mmm \\ mmm. \quad nnn \end{rcases} :: \begin{cases} k.\ n. \\ 3.\ 4. \end{cases}$$

Donc ces cubes deux à deux sont commensurables, puis qu'ils sont comme 3 à 4.

Donc $\begin{cases} k.\ l \\ l.\ m \\ m.n \end{cases}$ sont commensurables en seconde puissance.

TROISIEME CAS.

Si la raison de la 1ʳᵉ à la 4ᵉ grandeur n'est pas de nombre à nombre, la 1ʳᵉ & 2ᵉ, la 2ᵉ & 3ᵉ, la 3ᵉ & 4ᵉ, sont incommensurables tant en longueur qu'en seconde puissance. La raison du 2ᵉ cas prouve qu'elles le sont en longueur : & elles le sont en seconde puissance, parce que la raison du cube de la 1ʳᵉ au cube de la 2ᵉ, & ainsi des autres, est la même que la raison de la 1ʳᵉ grandeur à la 4ᵉ, que l'on suppose n'estre pas de nombre à nombre.

TROISIEME COROLLAIRE.

XXV.

Si deux grandeurs quarrées ou ne sont pas comme nombre à nombre, ou n'ont pas des nombres quarrez pour les exposans de leur raison, les racines en sont incommensurables.

XXIV.

K

Et de même si deux grandeurs cubiques ou ne sont pas comme nombre à nombre, ou n'ont pas pour les exposans de leur raison des nombres cubiques.

Car les quarrez sont en raison doublée de leurs racines, & les cubes en raison triplée, d'où le reste suit par la proposition fondamentale.

PROBLEME.

XXVI.   RECONNOISTRE si un nombre donné est la racine d'un quarré égal à deux nombres quarrez.

Cela se peut reconnoistre par ces deux Regles.

PREMIERE REGLE.

TOUT nombre impair qui estant ajoûté à soy même moins un, fait un nombre quarré, est la racine d'un quarré égal à deux autres quarrez.

Soit ce nombre impair appellé h.

Soit $h - 1$ appellé b, de sorte que $b + 1$ soit égal à h.

Soit $h + b$ (ou $2b + 1$, qui est la même chose, & que nous supposons estre un nombre quarré) appellé cc.

Ie dis que $hh = bb + cc$.

Car h estant égal à $b + 1$, hh est égal au quarré de $b + 1$. c'est à dire, à $bb + 2b + 1$.

Or $2b + 1$ est égal à cc. par l'hypothese.

Donc $hh = bb + cc$. Ce qu'il falloit demonstrer.

Exemple. Soit le nombre proposé 41. 2 fois 41 moins un, c'est à dire 41 & 40 font 81, qui est le quarré de 9.

Donc le quarré de 41, qui est 1681, est égal à 81 (quarré de 9) & à 1600 (quarré de 40.)

SECONDE REGLE.

XXVII.   AYANT trois nombres qui soient tels, selon la 1re Regle, que le quarré du premier soit égal au quarré des deux autres, tout multiple du premier aura aussi son quarré égal, aux deux quarrez des equimultiples des deux autres.

Exemple. 13. estant de ces impairs de la premiere regle, dont le quarré 169 est égal à 144 quarré de 12, plus à 25 quarré de 5, 39 qui est triple de 13 a son quarré égal au quarré de 36 triple de 12, & au quarré de 15 qui est triple de 5.

PREMIER COROLLAIRE. XXVIII.

IL y a des nombres qui sont tout ensemble de la 1re & de la 2e regle. Et alors leur quarré est égal à deux quarrez selon la 1re regle, & à deux autres quarrez, selon la 2e.

Exemple. 25, selon la 1re regle, a son quarré égal au quarré de 24 & à celuy de 7.

Et le même 25 selon la 2e regle, comme quintuple de 5, a son quarré égal à celuy de 20, quintuple de 4, & à celuy de 15, quintuple de 3.

Tous les nombres de la 1re regle qui finissent par 5 sont aussi de la 2e, comme estant multiples de 5.

SECOND COROLLAIRE.

EN renversant la 1re regle on peut trouver tant de XXIX. nombres que l'on voudra dont le quarré soit égal à deux autres quarrez.

Car tout nombre quarré impair estant divisé en deux parties, dont l'une ne surpasse l'autre que de l'unité ; le quarré de la plus grande partie est égal au quarré de la plus petite, plus le premier quarré impair. La preuve est la même que celle de la 1re regle.

TROISIEME COROLLAIRE.

ON peut encore se servir pour trouver ces quarrez, de XXX. la Table suivante, qui a 7 colonnes : qui contiennent,

La I. Vne progression Arithmetique de 4 en 4 commençant par 4.

II. Les nombres triangulaires de ceux de la 1re colonne. De sorte que les deux premiers de la 1re colonne valent le 2e de la seconde. les 3 premiers le 3e : les 4 premiers le 4e, &c.

III. Ces mêmes nombres plus un.

IV. Les nombres impairs à commencer par 3.

V. Les quarrez de ces nombres impairs de la 4e colonne.

VI. Les quarrez des nombres de la 2e colonne.

VII. Les quarrez des nombres de la 3e.

Cela fait on trouvera que chacun des quarrez qui sont dans la 5e colonne, est égal aux 2 nombres qui sont vis à vis dans la 2ᵉ & dans la 3ᵉ colonne.

2. Que chacun des quarrez de la 7ᵉ colonne est égal aux deux quarrez qui sont vis à vis dans la 5 & 6ᵉ colonne. Ce que l'on vouloit principalement chercher.

I.	II.	III.	IV.	V.	VI.	VII.
4	4	5	3	9	16	25
8	12	13	5	25	144	169
12	24	25	7	49	576	625
16	40	41	9	81	1600	1681
20	60	61	11	121	3600	3721
24	84	85	13	169	7056	7225
28	112	113	15	225	12544	12769
32	144	145	17	289	20736	21025
36	180	181	19	361	32400	32761
40	220	221	21	441	48400	48841

DE LA PROPORTION ENTRE LES
DIFFERENTES ALIQUOTES D'UNE MÊME GRANDEUR.
PREMIER LEMME.

XXXI.   Ie suppose que l'on sçait qu'une aliquote, qui s'appelle une fraction dans les nombres, s'exprime par deux chiffres au dessus l'un de l'autre avec une raye entre-deux, $\frac{1}{2} \frac{1}{3}$. Et que celuy d'embas, qui marque combien de fois l'aliquote est contenuë dans son tout, est appellé dénominateur, & celuy d'enhaut numerateur, parce qu'il marque combien de fois on doit prendre l'aliquote marquée par celuy d'embas. Ainsi $\frac{1}{3}$ est un tiers, $\frac{3}{4}$ trois quarts, $\frac{5}{6}$ cinq sixiémes.

SECOND LEMME.
XXXII.   Vn tout est à chacune de ses aliquotes, comme le denominateur de l'aliquote est à l'unité.

t. $\frac{1}{2}$ :: 2. I.

t. $\frac{1}{3}$ :: 3. I.

t. $\frac{1}{4}$ :: 4. I.

TROISIEME LEMME.
XXXIII.   L'ALIQUOTE prise autant de fois qu'elle est contenuë

de fois dans le tout, eſt égale au tout. Ce qui arrive toûjours quand le numerateur eſt le même nombre que le denominateur.

Ainſi $\frac{2}{2}$ $\frac{3}{3}$ $\frac{4}{4}$ &c. font chacun le tout.

PREMIER THEOREME.

Deux differentes aliquotes d'un même tout ſont en XXXIV.
même raiſon que leurs denominateurs dans un ordre renverſé. C'eſt à dire que la premiere aliquote eſt à la ſeconde, comme le denominateur de la ſeconde eſt au denominateur de la premiere.

$$\frac{1}{3} \quad \frac{1}{4} \; :: \; 4. \; 3.$$

$$\frac{1}{7} \quad \frac{1}{5} \; :: \; 5. \; 7.$$

Soient x le tiers de 1, & y en ſoit le quart.

Ie dis que $\left. \begin{matrix} x. & y \\ \frac{1}{3} & \frac{1}{4} \end{matrix} \right\} :: 4. \; 3.$

Car $x. \quad y \; :: \; 3x. \; 3y.$
$\quad \frac{1}{3} \quad \frac{1}{4} \; :: \; \frac{1}{3} \quad \frac{1}{4}$

Or par le 3ᵉ Lemme $\left. \begin{matrix} 3x & \& & 4y \\ \frac{1}{3} & \& & \frac{1}{4} \end{matrix} \right\}$ font la même choſe.

Donc $x. \quad y \; :: \; 4y. \; 3y.$
$\quad \frac{1}{3} \quad \frac{1}{4} \; :: \; \frac{1}{4} \quad \frac{1}{4}.$

Or $\left. \begin{matrix} 4y. & 3y. \\ \frac{1}{4} & \frac{1}{4} \end{matrix} \right\} :: 4. \; 3.$

Donc $\left. \begin{matrix} x. & y \\ \frac{1}{3} & \frac{1}{4} \end{matrix} \right\} :: 4. \; 3.$ Ce qu'il falloit demouſtrer.

SECOND THEOREME.

Si on prend la moitié d'un tout & qu'on y ajoûte la XXXV.
moitié de la moitié, & de plus la moitié de cette nouvelle
moitié, & ainſi à l'infiny, toutes ces moitiez enſemble
font le tout.

Mais ſi on prend le tiers d'un tout & qu'on y ajoûte le
tiers de ce tiers, puis le tiers de ce tiers du tiers, & encore
le tiers de ce nouveau tiers, & ainſi à l'infiny, tous ces tiers
enſemble font la moitié.

Et tous les quarts pris de la même ſorte font un tiers.

Toutes les cinquiémes un quart.

Les ſixiémes un cinquiéme, & ainſi de ſuite.

Il fera aifé de juger par un feul cas de tous les autres.

Soit donc propofé à montrer que tous les quarts de la grandeur b, z. confiderée comme une ligne, pris de la forte qu'il vient d'eftre dit, en valent le tiers.

Ie fuppofe que b, x. foit le tiers de b, z. Si on divife ce tiers en quatre parties, les 3 premieres de ces parties que je fuppofe eftre b, c. feront le quart de b, z. par le 1er Theoreme.

$$\text{Car} \quad \left. \begin{matrix} \dfrac{b,x.}{\frac{1}{3}} & \dfrac{b,c}{\frac{1}{4}} \end{matrix} \right\} :: 4. \; 3.$$

Donc c, x. eft le $\frac{1}{3}$ de b, c.

Donc pour avoir le $\frac{1}{4}$ du quart, c'eft à dire le quart de b, c. il ne faut que divifer c, x. qui en eft le tiers en quatre parties, & les 3 premieres que je fuppofe eftre c, d. feront le quart de b, c.

Et d, x. fera le tiers de c, d.

Donc pour avoir le $\frac{1}{4}$ de c, d. qui eft ce que l'on cherche, il ne faut que divifer d, x en quatre parties, & les 3 premieres que je fuppofe eftre d, f feront le quart de c, d.

Et il eft aifé de juger qu'agiffant toûjours de la même forte, ces quarts de quarts approcheront toûjours du point x fans qu'ils y arrivent jamais, qu'apres des fubdivifions infinies.

Donc tous ces quarts pris comme il a efté dit, ne vaudront jamais qu'un tiers.

Premier Corollaire.

XXXVI.   On voit par là folution du fophifme des anciens contre le mouvement,

Suppofant, difoient-ils, qu'Achille aille 10 fois plus vifte qu'une tortuë, fi la tortuë a une lieuë d'avance, jamais Achile ne l'atrapera : car tandis qu'Achile fera la 1re lieuë, la tortuë fera la $\frac{1}{10}$ de la 2e lieuë ; & tandis qu'Achile fera la $\frac{1}{10}$ de la 2e lieuë, la tortuë fera la $\frac{1}{10}$ de cette $\frac{1}{10}$, & ainfi à l'infiny.

Tout cela fuppofe que toutes ces dixiémes de dixiémes à l'infini faffent un efpace infini, au lieu qu'elles ne font toutes enfemble qu'une $\frac{1}{9}$ de lieuë, felon le Theoreme precedent.

Et c'est pourquoy Achile doit attraper la tortuë à la première $\frac{2}{9}$ de la 2ᵉ lieuë. Car allant 10 fois plus viste que la tortuë, il doit avoir fait dix fois autant de chemin dans le même temps.

Donc pendant que la tortuë parcourra une $\frac{2}{9}$ de lieuë, Achile en doit parcourir $\frac{20}{9}$, ce qui fait justement la première lieuë qui en contient $\frac{9}{9}$, plus $\frac{2}{9}$ de la seconde lieuë.

SECOND COROLLAIRE.

SI un horloge a deux aigüilles, l'une des heures qui fait XXXVII. son tour en 12 heures, & l'autre des minutes qui fait le même tour en une heure, marquer tous les points aufquels ces deux aigüilles se rencontreront.

Ce sera à ces heures icy. $1 + \frac{1}{11}$ $2 + \frac{2}{11}$ $3 + \frac{3}{11}$ $4 + \frac{4}{11}$ $5 + \frac{5}{11}$ $6 + \frac{6}{11}$ $7 + \frac{7}{11}$ $8 + \frac{8}{11}$ $9 + \frac{9}{11}$ $10 + \frac{10}{11}$ $11 + \frac{11}{11}$. C'est à dire 12 heures.

La preuve en est aisée à deviner par celle du 1ᵉʳ Corollaire.

NOVVEAVX ELEMENS
DE
GEOMETRIE.
LIVRE CINQVIEME.

DE L'ESTENDVE.
DE LA LIGNE DROITE ET CIRCVLAIRE.
DES DROITES PERPENDICVLAIRES, ET OBLIQVES.

Definitions.

I.

Nous *avons parlé jusques icy de la grandeur en general. Il faut maintenant descendre à ses especes.*

Toute grandeur est continüe, comme est l'étendüe, le temps, le mouvement : ou non continüe, comme le nombre.

La continüe est ou successive, comme le temps, le mouvement.

Ou permanente, qui s'appelle generalement *espace* ou *étendüe.*

Mais elle se considere ou selon toutes ses trois dimensions, longueur, largeur & profondeur, & alors elle s'appelle *corps* ou *solide.*

Ou selon deux seulement, longueur & largeur, & alors elle

elle s'appelle *surface* ou *superficie*, qui eſt ou plate, qui s'appelle *plan*, ou non plate qui s'appelle *surface courbe.*

Ou ſelon une ſeulement, qui eſt la longueur, & alors elle s'appelle *ligne*, qui eſt ou droite ou courbe.

L'extrémité de la ligne s'appelle *point*, qui doit eſtre conceu indiviſible. Car s'il pouvoit eſtre partagé en deux, l'une de ces moitiez ne ſeroit pas à l'extrémité de la ligne.

Et par la même raiſon la ligne, qui eſt indiviſible ſelon la largeur, parce qu'elle eſt conſiderée comme n'en ayant point, eſt l'extrémité de la ſurface.

Et la ſurface qui eſt auſſi indiviſible ſelon la profondeur, eſt l'extremité du corps.

PREMIER AVERTISSEMENT.

I I.

Les idées d'une ſurface plate & d'une ligne droite ſont ſi ſimples qu'on ne feroit qu'embroüiller ces termes en les voulant definir. On peut ſeulement en donner des exemples pour en fixer l'idée aux termes de chaque langue.

SECOND AVERTISSEMENT.

I I I.

Quoy qu'il n'y ait point au monde d'étendüe qui n'ait que longueur & largeur ſans profondeur, ou longueur ſans largeur ny profondeur, & encor moins de point, qui n'ait ny longueur, ny largeur, ny profondeur; ce que diſent les Geometres des ſurfaces, des lignes & des points ne laiſſe pas d'eſtre vray, parce qu'il ſuffit pour cela que dans un corps qui eſt veritablement long, large, & profond, je puiſſe n'en conſiderer que la longueur & la largeur, ſans faire attention à la profondeur, ou même la longueur ſeule ſans m'arreſter ny à la largeur, ny à la profondeur. Ainſy pour meſurer un champ, je ne m'amuſe pas à creuſer pour ſçavoir ſi la terre y eſt bien profonde, mais je regarde ſeulement combien il eſt long & large: Et pour ſçavoir combien il y a de Paris à Orleans, je ne meſure pas la largeur des chemins, mais ſeulement la longueur. Et de même ce qu'on appelle Point n'eſt que la ligne même, entant qu'on n'y conſidere que la negation d'une plus longue étendüe.

TROISIEME AVERTISSEMENT.

I V.

On doit commencer par la ligne comme par la plus ſimple eſtendüe: & de plus pour en rendre la conſideration plus facile

L

lors que l'on compare plusieurs lignes ensemble, on les suppose
toûjours dans ces premiers elemens comme estant posées, ou dé-
crites sur un même plan, c'est à dire sur une même superficie
plate; ce qu'il suffit d'avoir dit une fois pour toutes.

PREMIERE SECTION.
DE LA LIGNE DROITE.

v.   Nous n'avons point defini la ligne droite, parce que
l'idée en est tres claire d'elle même, & que tous les hommes conçoivent la même chose par ce mot. Mais il est
bon de remarquer ce que nous concevons naturellement
estre enfermé dans cette idée, ce que l'on pourra prendre si l'on veut pour sa definition.

La ligne droite est la plus courte estenduë entre deux
points.

Et celle qui approche plus de la droite, est aussi la plus
courte: ce qui a donné occasion à Archimede d'établir
ce principe ou Axiome.

PREMIER AXIOME.

VI.   Si deux lignes sur le même plan
ont les extremitez communes &
sont courbes ou creuses vers la mê-   1
me part, celle qui est contenüe est
plus courte que celle qui la contient.
I'ay dit courbes ou creuses, car cela n'est pas seulement vray des lignes   II
courbes comme dans la 1. figure,
mais aussi des droites comme dans la
II, lors que deux ou plusieurs lignes   III
droites se joignant font un creux.
Car alors deux ou plusieurs lignes
droites sont considerées comme une
seule ligne courbe qui seroit creuse   IV
vers ce costé là.

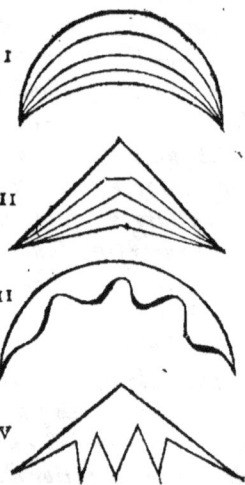

Mais il faut bien remarquer ces
mots, (vers la même part) car cela ne seroit pas vray, si
la même ligne courbe estoit creuse vers differens costez
comme dans la III figure , ou si diverses lignes droites

considerées comme une seule ligne faisoient aussi des creux de differens costez comme dans la IV figure ; car alors la contenante pourroit estre plus courte que la contenüe.

SECOND AXIOME OU DEMANDE.

AYANT deux points donnez on peut mener une ligne droite de l'un à l'autre.   VII.

Et on n'y en peut mener qu'une.

Laquelle par consequent est l'unique & naturelle mesure de la distance entre ces deux points. L'instrument dont on se sert pour cela s'appelle *regle*.

TROISIEME AXIOME OU DEMANDE.

LA simplicité de la ligne droite fait qu'en ayant une   VIII. posée on la peut prolonger de part & d'autre jusques à l'infini, c'est à dire tant que l'on veut.

D'où il s'ensuit que la position d'une ligne droite ne dépend que de deux points.

Ou, que connoissant deux points dans une ligne droite, nous la connoissons toute.

Ou, que deux points estant donnez de position, toute la ligne droite est donnée.

QUATRIEME AXIOME.

SI une ligne droite est immediatement couchée sur   IX. une autre en une de ses parties, elle le sera en toutes, pourveu que l'une & l'autre soit prolongée autant qu'il faudra, & elles ne seront proprement qu'une même ligne.

CINQUIEME AXIOME.

DEUX lignes droites ne se peuvent couper qu'en un   X. point.

SIXIEME AXIOME.

DEUX lignes droites qui estant prolongées vers un mê-   XI. me costé s'approchent peu à peu, se couperont à la fin.

Euclide prend cette proposition pour un principe & avec raison : car elle a assez de clarté pour s'en contenter, & ce seroit perdre le temps inutilement que de se rompre la teste pour la prouver par un long circuit.

SECONDE SECTION.
DE LA LIGNE CIRCVLAIRE.
Definitions.

X I I.   La ligne que décrit sur un plan l'une des extrémitez d'une ligne droite, son autre extrémité demeurant immobile, s'appelle *circulaire*, ou *circonference*.

X I I I.   Et l'espace que décrit toute la ligne s'appelle *cercle*.

X I V.   Le point immobile, *centre*, qui ne peut pas n'estre point également distant de chaque point de la circonference, puisque c'est toûjours la même ligne qui a fait cette distance.

X V.   Et ainsy il est bien clair que toutes les lignes du centre à la circonference sont égales.

X V I.   Ces lignes s'appellent *rayons* ou *demy diametres*.

X V I I.   Les lignes menées d'un point de la circonference à un autre s'appellent *cordes*.

X V I I I.   Si elles passent par le centre, elles s'appellent *diametres*, & elles coupent le cercle & la circonference en deux parties égales, qui s'appellent *demycercles* & *demycirconferences*.

X I X.   La partie de la circonference qui se trouve entre les extremitez d'une corde s'appelle *arc*. Mais lors que cette corde est moindre qu'un diametre, il y a deux portions de circonferences qui se terminent aux extremitez de cette corde. L'une plus grande que la demycirconference, & l'autre plus petite. Or quand on parle de l'arc d'une corde, si on n'ajoûte autre chose, on entend celuy qui n'est pas plus grand que la demycirconference. Ce qui soit bien remarqué.

X X.   Toute circonference se conçoit divisée en 360. parties égales qui s'appellent *degrez*.

X X I.   Chaque degré en 60 minutes premieres qu'on appelle simplement *minutes* : Chaque minute en 60 *secondes*, & chaque seconde en 60 *troisiêmes* ; & ainsi à l'infini.

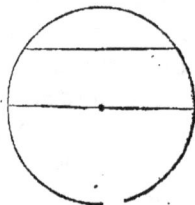

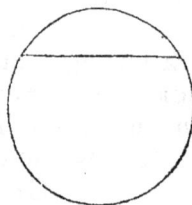

Premier Axiome ou Demande.

On demande qu'ayant un intervale donné, on puisse XXII.
décrire une circonference de cet intervale. Ce qu'on ne
peut douter estre possible, puis qu'il ne faut pour cela que
concevoir que la ligne qui joindra les deux points de cet
intervale se remüe, l'une de ses extremitez demeurant immobile.

La machine la plus ordinaire dont on se sert pour la décrire sur le papier s'appelle, *compas*, qui a deux jambes,
qui estant ouvertes plus ou moins selon l'intervale donné,
l'une demeurant immobile, l'autre décrit la circonference.

Second Axiome ou Demande.

Or comme il faut supposer dans cette operation que XXIII.
les deux jambes du compas gardent toûjours la même distance entr'elles, il n'est en rien plus difficile aprés avoir
mesuré la longueur d'une ligne donnée par l'ouverture du
compas, de se servir de cette même ouverture pour décrire ailleurs une ligne égale à celle-là, ou retrancher
d'une autre ligne une portion qui soit égale à cette premiere. C'est pourquoy on peut hardiment mettre ce
Probleme entre les demandes qui n'ont point besoin
d'estre prouvées.

Décrire une ligne égale à une ligne donnée, soit par le
retranchement d'une autre ligne, soit par tout ailleurs.

Troisieme Axiome.

La maniere dont l'on conçoit que se forme la ligne cir- XXIV.
culaire est si simple, qu'il est impossible de concevoir
qu'elle ne soit pas par tout dans une entiere uniformité.
Et de là il s'ensuit que les Theoremes suivans sont naturellement connus.

Les circonferences qui sont décrites d'un égal intervale sont égales.

Et celles qui sont décrites d'un plus petit intervale sont
plus petites.

Et d'un plus grand sont plus grandes.

Quatrieme Axiome.

Les degrez de circonferences égales sont égaux, puis XXV.
que ce sont aliquotes pareilles de grandeurs égales. Et par

la même raison les degrez d'une petite circonference font plus petits que les degrez d'une plus grande.

CINQUIEME AXIOME.

XXVI.

DANS un même cercle les cordes qui soûtiennent des arcs égaux font égales, & les arcs qui font soûtenus par des cordes égales font égaux. C'est une suite évidemment necessaire de l'entiere uniformité de la circonference. Il ne faut qu'attention pour en appercevoir la certitude.

Il en est de même dans deux cercles égaux que dans le même cercle.

SIXIEME AXIOME.

XXVII.

TOUTES les lignes tirées du centre qui font plus petites que les rayons du cercle, ont leur extremité au dedans du cercle : que si elles font plus longues, elles l'ont au dehors; si égales, dans la circonference même.

SEPTIEME AXIOME.

XXVIII.

LORS qu'on a d'une ligne, l'une des extremitez donnée de position, & sa longueur, son autre extremité doit estre dans la circonference du cercle décrit par un intervale de cette longueur donnée.

TROISIEME SECTION.

DES LIGNES DROITES PERPENDICVLAIRES.

DEFINITIONS.

XXIX.

NOUS avons déja dit qu'une ligne droite n'en peut couper une autre droite qu'en un point. Mais la coupant elle le peut faire en deux manieres.

La premiere est, en ne panchant point plus vers un costé de la ligne coupée, que vers l'autre.

Et alors elles font dites se couper *perpendiculairement* & estre *perpendiculaires* l'une à l'autre.

La seconde, en panchant plus vers un costé que vers l'autre, & alors elles font dites se couper *obliquement* & estre *obliques* l'une au regard de l'autre.

Mais il ne faut pas confondre l'obliquité qui convient à une ligne droite par rapport à une autre ligne, avec la curvité qui convient à la ligne par sa nature même, & constitue une espece de ligne opposée à la ligne droite.

AVERTISSEMENT.

XXX.

Quoy *que deux lignes qui se coupent, se coupent & soient coupées mutuellement, neanmoins afin qu'on ne les confonde pas, nous appellerons l'une coupée & l'autre coupante.*

DEFINITION PLVS EXACTE
DE LA PERPENDICULAIRE.

XXXI.

Pour former une notion plus distincte de deux lignes perpendiculaires, on les peut definir en cette sorte.

Lors que deux points de la ligne coupée estans pris également distans de l'un des points de la ligne coupante, tout autre point de la ligne coupante se trouvera aussy estre également distant de ces deux points de la ligne coupée, la ligne coupante est perpendiculaire à la coupée, estant bien clair qu'elle ne peut alors incliner plus d'un costé que d'autre.

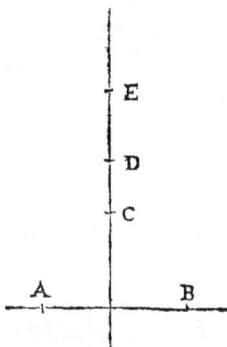

AXIOME.

XXXII.

Pour montrer que tous les points de la ligne coupante sont également distans de deux de la ligne coupée, il suffit d'en avoir deux dans la ligne coupante dont chacun soit également distant de deux points de la ligne coupée. Car de là il s'ensuivra que tous les autres le seront aussy.

Ie *pretens que la seule consideration de la nature de la ligne droite fait voir la verité de cette proposition, & que sans cela il est impossible de garder dans la Geometrie l'ordre naturel des choses.*

Car 1. *puisque la position de la ligne droite ne dépend que de deux points, & qu'en ayant donné deux points, elle est toute donnée, c'est à dire que la position de tous les autres points est determinée, il est visible que la position de ces deux points de la ligne coupante, dont on suppose que chacun est également distant de deux points de la ligne coupée, determine tous les autres à en estre aussy également distans.*

2. *S'il y en avoit quelqu'un qui approchaſt plus de l'un des points que de l'autre, la ligne ſeroit neceſſairement courbée de ce coſté là.*

3. *Il n'y auroit point de raiſon pourquoy il s'approcheroit plûtoſt d'un coſté que de l'autre, ny pourquoy il s'approcheroit de tant plûtoſt que de tant. Car la poſition de ces deux points donnez qui determine tous les autres points de la ligne, ne les peut determiner qu'à une égalité de diſtance, puis qu'ils n'ont pour eux meſmes que cette determination là.*

4. *Tous les Geometres ſemblent aſſez convenir de l'évidence de cette propoſition, puiſque dans la ſolution de tous les problemes qui regardent les perpendiculaires, ils ne font autre choſe que chercher deux points dans la ligne coupante, dont chacun ſoit également diſtant de deux points de la ligne coupée. Et ainſi quelque circuit qu'ils cherchent pour montrer que leur probleme eſt reſolu par là, il eſt clair neanmoins que dans la nature des choſes ce n'eſt que cela ſeul qui l'a reſolu.*

5. *Quoy qu'il en ſoit, je ſoûtiens que quiconque voudra agir de bonne foy reconnoiſtra que conſiderant les choſes avec attention, il luy eſt impoſſible de concevoir que cela puiſſe eſtre autrement, & qu'il repugne à l'idée que nous avons naturellement de la ligne droite, que deux de ſes points eſtans poſez directement, comme nous avons dit, ſur une autre ligne, quelqu'un des autres s'écarte ou à droit ou à gauche, & s'approche ainſy plus prés de l'un des coſtez de la ligne.*

Or il me ſemble tres inutile de chercher bien loin & par de longs détours des preuves d'une choſe dont il nous eſt impoſſible de douter, pour peu que nous y voulions faire attention.

6. *Ce qui doit faire rejetter le ſcrupule qu'on pourroit avoir de recevoir cette propoſition comme claire d'elle même, c'eſt qu'on ne peut faire autrement ſans troubler l'ordre naturel des choſes & employer des triangles pour demonſtrer les proprietez des lignes, c'eſt à dire ſe ſervir du plus compoſé pour expliquer le plus ſimple, ce qui eſt tout à fait contraire à la veritable methode.*

Soit donc, de juſtice ou de grace, nous demandons qu'on nous accorde cette propoſition, qui donne un moyen tres facile

de

de demonftrer les Problemes fuivans fans fe fervir des trian-
gles comme fait Euclide.

PREMIER PROBLEME.

D'un point donné hors une ligne donnée tirer une per-   XXXIII.
pendiculaire fur cette ligne : on fuppofe que cette ligne
foit prolongée s'il en eft befoin, & que le point donné ne
fe puiffe pas rencontrer dans la ligne prolongée, car alors
il ne feroit pas proprement hors cette ligne.

Soit le point *k* & la ligne *z*
de *k* pris pour centre, décrire un
cercle qui coupe *z*, & par confequent y marque deux points
comme *m* & *n*, également diftans
de *k*, puifque *m k*, & *n k* feront
rayons du même cercle. Cela
fait, décrivant deux cercles égaux
d'*m* & d'*n* qui s'entrecoupent par
tout ailleurs qu'en *k*, comme en *b*,
la ligne qui joindra *b* & *k* fera perpendiculaire à la ligne *z*, ce qu'il falloit
faire. Car *k* & *b* font chacun égale-
lement diftans des deux points de *z*,
m & *n*, & par confequent tous les
autres en feront auffi également diftans par la precedente, & ainfy la ligne fera perpendiculaire par la definition.

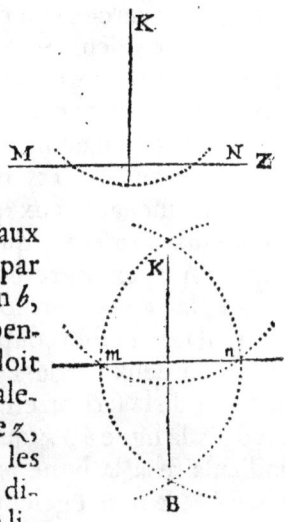

SECOND PROBLEME.

D'un point donné dans une ligne élever un perpendi-   XXXIV.
culaire. Soit le point *k* dans
la ligne *z*, qui eftant pris
pour centre, le cercle qu'l'*on*
décrira *de ce centre* coupera la ligne *z*,
prolongée s'il en eft befoin,
en deux points comme *m* &
n, qui feront également diftans de *k*, l'interfection de
deux cercles égaux qui auront *m* & *n* pour centre donnera

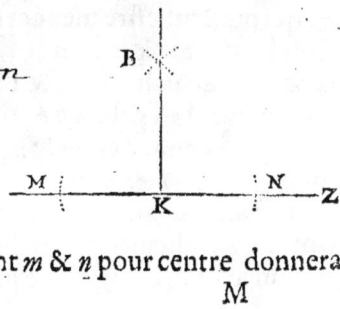

M

le point b, auquel il faudra mener la ligne du point k pour
faire la perpendiculaire que l'on cherche.

C'est la mesme preuve que du precedent. Car k & b
seront chacun également distans de m & n.

TROISIEME PROBLEME.

XXXV.   COUPER une ligne donnée en deux parties égales.
Soit la ligne donnée $m\,n$, en tirant
des deux extremitez m, n, pris pour
centres deux cercles égaux qui s'entrecoupent en deux points comme
k & b, où tirant des mêmes centres
deux arcs de cercles égaux qui s'entrecoupent en un point comme en
k, & deux autres arcs de cercles
égaux ou inégaux aux premiers,
mais égaux entr'eux, qui s'entrecoupent aussi en autre point comme en b, la ligne $k\,b$ prolongée autant qu'il sera besoin coupera la ligne $m\,n$ en deux parties égales. Car
si le point de la section est z comme
il est dans la ligne b, k qui est perpendiculaire à la ligne $m\,n$, par-
ce que b & k sont également distans de m & n, z aussi en
sera également distant, & par consequent $m\,z$ sera égal à
z, n. Ce qu'il falloit démonstrer.

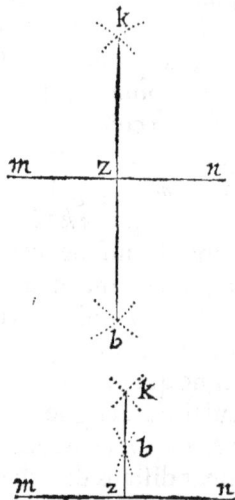

PREMIER THEOREME.

XXXVI.   LA perpendiculaire est la plus courte de toutes les lignes qui puissent estre menées d'un point à une ligne.

Soit le point k & la ligne z, sur laquelle ayant mené de
k la perpendiculaire $k\,b$, & l'ayant prolongée jusques en
c, en faisant $b\,c$ égale à $k\,b$, si on tire de k d'autres lignes
sur la ligne z comme en m & n, je dis que $k\,b$ est plus courte que $k\,m$, ou $k\,n$. Car ayant tiré les lignes $m\,c$ & $n\,c$, je
dis que $k\,m$ est égale à $m\,c$, & $k\,n$ à $n\,c$, puisque la ligne z
estant perpendiculaire à la ligne $k\,c$, le point b qui est
commun à ces deux lignes ne peut estre comme il est éga-

lement diſtant de k & de c, que les autres points comme m & n ne ſoient auſſi chacun également diſtans de k & de c.

Or cela eſtant, il eſt clair que la ligne $k b c$ eſtant droitte eſt plus courte que les lignes $k m c$, qui ne font pas une ligne droitte, & par conſequent $k b$, qui eſt la moitié de $k b c$, eſt plus courte que $k m$, qui eſt la moitié de $k m c$.

SECOND THEOREME.

ON ne peut élever du même point d'une ligne plus XXXVII. d'une perpendiculaire, ny en mener plus d'une d'un point à une ligne. Le premier eſt clair de ſoymême : car ayant élevé du milieu de la ligne $m n$, la perpendiculaire $b k$, il eſt viſible que ſi on en vouloit élever une autre du même point b, on ne la pourroit tirer que plus vers un coſté que vers l'autre, ce qui eſt directement contraire à la notion de perpendiculaire.

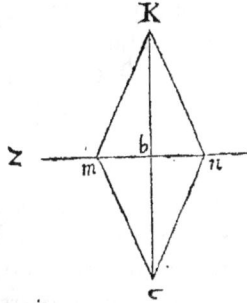

La 2e partie eſt encore tres manifeſte, & ſe peut neanmoins prouver de cette ſorte. Soit mené de k ſur $m n$ la perpendiculaire $k b$, en ſorte que b ſoit également diſtant de m & n, dont par conſequent k doit eſtre auſſy également diſtant : ſi on menoit de k une autre perpendiculaire à un autre point comme à g, il faudroit que g fuſt également diſtant de m & de n, puiſque k qui ſeroit un des points de cette ligne en eſt également diſtant. Or cela eſt impoſſible, puiſque ſi g eſtoit entre b & m, il ſeroit plus prés de m que de n, & s'il eſtoit entre b & n, il ſeroit plus prés de n que de m.

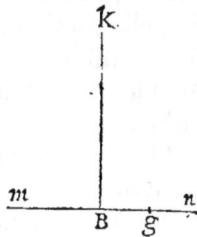

PREMIER COROLLAIRE.

LA perpendiculaire eſt la meſure d'un point hors d'une XXXVIII. ligne à cette ligne, & de la ligne à ce point.

Car eſtant unique & la plus courte de toutes les lignes qui peuvent eſtre menées d'un point à une ligne, on n'en

pouvoit prendre aucune autre qui fuſt ſi propre à meſurer
cette diſtance.

SECOND COROLLAIRE.

XXXIX.   Deux differentes lignes eſtant perpendiculaires à une
même ligne , il eſt impoſſible qu'elles ſe rencontrent ,
quoy que prolongées à l'infini.

Car ſi elles ſe rencontroient elles auroient un point
commun, & ainſy il y auroit deux lignes menées d'un même point qui ſeroient perpendiculaires à une même ligne ,
ce qu'on a fait voir eſtre impoſſible.

TROISIEME COROLLAIRE.

XL.   Lors que d'un point hors une ligne on a tiré une oblique ſur cette ligne , ſi du même point on tire une perpendiculaire ſur la même ligne , cette perpendiculaire tombera du coſté que l'oblique eſt inclinée ſur cette ligne.

Soit la ligne b c , & le point k
dont ait eſté tirée l'oblique k g
qui ſoit inclinée vers b , je dis
qu'il eſt clair par ce qui a eſté dit
de la perpendiculaire , que ſi du
même point k on en tire une ſur
b c , elle tombera entre b & g , & non pas entre g & c , car
il eſt viſible que ſi elle tomboit entre g & c , tant s'en faut
qu'elle fuſt perpendiculaire , qu'elle ſeroit encore plus
oblique que k g.

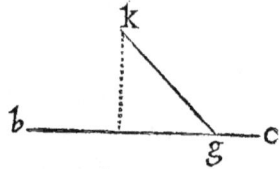

De plus ayant pris dans la ligne b c deux points également diſtans de k , comme pourroit eſtre b & c (33. ẽ) le
point où tombera la perpendiculaire doit eſtre également
diſtant de ces deux points (i b) ; & au contraire celuy où
tombe l'oblique doit eſtre plus éloigné du point vers lequel elle eſt inclinée , & par conſequent la perpendiculaire doit tomber du coſté vers lequel cette ligne eſt inclinée.

QUATRIEME COROLLAIRE.

XLI.   Si d'un point où une oblique coupe une ligne on veut
élever une perpendiculaire ſur cette ligne , elle s'élevera
du coſté vers lequel cette oblique n'eſt pas inclinée.

Soit la ligne *b c* coupée par l'oblique *k g* inclinée vers *b*, si du point *g* on veut élever une perpendiculaire sur *b c*, elle s'élevera du costé de *c*, & non du costé de *b*; c'est à dire qu'elle se trouvera entre les lignes *k g* & *g c*, & non pas entre *k g* & *g b*. Car il est visible que si elle se trouvoit entre *k g* & *g b*, elle seroit encore plus inclinée que *k g*.

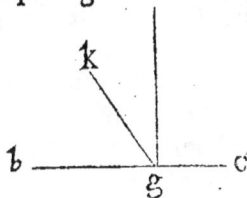

TROISIEME THEOREME.

XLII.

LA perpendiculaire indefinie qui coupe par la moitié la distance de deux points comprend tous les points du même plan dont chacun peut estre également distant de ces deux points.

Soient les points *m* & *n* joints par la ligne *m n*, & la perpendiculaire indefinie *k b*, qui la coupe par la moitié au point *b*, il est clair que tous les points de la ligne *k b* sont également distans de *m n*. Mais je dis de plus, qu'il n'y en peut avoir aucun autre hors cette ligne qui en soit également distant. Car il faudra qu'il soit à l'un des costez comme seroit *g*, d'où tirant une perpendiculaire sur *m n* (par 5.) elle la coupera en un autre point que *b*, comme seroit *p*. Or si *g* estoit également distant d'*m* & d'*n*, il faudroit que *p*, qui seroit un point de la perpendiculaire en fust aussy également distant, ce qui est visiblement impossible, comme on l'a déja veu.

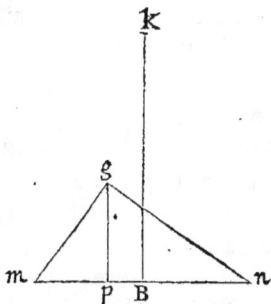

QVATRIEME SECTION.

DES LIGNES DROITTES OBLIQVES.

EXPLICATION DE LA MANIERE DONT ON DOIT CONSIDERER LES LIGNES OBLIQVES POUR LES MIEUX COMPRENDRE.

Nous avons déja dit que lors qu'une ligne droitte en

XLIII.

M iij

coupe une autre en penchant plus d'un cofté que de l'autre, elle s'appelle oblique au regard de cette ligne qu'elle coupe obliquement.

Mais pour mieux juger de la grandeur de ces obliques en les comparant les unes aux autres, il eft bon de ne les confiderer que felon le cofté felon lequel elles approchent plus de la ligne qu'elles coupent, qui eft auffi la façon la plus naturelle de confiderer ces lignes.

De plus, nous ne regarderons les obliques que comme menées d'un certain point à la ligne qu'elles coupent, & comme terminées à cette ligne.

Cela eftant fuppofé, ce que j'entens par l'obliquité d'une ligne fur une autre eft que cette ligne foit plus couchée fur la ligne qu'elle coupe, que ne feroit la perpendiculaire menée du même point fur la même ligne. De forte que c'eft toûjours par rapport à cette perpendiculaire que je confidere cette obliquité.

Mais ce rapport enferme deux chofes. 1. La diftance du point qui eft commun à l'oblique & à la perpendiculaire d'avec le point de la ligne où la perpendiculaire tombe, qui eft la même chofe que la longueur de cette perpendiculaire.

2. La diftance du point où l'oblique tombe, d'avec celuy où tombe la perpendiculaire, que j'appelle l'éloignement du perpendicule.

A quoy il faut ajoûter la diftance du point d'où l'oblique eft menée de celuy où elle coupe la ligne au regard de laquelle elle eft appellée oblique : qui eft la même chofe que la longueur de cette oblique.

Soit par exemple la ligne z indefinie, fur laquelle on faffe defcendre du point k au point b l'oblique $k\,b$, & que de k on tire la perpendiculaire $k\,c$, les trois diftances dont nous venons de parler font trois lignes ; dont deux (fçavoir la perpendiculaire $k\,c$, & l'éloignement du perpendicule $b\,c$) fe coupent perpendiculairement, & la troifiéme, qui eft l'oblique $k\,b$, rencontre obliquement l'une & l'autre.

Et ainfi peut eftre confiderée tantoft comme oblique de

l'une, tantoſt comme oblique de l'autre. Mais il faudra alors changer alternativement aux deux autres lignes les noms de perpendiculaire & d'éloignement du perpendicule. Car ſi je conſidere *k b* comme oblique ſur *b c*, *k c* eſt la perpendiculaire, & *b c* l'éloignement du perpendicule. Et au contraire ſi je conſidere *k b* comme oblique ſur *k c*, *b c* ſera la perpendiculaire, & *k c* l'éloignement du perpendicule.

On pourroit auſſy conſiderer *b c* & *k c* comme obliques ſur *k b*, (car comme les lignes ſont mutuellement perpendiculaires, elles ſont auſſi mutuellement obliques.) Mais pour ſuivre noſtre methode il faudroit alors mener une perpendiculaire du point *c* à la ligne *k b*, comme ſeroit *c g*. Et ainſi en conſiderant *b c* comme oblique ſur la ligne *b k*, la perpendiculaire ſeroit *c g*, & l'éloignement du perpendicule *g b*. Mais à moins que de faire cela, *k b* ſeule eſt conſiderée comme oblique, tantoſt au regard de l'une, tantoſt au regard de l'autre.

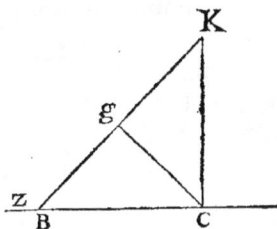

La conſideration de ces trois lignes, *k b* oblique, *k c* perpendiculaire, *b c* éloignement du perpendicule, nous fera comprendre pluſieurs choſes des lignes obliques qui n'ont pû encore eſtre expliquées que par des triangles, ce qui eſt un ordre tout renverſé. Et nous verrons d'une part que dans la comparaiſon des obliques, l'égalité en deux de ces lignes donne l'égalité dans la troiſiéme, & nous examinerons de l'autre quand il n'y a égalité que dans une, quelle eſt l'inégalité des deux autres.

PROPOSITION FONDAMENTALE.
DE LA MESURE DES LIGNES OBLIQUES.

LES lignes obliques menées du même point à une même ligne, ſont plus longues, plus elles ſont éloignées du perpendicule.

XLIV.

Soient du point k menées sur la ligne z la perpendiculaire kb, & les obliques kf & kg. Et soit prolongée kb jusques en c, en sorte que bc soit égale à kb. Et soient aussy menées les lignes fc & gc: je dis premierement que z estant perpendiculaire à kb, comme le point b, qui est commun à l'une & à l'autre est également distant de k & de c. Donc kf est égale à fc, & kg à gc. Or par le moyen d'Archimede Liv. I. kfc est plus courte que kgc. Donc kf, qui est la moitié de kfc, est plus courte que kg, qui est la moitié de kgc. Ce qu'il falloit demonstrer.

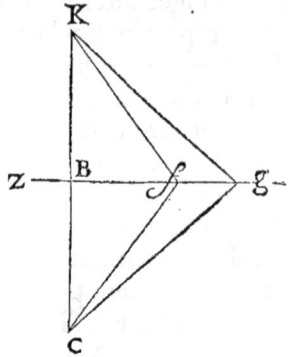

COROLLAIRE.

Il est visible que ce n'est que la même chose si l'on dit que de toutes les obliques qui seront menées au même point d'une même ligne de divers points d'une perpendiculaire à cette ligne pris du même costé, celles qui sont menées des points plus proches de la ligne où tombe l'oblique sont les plus courtes.

Car il ne faudra alors que tirer d'autres lignes des mêmes points de cette perpendiculaire vers un même point de l'autre costé de la ligne qui coupe cette perpendiculaire également distant de cette perpendiculaire. Si je veux montrer par exemple que la ligne kf est plus longue que cf, je n'ay qu'à prendre le point c autant distant de b, que f est aussy distant de b, & tirer les lignes ke & ce, & faire ensuite la demonstration precedente.

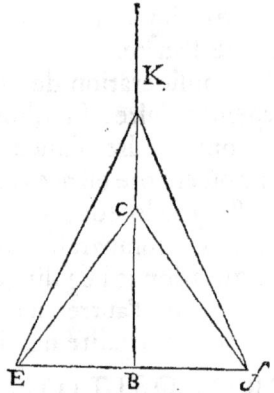

AVERTIS-

AVERTISSEMENT.

C'EST *la même chose pour juger de la grandeur de deux*   XLVI.
lignes obliques de les considerer comme menées du même point
sur une même ligne, ou comme menées
de deux points differens sur la même li-
gne, ou deux differentes lignes, pour-
veu que l'on suppose que chaque point
est également distant de la ligne à la-
quelle on mene l'oblique. Car il est vi-
sible qu'il n'y a que cette distance qui y fasse quelque chose.

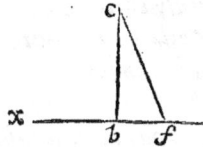

Il est vray qu'il faut supposer pour cela que si l'on a d'une
part la ligne x, *& de l'autre la ligne* z,
& qu'on éleve d'un point de chacune,
comme de b *&* d'm, *une perpendiculai-*
re, & que dans chaque perpendiculaire
on prenne un point comme c *&* n, *qui*
soit de part & d'autre également distant
du point de la section b *&* m; *& qu'on prenne aussi dans cha-*
que coupée x *&* z *un point comme* f *&* p, *également distant de*
part & d'autre du même point de la section b *&* m, *les obliques*
c f *&* n p *sont égales.*

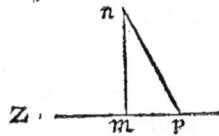

Mais la verité de cette supposition est naturellement connüe,
& si on la peut contester de paroles, comme les Pyrrhoniens ont
fait voir qu'il n'y a rien qu'on ne puisse contester en cette ma-
niere, il est certain au moins qu'il est impossible à tout esprit
raisonnable d'en avoir interieurement le moindre doute, ce
qui est la plus grande certitude qu'on doive desirer dans les
sciences.

Neanmoins si on en veut estre convaincu par une preuve
grossiere & materielle, on peut se servir de celle dont Euclide
prouve que deux angles estant égaux, & ayant les costez égaux
aux costez, la baze est égale à la baze; qui est qu'il fait mettre
ces angles l'un dessus l'autre, en sorte que les extrémitez des
costez se trouvent ensemble; d'où il conclud que les bazes sont
aussi couchées l'une sur l'autre, ce qu'on appelle en Latin con-
gruere, & par consequent égales. Car on peut de même icy
s'imaginer que la ligne z *est couchée sur la ligne* x, *en sorte que*

N

le point m *eſt immediatement ſur le point* b *, & la perpendicu-*
laire ſur la perpendiculaire : D'où il arrivera neceſſairement
que le point n *ſera ſur le point* c *, & le point* p *ſur le point* f *, &*
qu'ainſi les obliques n p *&* c f *ſeront couchées l'une ſur l'autre,*
& ainſy entierement égales.

    Voila ce qui peut ſatisfaire ceux qui aiment mieux ſe ſervir
dans la connoiſſance des choſes, de leur imagination que de leur
intelligence : ce que je trouve fort mauvais, parce que l'eſprit
ſe rend par là incapable de bien comprendre les choſes ſpirituel-
les, s'accouſtumant à ne recevoir pour vray que ce qu'il peut
concevoir par des fantòmes & des images corporelles : au lieu
qu'il y a beaucoup de choſes que nous ſçavons tres certaine-
ment ſans que nous les puiſſions concevoir par l'imagination,
comme quand je dis : Ie penſe, donc je ſuis, *nul fantòme ou*
image corporelle ne me peut ſervir à me faire concevoir ce que
j'entends par ces mots ; je penſe, je ſuis.

Egalité dans les Lignes obliques.

XLVII.   Cette ſeule propoſition avec ſon corollaire & l'avertiſſement nous donne moyen de prouver facilement pluſieurs theoremes touchant les lignes obliques. Et voicy
premierement ceux de l'égalité.

Premier Theoreme.

XLVIII.   Des trois lignes que nous avons dit ſe devoir conſiderer dans les lignes obliques ; la perpendiculaire, l'éloignement du perpendicule, & l'oblique même ; deux ne peuvent eſtre égales que la troiſiême ne le ſoit auſſy. Ainſy
1. S'il y a égalité dans la perpendiculaire & dans l'éloignement du perpendicule, les lignes obliques ſont égales.

    Soient du point k de la ligne
$k\,b$, qui coupe perpendiculairement la ligne z en b, menées
les deux obliques $k\,m$ & $k\,n$,
la perpendiculaire eſtant la
même, & par conſequent égale à ſoy même. Si $b\,m$, qui eſt
l'éloignement du perpendicu-
le de l'oblique $k\,m$ eſt égal à $b\,n$, qui eſt l'éloignement du

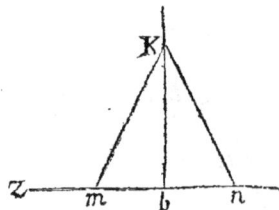

perpendicule de l'oblique kn ; km & kn feront égales. Car les points m & n ne peuvent eftre également diftans de b, l'un des points de la perpendiculaire kb, qu'ils ne foient auffi également diftans de tout autre point de cette perpendiculaire, & par confequent de k. Donc km eft égale à kn.

PREMIER COROLLAIRE.

On ne peut mener d'un point à une ligne que deux lignes égales. Car on n'en peut mener qu'une feule perpendiculaire. Et pour les obliques, elles ne peuvent eftre égales que les deux points où elles coupent cette ligne ne foient également diftans du point où tombe la perpendiculaire. Or il ne peut y avoir que deux points, l'un d'un cofté & l'autre de l'autre, qui foient également diftans de ce point. Car tout autre en fera, ou plus proche ou plus éloigné, comme il eft évident. Donc, &c.

SECOND COROLLAIRE.

Il eft impoffible qu'un même point foit également diftant de trois points d'une ligne droite.

C'eft la même chofe que la precedente differemment énoncée.

SECOND THEOREME.

S'il y a égalité dans la perpendiculaire & dans l'oblique, il y a égalité dans l'éloignement du perpendicule.

Soit fait comme devant. Si km eft égale à kn, bm fera égale à bn. Car fi m eftoit plus éloignée de b que n'eft n, l'oblique km feroit plus éloignée de la perpendiculaire, & par confequent plus longue par la propofition principale.

TROISIEME THEOREME.

S'il y a égalité dans l'oblique & dans l'éloignement du perpendiculaire, il y en a dans la perpendiculaire.

Car fi la perpendiculaire de l'une eftoit plus grande que la perpendiculaire de l'autre, c'eft comme fi des deux obliques qui fe terminent en m & n l'une defcendoit du point k de la

XLIX.

L.

LI.

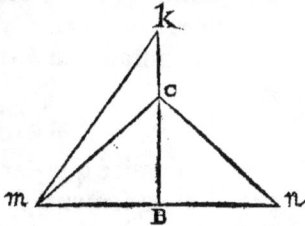

perpendiculaire *k b*, & l'autre du point *c* plus bas que *k* de cette même perpendiculaire *k b*, de forte que l'une feroit *k m*, & l'autre *c n*.

Or fi cela eftoit, *c n* feroit plus petite que *k m*, par 44. & 45. *fup.* ce qui eft contre l'hypothefe.

QUATRIEME THEOREME.

LII.   QUAND il n'y a égalité donnée que dans l'une de ces trois lignes, voicy ce qui eft des deux autres.

1. S'il n'y a égalité que dans la perpendiculaire, le plus grand éloignement du perpendicule donne la plus grande oblique, & la plus grande oblique donne le plus grand éloignement du perpendicule. C'eft ce qui a efté prouvé dans la propofition principale.

CINQUIEME THEOREME.

LIII.   2. S'IL n'y a égalité que dans l'éloignement du perpendicule, la plus grande perpendiculaire donne la plus grande oblique, & la plus grande oblique la plus grande perpendiculaire; & alors la plus grande oblique eft la moins oblique.

Il y a deux parties dont la premiere a efté prouvée par le corollaire de la propofition fondamentale; & pour l'autre, elle en eft une fuite évidente. Car fi deux obliques fe terminent au même point d'une ligne comme *k m*, & qu'elles foient menées de deux points differens de la même perpendiculaire, comme de *k* & de *c*, il eft clair que *c m* eft plus couchée fur *m b* que *k m*. Or c'eft la même chofe, fi ayant pris *n* autant diftant de *b* que l'eft *m* on tire *c n* au lieu de *c m*.

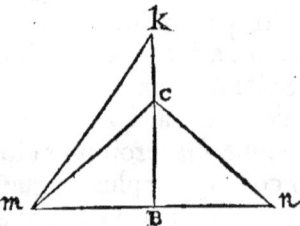

SIXIEME THEOREME.

LIV.   S'IL n'y a égalité que dans la longueur des obliques, le plus grand éloignement du perpendicule donnera une moindre perpendiculaire, & une moindre perpendicu-

laire donnera un plus grand éloignement du perpendicule. Cela
est clair par les theoremes precedens.

Car soit la perpendiculaire *k b*
sur la ligne *m n*, si on tire l'oblique
c m, & qu'on prenne un autre point
plus prés de *b*, comme *n*, il est visible que *c n* seroit plus courte que
c m par le 4ᵉ Theoreme , & par
conséquent afin qu'on mene à *n* de
quelque point de la ligne *k b* une
oblique égale à *c m*, il faudra la tirer d'un point plus éloigné de *b*
que n'est *c*, comme de *k*.

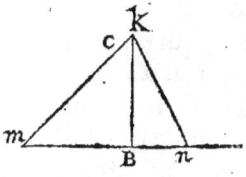

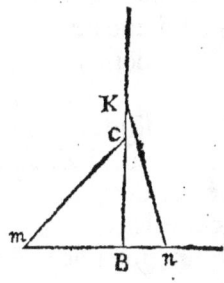

Avertissement.

Ie ne dis rien de la diverse obliquité qu'a la même ligne   L V.
sur les deux lignes qui peuvent estre reciproquement considerées
comme sa perpendiculaire & son éloignement du perpendicule ,
comme k b *sur* b c *&* sur k c: *car cela est trop facile à juger*
par ce qui est dit.

Septieme Theoreme.

Lors que deux lignes obliques sont menées d'un même   L V I.
point sur une même ligne, la distance des deux points de
section est égale à la distance du perpendicule de l'une
plus ou moins la distance du per-
pendicule de l'autre. *Plus* , si les
lignes sont inclinées de different
costé ; *moins*, si elles sont inclinées du même costé.

Soient menées du point *k* sur
la ligne *z* les deux obliques *k m*
& *k n*, inclinées de different costé, & une autre comme *k p*, in-
clinée du même costé que *k m* ; il est visible que la perpendiculaire *k b* se trouvera entre *k m* & *k n*, mais au delà de
k m & de *k p* : & ainsy la distance entre les points de la se-

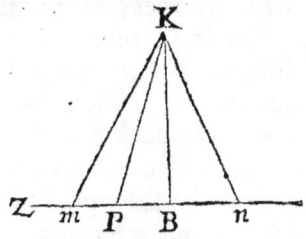

ction *m* & *n* fera égal à l'éloignement de la perpendicule
de *k m*, qui eft *m b* plus l'éloignement du perpendicule de
k n, qui eft *b n*.

Mais fi on confidere *k m*, & *k p*, inclinée du même cofté,
il eft vifible que la diftance d'*m* & *p*, points de la fection
de ces deux obliques, eft moindre que l'éloignement du
perpendicule de *k m*, qui eft *m b* de la longueur de *p b*, qui
eft l'éloignement du perpendicule de l'autre oblique *k p*.

HUITIEME THEOREME.

LVII. DEUX lignes obliques inégales entr'elles & inclinées de
different cofté eftant menées du même point fur la même
ligne : & deux autres obliques, dont chacune eft égale à
chacune des deux premieres, eftant auffy menées d'un autre point fur une même ligne, & y eftant auffy inclinées
de different cofté, fi la diftance des points de fection des
deux premieres obliques eft égale à la diftance des points
de fection des deux dernieres, les deux points dont elles
font menées font également diftans de la ligne à laquelle
elles font menées.

Soient fur la ligne *x* menées du point *k* les deux obliques *k b* & *k d*, & du point *h* deux autres obliques *h p* &
h q, en forte que *k b* foit égale à *h p*, & *k d* à *h q*, & que
les points *b* & *d* foient autant diftans que le font *p* & *q* ; je
dis que les points *k* & *h* font également diftans de la ligne
x ; ou, ce qui eft la même chofe, que les perpendiculaires
menées de ces deux points font égales.

Car la diftance des points *b* & *d* ne peut eftre égale à la
diftance des points *p* & *q*
que les éloignemens du perpendicule de *k b* & *k d* pris
enfemble, ne foient égaux à
ceux de *h p* & *h q* pris enfemble : ce qui ne feroit pas fi *k*
eftoit plus éloigné de *x* que
h. Car alors *k b* eftant égale à *h p* auroit fon éloignement
du perpendicule plus petit que ne l'auroit *h p*, puis qu'elle
defcendroit d'un point plus éloigné que ne defcend *h p*,

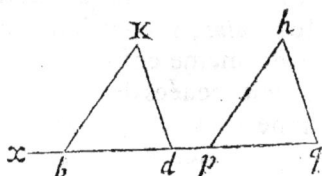

(par 44. *sup.*) de même *k d* auroit son éloignement du
perpendicule plus petit que *h q* ; Et ainsi les deux éloignemens du perpendicule de *k b* & de *k d* pris ensemble seroient plus petits que ceux de *h p* & *h q* pris ensemble.

NOVVEAVX ELEMENS
DE
GEOMETRIE.
LIVRE SIXIEME.

DES LIGNES PARALLELES.

APRES *avoir parlé des lignes droittes qui
se rencontrent, soit perpendiculairement,
soit obliquement, on peut considerer dans
les lignes une autre proprieté toute opposée, qui est de ne se rencontrer jamais,
& d'estre toûjours également distantes
l'une de l'autre, & c'est ce qu'on appelle
des lignes paralleles.*

I.

DEVX NOTIONS DES LIGNES PARALLELES,
L'UNE NEGATIVE ET L'AUTRE POSITIVE.

MAIS ces lignes peuvent estre considerées selon deux
notions differentes ; l'une negative & l'autre positive.

La negative est de ne se rencontrer jamais, quoy que
prolongées à l'infini.

La positive, d'estre toûjours également distantes l'une

II.

de l'autre, ce qui confiste en ce que tous les points de chacune sont également distans de l'autre : c'est à dire que les
perpendiculaires de chacun des points d'une ligne à l'autre ligne, sont égales. Et il est bien clair que la notion
negative est une suite necessaire de la positive, ne se pouvant pas faire que deux lignes se rencontrent si elles demeurent toûjours également distantes l'une de l'autre.

C'est pourquoy c'est avoir tout fait que d'avoir trouvé
des marques certaines par lesquelles on puisse reconnoî-
tre que deux lignes sont paralleles selon la notion positive,
c'est à dire qu'elles soient tellement disposées , que les
points de chacune soient également distans de l'autre, ce
qui suppose toûjours qu'elles soient prolongées autant
qu'il est necessaire, afin que des points de l'une on puisse
tirer des perpendiculaires sur l'autre.

C'est ce que nous trouverons facilement apres avoir
établi quelques Lemmes.

AVERTISSEMENT
POUR LES LEMMES SUIVANS.

III.   *Lors que dans les Lemmes suivans je compare diverses*
lignes qui coupent les deux mêmes , je suppose toûjours deux
choses.

L'une, que ces coupées, dont l'une sera toûjours nommée x,
& l'autre z, *ou ne se joignent point , ou se joignent simple-*
ment sans se traverser : c'est à dire qu'on les considere toûjours
comme n'ayant point changé de costé au regard l'une de l'autre.

L'autre, que ces coupantes soient enfermées entre les cou-
pées, & c'est aussi ce que j'entens dans tout ce Livre quand je
parle des lignes entre-paralleles.

PREMIER LEMME.

IV.   QUAND les deux lignes x & z sont coupées par b c, perpendiculaire sur x, & oblique sur z,
il arrive trois choses.

1. Que toutes les autres lignes menées de z perpendiculairement sur x,
sont obliques sur z.

2. Qu'elles sont inclinées sur z du même costé que c b
l'est

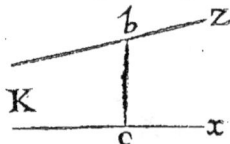

l'est auffi fur z, lequel cofté j'appelleray k.

3. Que les perpendiculaires fur z font obliques fur x, & inclinées fur x du même cofté que $c\,b$ l'eft fur z, c'eft à dire vers k.

Les deux premieres parties fe prouvent enfemble, & la preuve de ces deux premieres emporte celle de la 3ᵉ.

PREUVE DES DEUX PREMIERES PARTIES.

Soient pris deux points en la ligne z, f & p aux deux coftez de b, d'où foient menées fg & pq perpendiculairement fur la ligne x, il faut prouver qu'elles feront obliques fur z, & inclinées vers k.

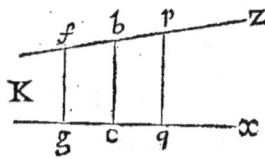

Soit tirée de c une perpendiculaire fur z, elle fera vers k, & non pas vers p, par V. 40. Et ainfy le point où cette perpendiculaire tombera fur z fera ou le même point que f. ou au delà de f. ou entre f & b.

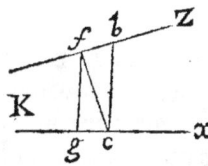

1. CAS. Si c'eft le même point que f, cf eftant perpendiculaire fur la ligne z, gf fera oblique fur z, & inclinée vers k.

2. CAS. Si ce point eft au delà de f, comme en cd, alors cd coupera fg. Que ce foit en a. Donc ad eftant perpendiculaire fur z, af (qui eft la même chofe que gf) fera oblique fur z, & inclinée vers ad, & par confequent vers k.

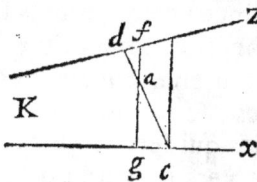

3. CAS. Si d eft entre f & b, de d menant dh perpendiculaire fur x, & de h, hl perpendiculaire fur z; fi hl fe termine ou à f, ou au delà de f, on prouvera de la même forte que dans le premier & dans le fecond Cas, que gf eft oblique fur z, & inclinée vers k.

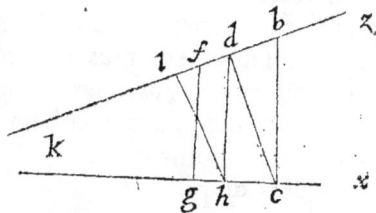

O

Et si *h l* n'alloit pas jusques à *f*, on tireroit encore d'*l*, *l m* perpendiculaire sur *x*, & d'*m* une perpendiculaire sur *z*, jusques à ce qu'il y en ait une qui se termine à *f*, ou au delà d'*f*.

On prouve de la même sorte que *q p* est oblique sur *z*, & inclinée vers *k*, excepté qu'on élevera de *b* une perpendiculaire sur la ligne *z*, qui coupera la ligne *x*, au delà de *c*, par V. 41. Et ainsy tombera ou à *q*. ou au delà de *q*. ou entre *c* & *q*.

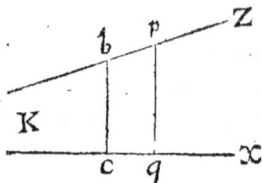

Ainsy en l'une ou l'autre de ces trois manieres, on prouvera que *p q* est oblique & inclinée vers *k*, comme on l'a prouvé de *f g*.

PREUVE DE LA TROISIEME PARTIE.

Elle est comprise dans la preuve des deux premieres, estant clair que toutes les lignes qui ont esté perpendiculaires sur *z*, ont esté obliques sur *x*, & inclinées vers *k*.

SECOND LEMME.

V.

Si les lignes *x* & *z* sont coupées par *b c*, perpendiculaire sur *x*, & oblique sur *z*, & inclinée vers *k*, toutes les lignes menées des points de *z*, perpendiculairement sur *x*, seront inégales, & les plus courtes seront celles qui seront vers *k*, c'est à dire vers le costé où la ligne *b c* est inclinée.

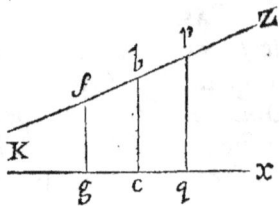

Il suffira de prouver que *b c* estant plus vers *k* que *p q*, sera necessairement plus courte que *p q*.

Soit menée de *q*, une perpendiculaire sur *z*, le point où cette perpendiculaire tombera, sera ou le même point que *b*. ou au delà du point *b*. ou entre *b* & *p*.

1. CAS. Si c'est le même point que *b*, *b c* estant perpendiculaire sur *x*, & *b q* oblique, *b c* sera plus courte que *b q*.

Or par la même raison qb estant perpendiculaire sur z, & pq oblique, qb est plus courte que qp.

Donc si bc est plus courte que qb, & qb plus courte que pq, bc doit estre plus courte que pq : Ce qu'il falloit demonstrer.

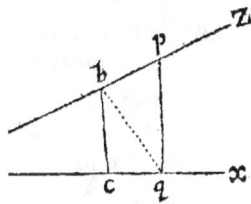

2. CAS. Si ce point est au delà de b, comme en qd, en tirant qb, qb sera oblique, mais plus proche de la perpendiculaire qd, que pq, & par consequent plus courte que pq. Or bc est plus courte que qb. Donc bc est à plus forte raison plus courte que pq. Ce qu'il falloit demonstrer.

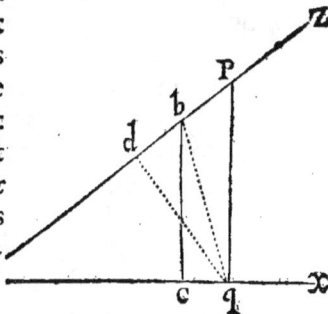

3. CAS. Si d se trouve entre b & p, de d on tirera df perpendiculaire sur x, & d'f, fg, perpendiculaire sur z, & g se trouvant ou au point b, ou au delà du point b, on prouvera comme dans le premier & le second cas que bc est plus courte que df, laquelle par le premier cas est plus courte que pq, & par consequent bc est plus courte que pq. Ce qu'il falloit demonstrer.

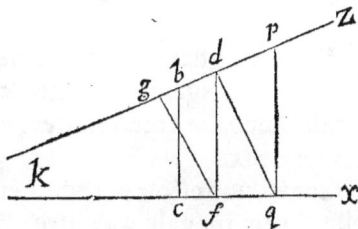

Que si fg n'alloit pas jusques à b, on tireroit d'autres perpendiculaires sur x, & puis sur z, jusques à ce qu'il y en eust une qui allast jusques à b, ou au delà.

Donc de tous les points de z les perpendiculaires sur x sont inégales, & par consequent tous les points de z sont inégalement distans de x, lors qu'une même ligne est perpendiculaire sur x, & oblique sur z.

COROLLAIRE.

C'EST visiblement la même chose de toutes les lignes perpendiculaires à z, & obliques sur x, comparées ensemble.

VI.

O ij.

Troisieme Lemme.

VII.   En comparant une perpendiculaire fur *x*, & oblique fur *z*, avec une perpendiculaire fur *z* & oblique fur *x* : fi elles ne fe croifent point, mais qu'elles foient toutes feparées, elles font neceffairement inégales, & la plus courte eft celle qui eft plus vers le cofté vers lequel elles font inclinées.

Soit *f g* perpendiculaire fur *z*, & oblique fur *x*, & *p q* perpendiculaire fur *x*, & oblique fur *z*, & que leur inclination foit vers *k*; je dis que *f g*, qui eft plus vers *k* eft la plus courte.

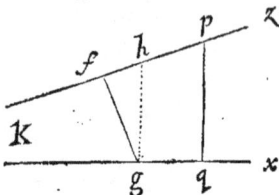

Car en élevant de *g*, *g h* perpendiculaire fur *x*, & oblique fur *z*, par le Lemme precedent *g h* fera plus courte que *p q* : or *g f* eftant perpendiculaire fur *z*, elle eft plus courte que *g h*, qui eft oblique fur la même *z*, & par confequent *f g* eft plus courte que *p q*.

Quatrieme Lemme.

VIII.   Deux lignes enfermées ne fe croifant point, ne fçauroient eftre égales, & eftre chacune perpendiculaire fur quelqu'une des enfermantes, qu'elles ne le foient fur toutes les deux.

Car fi l'une eftoit perpendiculaire fur *x*, & oblique fur *z*, elle feroit inégale à l'autre, ou par le fecond Lemme, fi l'autre eftoit auffy perpendiculaire fur *x*; ou par le troifiéme, fi l'autre eftoit perpendiculaire fur *z*. Il faut donc pour eftre égales qu'elles foient perpendiculaires fur l'une & fur l'autre des enfermantes.

Cinquieme Lemme.

IX.   Si une ligne enfermée eft perpendiculaire à l'une & à l'autre des enfermantes, toutes les lignes menées de quelque point que ce foit d'une enfermante perpendiculairement fur l'autre, feront égales à cette enfermée, & par confequent entr'elles.

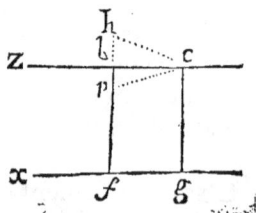

Soit *b f* enfermée entre les lignes *z* & *x*, & perpendiculaire à l'une & à l'autre: & de *c* point quelconque de *z*, soit
menée *c g* perpendiculaire sur *x* : *b f* & *c g* seront égales,
si on ne peut rien retrancher de *b f*, ny y rien ajoûter, que
b f & *c g* ne soient inégales. Or cela est ainsy.

Car si de *p*, point quelconque au dessous de *b* dans *b f*,
on tire *p c*, cette ligne *p c* coupera obliquement *b f*, puisque par l'hypothese *c b* (partie de *z*) coupe perpendiculairement *b f*, & que d'un même point on ne peut tirer qu'une
seule perpendiculaire à la même ligne.

Donc par le second Lemme *p f* (c'estadire *b f* retran-
chée de quelque chose) & *c g* sont inégales.

Ce sera la même chose si on alongeoit *b f* de quoy que ce
fust. Car si du point *h* au dessus de *b*, *b f* estant prolongée,
on tiroit *h c*, cette ligne par la même raison couperoit obliquement *b f* prolongée.

Donc par le second Lemme *b f* prolongée seroit encore
inégale à *c g*.

Donc on ne sçauroit rien retrancher de *b f*, ny y rien
ajoûter, que *b f* & *c g* ne soient inégales.

Donc elles sont égales.

SIXIEME LEMME.

Si une ligne est perpendiculaire à deux lignes, toutes
les lignes perpendiculaires à l'une de ces lignes seront perpendiculaires à toutes les deux.

Car s'il y en avoit une seule qui fust perpendiculaire sur
l'une & oblique sur l'autre, il s'ensuivroit par le premier
Lemme que toutes les autres lignes perpendiculaires à
l'une de ces deux lignes seroient obliques sur l'autre.

Donc s'il y en a une seule qui soit perpendiculaire à toutes les deux, il faudra necessairement que toutes celles qui
sont perpendiculaires à l'une des deux enfermantes, le
soient à toutes les deux, & par consequent qu'elles soient
toutes égales par le precedent Lemme.

SEPTIEME LEMME.

DEUX lignes ne se traversant point, tous les points de
chacune sont également distans de l'autre, ou tous inéga-

O iij

lement diftans. Car menans d'un
point de z, $b\,c$, perpendiculaire fur
x ; fi $b\,c$ eft auffy perpendiculaire
fur z, de quelque point de z qu'on
mene des perpendiculaires fur x,
elles feront égales à $b\,c$ par le 5e Lemme ; & ce fera la même chofe de quelque point d'x qu'on mene des perpendiculaires fur z.

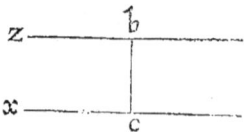

Que fi au contraire $b\,c$ eft oblique fur z, toutes les perpendiculaires des points de z fur x feront inégales, & par
confequent tous les points de z inégalement diftans d'x.
Et il en fera de même des perpendiculaires fur z, menées
des points d'x, qui par la même raifon feront toutes inégales entr'elles. Et par confequent auffy tous les points
d'x feront inégalement diftans de z.

Mais remarquez que je ne dis pas qu'un point d'x ne
puiffe eftre auffy diftant de z qu'un point de z eft diftant
d'x, mais feulement que tous les points d'x font inégalement diftans de z, & tous les points de z inégalement
diftans d'x.   HUITIEME LEMME.

XII.   Si deux lignes menées d'un
même point font inclinées
l'une fur l'autre, tous les points
de chacune font inégalement
diftans de l'autre, & les plus
courtes perpendiculaires des
points de chacune fur l'autre
feront celles qui font les plus
proches du point de la fection.

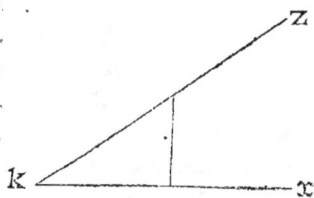

Car on ne peut tirer d'un point de z une perpendiculaire fur x, qu'elle ne foit oblique fur z, par V. 37. Dont
tout le refte fuit par le fecond Lemme.

TROIS PROPOSITIONS FONDAMENTALES
DES PARALLELES.

Ces Lemmes donnent trois marques certaines pour recon-
noiftre fi deux lignes font paralleles felon la notion pofitive,
c'eftadire fi tous les points de chacune font également diftans
de l'autre ; ce qui fera les trois Propofitions fuivantes.

PREMIERE PROPOSITION.

Si deux lignes font coupées par une ligne perpendicu-   XIII.
laire à l'une & à l'autre, tous les points de chacune font
également diftans de l'autre, & par conféquent elles font
paralleles. 5. & 6ᵉ Lemmes.

SECONDE PROPOSITION.

Si deux points d'une ligne font également diftans d'une   XIV.
autre ligne, tous les points de chacune font également
diftans de l'autre, & par conféquent elles font paralleles.
4. & 5ᵉ Lemmes.

Soient b & c deux points de la
ligne z également diftans de la
ligne x; $b f$ & $c g$ perpendiculai-
rès fur x feront égales.

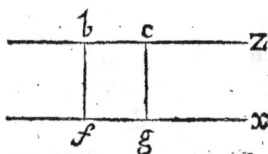

Donc elles feront auffy perpendiculaires fur z, par le 4ᵉ Lemme.

Donc toutes les autres lignes menées des points de z
perpendiculairement fur x, feront auffy perpendiculaires
fur z, & égales à ces deux-là (par le 6ᵉ Lemme) Et il en
ferà de même de celles qu'on menera des points d'x perpendiculairement fur z.

TROISIEME PROPOSITION.

Deux lignes ne fe croifant point & eftant enfermées   XV.
entre deux lignes, ne fçauroient eftre égales & eftre perpendiculaires, l'une fur une des enfermantes & l'autre fur
l'autre, qu'elles ne le foient chacune fur toutes les deux
(par le 4ᵉ Lemme) & que par conféquent ces lignes enfermantes ne foient paralleles (par le 6ᵉ Lemme.)

PREMIER COROLLAIRE.

Toutes les perpendiculaires entre deux paralleles font   XVI.
égales : car c'eft cela même qui les rend paralleles.

SECOND COROLLAIRE.

Les obliques entre paralleles font plus longues que les   XVII.
perpendiculaires. Car chaque oblique eft plus longue que
fa perpendiculaire, & toutes les perpendiculaires font
égales.   PROBLEME.

Mener par un point donné une parallele à une ligne   XVIII.
donnée.

Soit la ligne donnée x, & le point donné b, on peut en diverses manieres mener par le point b une parallele à x.

PREMIERE MANIERE.

Du point b mener sur x la perpendiculaire bf, & mener par b une perpendiculaire sur bf, comme peut estre mb, elle sera parallelle à x (par la 1re proposition.)

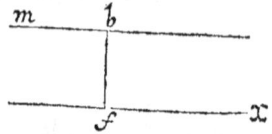

SECONDE MANIERE.

Ayant mené de b sur x la perpendiculaire bf, en élever une autre d'un autre point quelconque d'x, comme gc, la prenant égale à bf, & joignant les points $c, b. c, b$. sera parallele à x, par la 2e proposition.

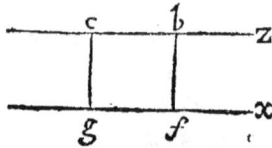

TROISIEME MANIERE, PLUS COURTE ET PLUS FACILE.

Du point b tirer sur une oblique quelconque, comme bd. Du centre d, intervale bd, décrire l'arc bk, qui coupe x en k. Puis du centre b, intervale bd, décrire une portion de circonference dans laquelle on puisse prendre l'arc dc, égal à l'arc bk; la ligne cb sera parallele à dk, c'est à dire à x.

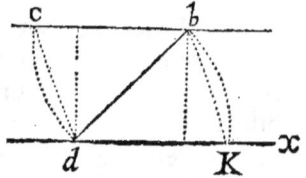

Car les deux arcs bk, & dc, estant égaux & de cercles égaux, les cordes de ces arcs seront égales.

De plus bc, & dk, sont égales aussy, parce que ce sont rayons de cercles égaux.

Donc db, estant égale à elle même, les trois lignes d'une part db, dc, cb, & les trois de l'autre bd, bk, dk sont égales chacune à chacune.

Donc le point d est autant éloigné de la ligne cb, que le point b, de la ligne dk, par V. 57.

Donc les perpendiculaires de d sur cb, & de b sur dk, sont égales.

Donc cb & dk sont paralleles par la 3e proposition.

PREMIER

PREMIER THEOREME.

XIX.

DEUX lignes ne sçauroient estre paralleles à une troisiême, qu'elles ne le soient entr'elles.

Si x & z sont chacune parallelle à y, elles le sont entr'elles. Car soit élevé d'un point d'x une perpendiculaire qui coupe y & z, elle coupera perpendiculairement y, parce que x & y sont paralleles. Et estant perpendiculaire sur y, elle le sera aussy sur z, parce qu'y & z sont paralleles.

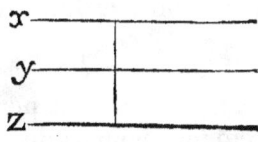

Donc x & z auront une même perpendiculaire. Donc elles seront paralleles.

COROLLAIRE.

XX.

ON ne sçauroit faire passer par le même point deux differentes lignes qui soient paralleles à une même. Car il faudroit par le Theoreme precedent qu'elles fussent paralleles entr'elles, ce qui est absurde, puis qu'elles auroient un point commun, & qu'il est de l'essence des paralleles de ne se rencontrer jamais.

SECOND THEOREME.

XXI.

LES également inclinées entre les mêmes paralleles sont égales, & les égales sont également inclinées.

Soient les paralleles x & y. Soient également inclinées entre ces paralleles $b f$ & $c g$. Soient menées de b & de c les perpendiculaires $b p$ & $c q$; ces perpendiculaires sont égales. Donc afin que $b f$ & $c g$ soient également inclinées, il faut que les éloignemens du perpendicule $f p$ & $g q$ soient égaux : or cela estant, les obliques sont égales par V. 48.

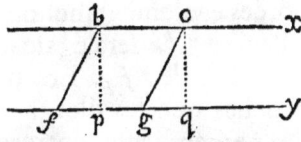

Et par la même raison les obliques $b f$ & $c g$ estant égales, & les perpendiculaires $b p$ & $c q$ égales aussy, les éloignemens du perpendicule $f p$ & $g q$ seront égaux. Donc ces obliques égales seront également inclinées.

P

TROISIEME THEOREME.

XXII. LES plus inclinées entre les mêmes paralleles font les plus longues, & les plus longues font les plus inclinées; cela se prouve de la même sorte par V. 54.

QUATRIEME THEOREME.

XXIII. LORS que deux perpendiculaires ou deux obliques également inclinées du même cof-té coupent des paralleles, les portions de ces paralleles com-prises entre ces lignes font é-gales.

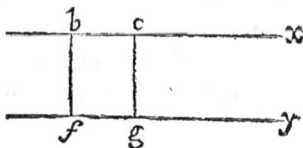

1. Cela est clair pour les perpendiculaires. Car bc & fg font chacune perpendiculaire aux deux bf & cg, & par confequent égales par le cinquiéme Lemme.

2. Si ces deux coupantes font également obliques du même cofté comme bd & ck; je dis que bc & dk se trouveront auffy eftre éga-les: car tirant les perpendiculaires bf & cg, par le 1er cas bc eft égale à fg.

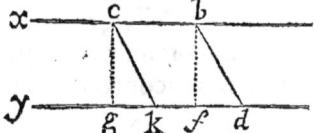

Or df eft égale à kg, parce que ces obliques font fup-pofées également inclinées. Donc ajoûtant fk à l'une & à l'autre, dk fera égale à fk. Donc dk eft égale à bc, qui eft égale à fg. Et il n'importe que les lignes fuffent fi proches que les éloignemens du perpendicule entreroient l'un dans l'autre comme en cette figure.

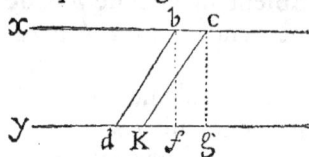

Car $bc = fg$.
            $df = kg$.
Donc oftant kf de l'un & de l'autre,
            $dk = fg$. & par confequent à bc.

CINQUIEME THEOREME.

XXIV. LES obliques également inclinées du même cofté en-

tre paralleles, font paralleles
elles mêmes.

Soit comme devant $b\,d$ &
$c\,k$ également inclinées entre les paralleles x & y. Soit
menée l'oblique $b\,k$.

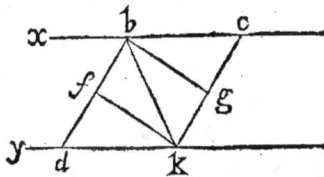

$b\,d = k\,c.$

$d\,k = c\,b.$

$b\,k = k\,b.$ C'eft à dire à foy même.

Donc par V. 57. les perpendiculaires de k fur $b\,d$ & de
b fur $c\,k$ font égales. Donc les lignes $b\,d$ & $c\,k$ font paralleles par 15. $\tilde{s}$.

SIXIEME THEOREME.

LES inégales entre paralleles quoy qu'inclinées du mê-   X X V.
me cofté ne peuvent eftre paralleles, non plus que les égales qui font inclinées de divers coftez. Car

1. Suppofons que $b\,d$ & $c\,h$ entre les paralleles x & y
foient inégales. Soit tiré de c,
$c\,k$ égale à $b\,d$, & inclinée du
même cofté que $b\,d$; par le
Theoréme precedent $b\,d$ & $c\,k$
font paralleles. Donc $b\,d$ & $c\,h$
ne peuvent pas eftre paralleles,
par 20. $\tilde{s}$.

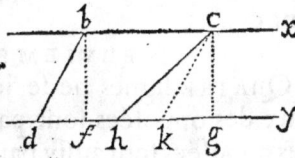

2. On prouvera de la même
forte que $b\,d$ & $c\,q$ eftant égales, mais inclinées de divers
coftez, ne fçauroient eftre paralleles, parce que $c\,k$ égale auffy à, $b\,d$, mais inclinée du même
cofté luy eft parallele.

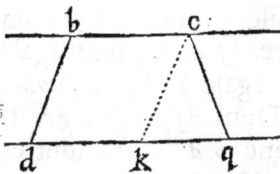

SEPTIEME THEOREME.

QUATRE lignes ne fe joignant qu'aux extrémitez, fi les   X X V I.
oppofées font égales elles font paralleles.

P ij

Soient les quatre lignes bc, dk, bd, ck; ayant tiré l'oblique bk,

$dk = bc.$

$bd = ck.$

$bk = kb.$ C'est à dire égale à foy même.

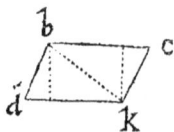

Donc par V. 57. les perpendiculaires de b fur dk, & de k fur bc, font égales. Donc bc & dk font paralleles par 15. §.

HUITIEME THEOREME.

XXVII.   QUATRE lignes ne fe joignant qu'aux extrémitez, fi les oppofées font paralleles elles font égales.

Soit fait comme auparavant, bc & dk font paralleles. Donc bd & ck qui font entre ces paralleles ne fçauroient eftre elles mêmes paralleles qu'elles ne foient égales & inclinées du même cofté par le 6e Theoreme. Donc elles font égales, &c.

Mais eftant égales & inclinées du même cofté, les portions des paralleles qui font comprifes entre ces lignes font égales par le 4e Theoreme. Donc bc & dk font égales.

NEUVIEME THEOREME.

XXVIII.   QUATRE lignes ne fe joignant qu'aux extrémitez, fi deux des oppofées font paralleles & égales, les deux autres oppofées font auffy paralleles & égales.

Si bc & dk font paralleles & égales; donc les perpendiculaires bf & kg font égales, & bg égale à fk, 23. fup.

Donc df égale à gc. I. 19. Donc bd & kc font égales, par V. 48.

Et paralleles par 24. fup.

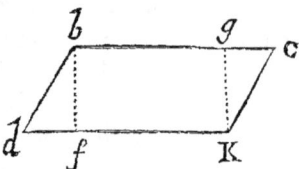

DIXIEME THEOREME.

XXIX.   LES lignes qui enferment des paralleles égales, font paralleles elles mêmes. On le prouve de la même forte.

COROLLAIRE.

XXX.   LES lignes qui enferment des paralleles inégales ne

fçauroient eftre paralleles.

Car fi les paralleles bc & fg, enfermées entre x & z, eftoient inégales prenant gk égale à bc, la ligne bk par le Theoreme precedent eft parallele à x. Donc x n'eft pas parallele à z, par 19. *fup.*

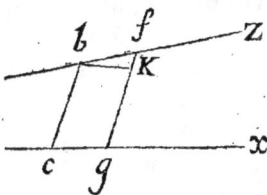

ONZIEME THEOREME.

QUAND une ligne en coupe deux obliquement, & qu'elle eft inclinée fur chacune du même cofté, toutes les paralleles à cette coupante enfermées entre ces deux mêmes lignes font inégales : & les plus courtes font celles qui font vers le cofté vers lequel cette premiere coupante eftoit inclinée.   XXXI.

Soit x & z, coupées l'une & l'autre obliquement par bc, inclinée vers k; je dis que fg & pq, paralleles à bc, & enfermées auffy entre x & z, feront inégales, & fg plus proche de k fera la plus courte, & pq la plus longue. Car foit menée zn, perpendiculaire fur les trois paralleles, & xt de même perpendiculaire fur toutes les trois, par le 8e Lemme, fi eft plus courte que bm, & bm, que pn; & de même rg plus courte que lc, & lc que tq.

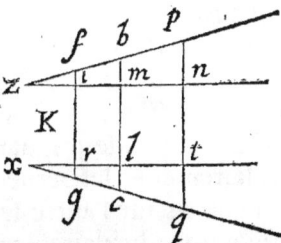

Or par 23. *fup.* ir, ml, & nt font égales.

Donc (par I. 21.) fg eft plus courte que bc; & bc que pq. Ce qu'il falloit demonftrer.

PREMIER COROLLAIRE.

IL s'enfuit de là, 1. Que deux lignes coupées par une ligne qui coupe toutes les deux obliquement, & qui eft inclinée fur chacune du même cofté, ne fçauroient eftre paralleles.   XXXII.

SECOND COROLLAIRE.

2. QUE ces lignes fe rapprochant toûjours vers le cofté vers lequel cette coupante eft inclinée, eftant prolongées   XXXIII.

de ce cofté là , fe rencontreront à la fin. V. 11.

DOUZIEME THEOREME.

XXXIV.   Deux differentes lignes fe joignant en un même point , les perpendiculaires fur chacune de ces lignes fe rencontreront eftant prolongées du cofté qui regarde la concavité que font ces lignes jointes à un même point.

Soient les deux lignes kz & kx, dont kz foit coupée en g, perpendiculairement par fg, & kx, coupée en c, perpendiculairement par bc; foient joints les points g & c; il eft clair que gc eft oblique tant fur fg que fur bc, & inclinée fur l'une & fur l'autre vers y :

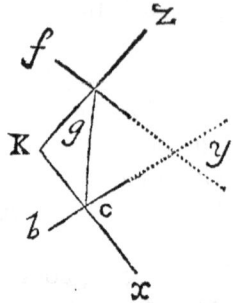

Donc elles fe rencontreront eftant prolongées de ce cofté là par 33. *fup.*

XXXV.   ### TREIZIEME THEOREME.

Deux lignes fe joignant perpendiculairement, les perpendiculaires fur l'une & fur l'autre fe joindront auffy perpendiculairement.

Soient kz & kx perpendiculaires ; fi bc eft perpendiculaire fur kz, elle eft parallele à kx, par 13. *fup.*

Donc gf ne peut eftre perpendiculaire fur kx, qu'elle ne le foit auffy fur bc.

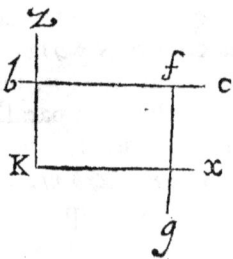

NOVVEAVX ELEMENS
DE
GEOMETRIE.
LIVRE SEPTIEME.

DES LIGNES TERMINEES
A UNE CIRCONFERENCE,
Où il est parlé
DES SINVS,
ET DE LA PROPORTION DES ARCS DE DIVERS
CERCLES A LEURS CIRCONFERENCES,
ET DV PARALLELISME DES LIGNES CIRCVLAIRES.

IVSQVES *icy nous avons consideré les lignes droites entant qu'elles sont terminées à d'autres lignes droites, ou qu'elles leur sont paralleles. Nous les considererons maintenant entant qu'elles sont terminées à quelque point d'une circonference.*

On les peut distinguer par les diverses situations du point d'où elles sont menées à la circonference. Car ce point est

1. *Ou dans la circonference même,*
2. *Ou au dedans du cercle,*
3. *Ou au dehors.*

  1. *Quand il est dans la circonference même, ce sont les li-*

I.

gnes qui sont menées d'un point de la circonference à un autre
point de la même circonference ; Et ce sont celles que nous
avons déja dit s'appeller des cordes.

2. Quand le point est au dedans du cercle, si ce point est le
centre, ce sont des rayons. Mais si ce n'est pas le centre, on
les peut appeller des secantes interieures.

3. Et quand ce point est hors le cercle ; ou ces lignes entrent
dans le cercle, le coupant dans sa convexité & estant terminées
à sa concavité ; ou elles n'entrent point dans le cercle ; & alors
elles sont telles, que si on les prolongeoit elles y entreroient, &
tant celles là que celles qui y entrent, peuvent estre appellées
des secantes exterieures.

Ou bien, quoy que prolongées, elles n'entrent point dans le
cercle ; & ce sont celles là que l'on dit toucher le cercle, & que
l'on appelle pour cette raison des tangentes.

Mais parce que les deux derniers genres, hors la derniere
espece du 3e, qui est des tangentes, peuvent estre compris dans
les mêmes propositions, nous renfermerons tout cela en 3. se-
ctions, Dont

La 1. sera des cordes.

La 2. des secantes interieures & exterieures.

La 3. des tangentes.

Et nous y en ajoûterons une 4e, qui sera du parallelisme des lignes circulaires.

PREMIERE SECTION.
DES CORDES.
PREMIER THEOREME.

11. LES lignes droittes qui coupent les cordes peuvent avoir
trois conditions.

La 1. De les couper perpendiculairement.

La 2. De les couper par la
moitié.

La 3. De passer par le centre.

Or deux de ces conditions
estant données, donnent la 3e.

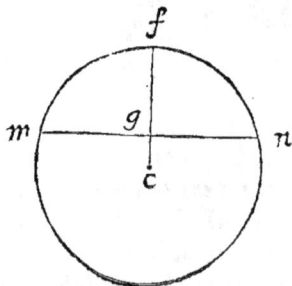

C'est

C'est à dire :

1. Si elles coupent les cordes perpendiculairement & par la moitié, elles passent par le centre.

2. Si elles coupent les cordes perpendiculairement & qu'elles passent par le centre, elles les coupent par la moitié.

3. Si elles les coupent par la moitié & qu'elles passent par le centre, elles les coupent perpendiculairement.

Soit pour tous les cas le centre c, & la corde mn, coupée par fg.

PREUVE DU PREMIER CAS.

Si fg, estant perpendiculaire à mn, la coupe par la moitié, le point g est également distant des extrémitez de la coupée m & n. Donc fg estant prolongée doit contenir tous les points de ce plan également distans d'm & n, par V. 39. Or le centre est un de ces points : Donc il se doit trouver dans fg prolongée. Ce qu'il falloit demonstrer.

PREUVE DU SECOND CAS.

Si fg coupe perpendiculairement mn, & qu'estant continuée elle passe par le centre, il y a un point dans cette ligne, sçavoir le centre qui est également distant d'm & n. Donc tous les autres points de cette ligne fg, dont l'un est le point de la section, sont également distans d'm & n. (par V. 31. 32.) Donc mn est la divisée par la moitié.

PREUVE DU TROISIEME CAS.

Si fg divisant mn par la moitié estant prolongée passe par le centre, il y aura deux points dans cette ligne, sçavoir le point de la section, & le centre également distans d'm & n. Donc fg est perpendiculaire à mn, par V. 32.

PREMIER COROLLAIRE.

AYANT trois points d'une circonference, on a toute la circonference.

Car qui a un point de la circonference & le centre, l'a toute entiere, par V. 22.

Or qui a trois points de la circonference, en a le centre. Ce qui se prouve de cette sorte.

111.

Q

Il eſt clair que ces trois points ne
peuvent pas eſtre dans la même ligne
droitte , parce que tous les points
d'une circonference doivent eſtre é-
galement diſtans d'un même point ,
ſçavoir le centre , & qu'il eſt impoſſible que trois points d'une ligne droit-
te ſoient également diſtans d'un même point , par V. 47.

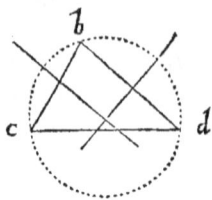

Ainſy joignant ces trois points deux à deux, on à trois
cordes qui ſoûtiennent 3 arcs de cette circonference.

Donc le centre ſe trouvera dans l'interſection de deux
lignes qui couperont perpendiculairement & par la moitié deux de ces 3 cordes.

Car par le precedent Theoreme chacune de ces perpendiculaires paſſe par le centre. Donc le centre eſt le
point qui leur eſt commun. Et par là on voit combien il
eſt facile de reſoudre ce Probleme.

PROBLEME.

Trouver la circonference qui paſſe par trois divers
points donnez.

Il ne faut que faire ce qui a ſervi de preuve au
Theoreme precedent , en remarquant que ſi ces trois
points eſtoient dans la même ligne droitte , le Probleme
ſeroit impoſſible ; parce que les perpendiculaires eſtant
paralleles ne ſe rencontreroient jamais : au lieu qu'il eſt
toûjours poſſible quand ils ſont en deux differentes lignes,
parce que les lignes qui les couperont perpendiculairement ſe rencontreront. VI. 34.

SECOND COROLLAIRE.

IV.   DEUX circonferences ne peuvent avoir trois points
communs, qu'elles ne les ayent tous. Car par le 1ᵉʳ Corollaire ces 3 points communs auront le même centre.
Donc ces cercles ſeront concentriques. Or deux cercles
eſtant concentriques, s'ils ont un rayon égal , tous les
points des circonferences ſont enſemble : comme quand
un cercle de bois convexe eſt emboité dans un autre cercle de bois qui eſt creux.

TROISIEME COROLLAIRE.

D Eux cercles ne se peuvent couper en plus de deux
points. Car s'ils se coupoient en trois, leurs circonferences auroient 3 points communs, & par consequent les auroient tous, & ainsy ne se couperoient point.

SECOND THEOREME.

Les lignes qui coupent les cordes perpendiculairement
& par la moitié, coupent aussy par la moitié les arcs grands
& petits qui soûtiennent ces cordes de part & d'autre.

Soit la corde *m n* coupée par
f h perpendiculairement & par
la moitié ; je dis que chacun des
arcs *m f n*, & *m h n*, sont coupez
par la moitié, l'un en *f*, & l'autre en *h*. Car *f g* estant perpendiculaire à *m n*, & ayant un de
ses points, sçavoir le point de
section également distant d'*m* &
n, tous ses autres points, comme *f h*, seront aussy également
distans d'*m* & *n*. Donc tirant les cordes *f m* & *f n*, elles seront égales, & par consequent les arcs qu'elles soûtiennent seront égaux. Donc par la même raison ces cordes
h m & *h n* seront égales, & les arcs qu'elles soûtiendront
égaux. Donc les deux arcs *m f n*, & *m h n*, seront chacun
partagez par la moitié par la ligne *f g*.

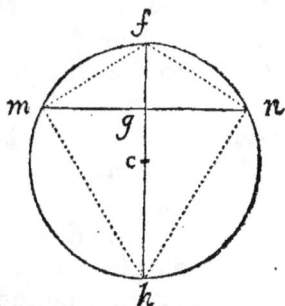

COROLLAIRE.

Tout rayon perpendiculaire à un diametre coupe par
la moitié la demy circonference qui soûtient ce diametre.
Car y ayant un point dans ce rayon perpendiculaire à ce
diametre également distant des extrémitez de ce diametre, sçavoir le centre, tous les autres points de ce rayon
seront aussy également distans des extrémitez de ce diametre. Donc le point où ce rayon coupe cette circonference en sera également distant. Donc cette circonference sera coupée par la moitié. par V. 26.

Q ij

Troisieme Theoreme.

VIII.   La ligne qui paſſant par le centre coupe un arc par la moitié, coupe auſſy par la moitié & perpendiculairement la corde qui ſoûtient cet arc. Car il y a alors deux points dans la ligne qui coupe l'arc par la moitié, le centre & le point de ſection de l'arc dont chacun eſt également diſtant des deux extrémitez de la corde.

Quatrieme Theoreme.

IX.   Les cordes également diſtantes du centre dans le même cercle, ou dans cercles égaux, ſont égales ; & les égales ſont également diſtantes du centre ; & les plus proches du centre ſont les plus grandes.

Cela eſt clair des diametres qui ſont également proches du centre, puis qu'ils paſſent tous par le centre.

Et il eſt clair auſſy que tout diametre eſt plus grand que toute autre corde, puiſque tirant du centre deux rayons aux extrémitez de toute autre corde, ces deux rayons ſeront égaux au diametre & plus grands que cette corde. par V. 5.

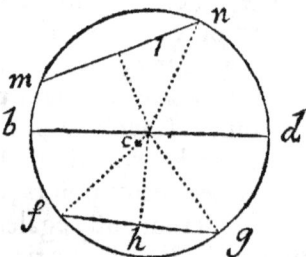

Pour ce qui eſt des autres cordes : 1. Les également diſtantes du centre ſont égales. Car ſi mn & fg ſont également diſtantes du centre. Donc les perpendiculaires du centre à chacune ſont égales, puis que c'eſt ce qui meſure la diſtance de ces cordes d'avec le centre. V. 38.

Et de plus ces perpendiculaires les diviſent chacune par la moitié. Donc tirant les rayons cn & cg, ln & hg (qui ſont les moitiez de chacune de ces cordes) ſeront égales, par V. 50. parce que les obliques cn & cg ſont égales, & les perpendiculaires auſſy cl & ch. Donc les toutes mn & fg ſont égales. Ce qu'il falloit demonſtrer.

2. Les égales ſont également diſtantes du centre : car y ayant égalité entre les moitiez de ces cordes ln & hg, qui peuvent eſtre conſiderées comme les éloignemens du perpendicule, & entre les rayons cn & cg, qui ſont les obli-

ques, il faut qu'il y ait auſſy égalité entre les perpendiculaires du centre à ces cordes qu'elles diviſent par la moitié,
(V. 51.) & qu'ainſy ces cordes
ſoient également diſtantes du
centre.

3. Les plus proches du centre
ſont les plus longues, car ſi la corde *m n* eſt plus proche du centre
que la corde *p q*, elle doit eſtre
plus grande que la corde *p q*,
parce que la perpendiculaire *c l*
eſtant plus courte que la perpen-
diculaire *c r*, & les obliques *c n* & *c q* eſtant égales, l'é-
loignement du perpendicule *l n* doit eſtre plus grand que
l'éloignement du perpendicule *r q*. (V. 54.) C'eſt à dire
que la moitié d'*m n* eſt plus grande que la moitié de *p q*.

CINQUIEME THEOREME.

DANS les mêmes cercles ou dans des cercles égaux, les
plus grandes cordes ſoûtiennent les plus grands arcs du
coſté que ces arcs ſont plus petits que la demycirconference.

Soit *m n* plus grande que *p q*;
je dis que l'arc *m n* eſt plus grand
que *p q*. Car prolongeant la perpendiculaire *c l* juſques à ce qu'elle
ſoit auſſy longue que la perpendiculaire *c r*, comme *c s*, & tirant la
corde *b d*, qui ſoit perpendiculaire
à *c s*, cette corde *b d* eſt égale à *p q*,
par le Theoreme precedent. Et ces
deux cordes *m n* & *b d* eſtant paralleles (par VI. 13.) ne
ſe peuvent jamais rencontrer.

Donc l'arc *m n* ne pourra manquer de comprendre
l'arc *b d*. Donc il ſera plus grand que l'arc *b d*, puiſque le
tout eſt plus grand que ſa partie.

Donc l'arc *m n* eſt plus grand auſſy que l'arc *p q*, qui eſt
égal à l'arc *b d*. Ce qu'il falloit demonſtrer.

Q iiij

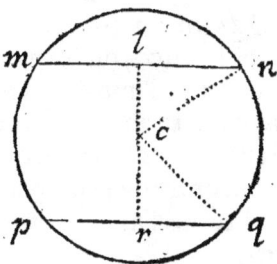

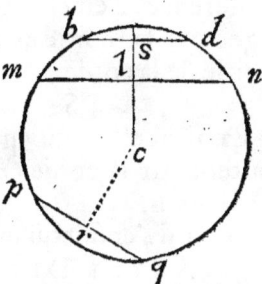

D'UNE AUTRE MESURE DES ARCS,
QUI SONT LES SINUS.
DEFINITIONS.

XI.

QUAND un arc est moindre que la moitié de la demy-circonference, ou le quart de la circonference, la perpendiculaire de l'une des extrémitez de l'arc sur le rayon où le diametre termine à l'autre extrémité, s'appelle *le sinus* de cet arc ; & la partie du rayon ou diametre qui est depuis la rencontre de la perpendiculaire, ou sinus, jusqu'à l'extrémité de l'arc, s'appelle *le sinus verse*.

Soit une circonference, dont le centre est c, & un arc moindre que la moitié de la demy circonference fd, soit tiré le rayon cd, & la perpendiculaire d'f sur ce rayon fg ; cette perpendiculaire fg est le *sinus* de l'arc fd ; & gd en est le *sinus verse*.

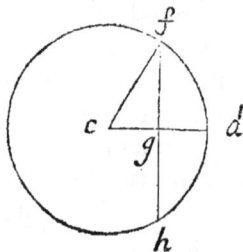

PREMIER LEMME.

XII.

QUE si on continuë fg jusqu'à h, autre point de la circonference, il est clair par le 1.er Theoreme que fh est partagée par la moitié par cd, & qu'ainsy le sinus fg est la moitié de la corde fh.

SECOND LEMME.

XIII.

ET il est clair aussy par le 2.e Theoreme que l'arc fdh, soûtenu par la corde fh, est double de l'arc fd, dont fg est le sinus.

D'où il s'ensuit qu'on peut encore definir le *sinus*.

AUTRE DEFINITION DES SINUS.

XIV.

LA moitié de la corde du double de l'arc.

Car fg est la moitié de la corde fh, laquelle corde fgh soûtient l'arc fdh, lequel est double de l'arc fd. Tout cela estant supposé soit.

SIXIEME THEOREME.

XV.

DANS le même cercle, ou dans les cercles égaux, les arcs qui ont le sinus égal sont égaux ; & les sinus égaux donnent des arcs égaux ; & les arcs qui ont les plus grands finus, font les plus grands. Car par le 1ᵉʳ Lemme les finus égaux font moitiez de cordes égales. Or par le 2ᵉ Lemme ces cordes égales foûtiennent des arcs égaux qui font doubles des arcs qui ont pour finus ces finus égaux. Donc les arcs doubles de ceux là eftant égaux, ceux là le font auffy. La converfe fe prouve de la même forte, fans qu'il foit befoin de s'y arrefter.

Et de même quand un finus eft plus grand que l'autre, la corde dont le plus grand eft la moitié, eft plus grande auffy que la corde dont le plus petit eft la moitié. Donc cette plus grande corde foûtient un plus grand arc. Or l'arc qu'elle foûtient eft double de celuy dont la moitié de cette plus grande corde eft le finus. Donc l'arc dont la moitié de cette plus grande corde eft le finus, eft plus grand que l'arc qui a pour finus la moitié d'une plus petite corde. (Ce qu'il falloit demonftrer.)

SEPTIEME THEOREME.

X V I.

QUAND les finus font égaux, les finus verfes le font auffy, & les plus grands finus donnent les plus grands finus verfes.

Car les finus égaux font également diftans du centre. Or cette diftance du centre oftée du rayon, ce qui refte eft le finus verfe. Donc cette diftance eftant égale, le finus verfe eft égal.

Que fi le finus eft plus grand, cette diftance eft plus petite. Donc oftant moins du rayon, ce qui refte, qui eft le finus verfe, eft plus grand.

AVERTISSEMENT.

X V I I.

Les finus ne mefurent proprement que les arcs moindres que la moitié de la demy circonference. Mais cela n'empefche pas qu'on ne s'en puiffe fervir pour mefurer ceux qui font plus grands. Car ce qui manque à ces plus grands arcs pour faire la demycirconference, s'appelle le complement de ces plus grands arcs. Or ces complemens fe mefurent par les finus ; & il eft aisé de juger que ces complemens eftant égaux, ces plus grands arcs font égaux auffy. Mais qu'eftant inégaux, celuy qui a le plus petit complement eft le plus grand.

HUITIEME THEOREME.

XVIII. QUAND plusieurs circonferences sont concentriques,
& que du centre on tire des lignes indefinies, les arcs de
toutes ces circonferences compris entre ces deux lignes
sont en même raison à leurs circonferences.

Soient au tour du centre c deux
circonferences concentriques, &
soient tirées les deux lignes $c B$ &
$c D$; je dis que l'arc $B D$ de la
plus grande, & $b d$ de la plus petite, sont proportionels à leurs circonferences.

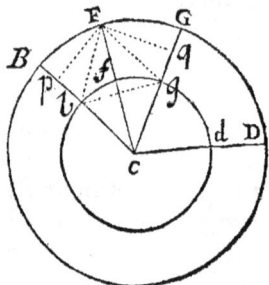

Car les aliquotes quelconques
de $B D$ soient appellez x ; je dis
que si par tous les points de se-
ction on tire des lignes au centre, $b d$ sera divisée par ces
lignes en aliquotes pareilles.

Pour le prouver il suffit de considerer deux x, que je
suppose estre $B F$ & $F G$, tirant les lignes $F c$ & $G c$; je dis
que les arcs $b f$ & $f g$ sont égaux entr'eux, aussi bien que
$B F$ & $F G$. Car tirant d'F une perpendiculaire sur $B c$
& une autre sur $G c$, les deux perpendiculaires $F p$ & $F q$
seront les sinus d'arcs égaux, & par consequent égales ; &
les sinus verses de ces arcs $B p$ & $B q$ seront aussi égaux.
Donc $p b$ & $q g$ seront aussi égales.

Donc $F b$ & $F g$ sont égales, parce que ce sont des obliques dont les perpendiculaires $F p$ & $F q$ sont égales,
comme aussi les éloignemens des perpendicules $p b$ & $q g$.
V. 48.

Donc dans la ligne $F c$ il y a deux points, sçavoir F & c,
dont chacun est également distant de b & de g.

Donc $F c$ coupe perpendiculairement & par la moitié
la corde $b g$, & par consequent aussi l'arc $b f g$.

Donc l'arc $b f$ est égal à l'arc $f g$. Ce qu'il falloit demonstrer.

Or cela estant demonstré, il est clair qu'on prouvera la
même chose de toutes les aliquotes de $B G$ en les prenant
deux à deux.   Donc

Donc *B G* eſtant diviſé en aliquotes quelconques, les lignes menées au centre par tous les points de ſection feront des aliquotes pareilles dans *b g*, leſquelles on pourra appeller *x*.

Or appliquant *X* pour meſurer le reſte de la grande circonference, ſi elle s'y trouve preciſement tant de fois menant des lignes par tous les points de ſection, *x* ſe trouvera auſſy preciſement tant de fois dans la petite circonference. Et ſi ce n'eſt dans la grande qu'avec quelque reſte, ce ne ſera auſſi dans la petite qu'avec quelque reſte.

Donc par la definition des grandeurs proportionnelles *B D* eſt à la grande circonference, comme *b d* à la petite, puiſque les aliquotes quelconques pareilles de *B D* & de *b d* ſont également contenuës dans les deux circonferences.

DEFINITION.

LES arcs qui ont même raiſon à leur circonference ſoient appellez proportionnellement égaux, ou d'autant de degrez l'un que l'autre. Surquoy il ſe faut ſouvenir que toute circonference grande ou petite eſt conſiderée comme diviſée en 360 parties, qu'on appelle degrez, & chaque degré en 60 minutes, & chaque minute en 60 ſecondes, & chaque ſeconde en 60 troiſiémes, & ainſy à l'infiny. XVIII.

Et comme on ne regarde point la grandeur abſoluë des portions d'une circonference, parce que cette grandeur nous eſt inconnuë, mais ſeulement la grandeur relative, c'eſt à dire par proportion à la circonference; on pourroit appeller les arcs qui ſont proportionellement égaux, parce qu'ils ſont d'autant de degrez ſimplement *égaux*: & appeller *tout-égaux* ceux qui le ſont tout enſemble proportionellement & abſolument comme ſont les arcs d'autant de degrez dans le même cercle.

NEUVIEME THEOREME.

QUAND les cercles ſont inégaux, les arcs proportionellement égaux ſont ſoûtenus par de plus grandes cordes, & ont de plus grands ſinus, dans les plus grands cercles. XIX.

R

Soient au tour du centre *c* deux circonferences concentriques, les arcs *B D* & *b d* compris entre les mêmes rayons *B C* & *D C* sont proportionellement égaux.

Or tirant les cordes *B D* & *b d* & les divisant par la moitié aussy bien que les arcs par la ligne *P c*, les arcs *B P* & *b p* sont aussy proportionellement égaux. Or *B F* & *b f*, perpendiculaires sur *P c*, sont les sinus de ces deux arcs.

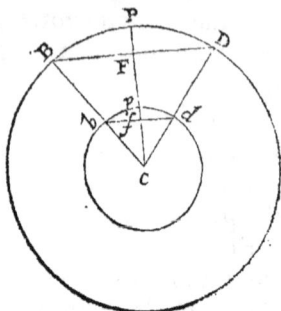

Et par VI. 12. *B F* est plus grande que *b f*.

Donc les arcs égaux ont de plus grands sinus dans les plus grands cercles.

Et de même la corde *B D* est plus grande que *b d* (par VI. 31.) & aussy parce que *B F*, moitié de *B D*, est plus grande que *b f*, moitié de *b d*.

Donc les arcs *B D* & *b d* estant proportionellement égaux, celuy du plus grand cercle a une plus grande corde.

Dixieme Theoreme.

XXI.   Les cordes dans un même cercle ne sont point proportionelles aux arcs, mais les plus grands arcs (j'entens toûjours ceux qui ne sont pas plus grands que la demycirconference) ont de plus petites cordes à proportion que les plus petits. C'est à dire que la corde d'un arc, qui n'est que la moitié d'un plus grand arc, est plus grande que la moitié de la corde de ce plus grand arc.

La preuve en est bien facile. Car soit l'arc *b d* partagé en *m* par la moitié, *b m* égale à *d m* seront chacune la corde d'un arc qui n'est que la moitié de l'arc que soûtient la corde *b d*. Or ces deux cordes *b m* & *d m* sont plus grandes que *b d*. Donc estant égales, chacune est plus grande que la moitié de la corde *b d*.

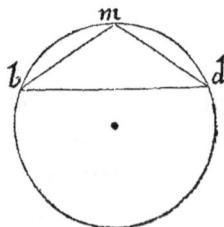

COROLLAIRE.

DE là il s'enfuit que plus les arcs font grands, plus la   XXII.
difference eft grande entre la longueur de l'arc & celle de
la corde ; & qu'au contraire plus les arcs font petits plus
cette difference diminuë. De forte qu'on peut prendre
un fi petit arc, que cette difference fera plus petite que
quelque ligne qu'on ait donnée.

SECONDE SECTION.

DES SECANTES INTERIEURES ET EXTERIEURES.

NOUS avons déja dit que les lignes menées à la cir- XXIII.
conference d'un point de dedans
le cercle autre que le centre fe
pouvoient appeller *des fecantes in-*
terieures.

Et que quand le point eftoit
hors le cercle, & qu'elles n'e-
ftoient point tangentes, on les
pouvoit appeller des *fecantes ex-*
terieures.

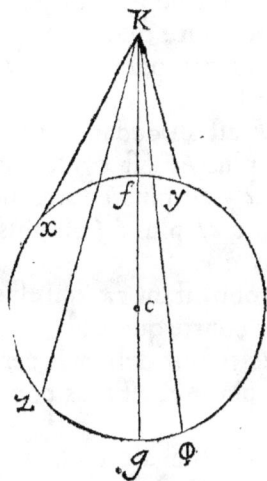

Or pour abreger le difcours dans
l'expreffion de ces lignes, foient
toûjours appellez

Le centre   *c.*
Le point, foit dedans le cercle,
  foit hors le cercle,   *k.*
La ligne menée de ce point paf-
  fant par le centre,   *k g.*
  Celle qui ne paffant point par le centre eft dans la
même ligne droite que celle qui y paffe,   *k f.*

Les autres, { — — — — — — —   *k x.*
             { — — — — — — —   *k y.*
             { — — — — — — —   *k z.*
             { — — — — — — —   *k φ.*

Cela fuppofé foit.

R ij

PREMIER THEOREME.

XXIV. La plus longue de ces lignes est kg. C'est à dire celle qui passe par le centre.

Car si on la veut comparer avec $k\varphi$, soit tiré le rayon $c\varphi$, qui est égal à $c\varphi$.

kc, plus $c\varphi$, est plus grande que $k\varphi$, par V. 6.

Donc kg, est plus grande que $k\varphi$.

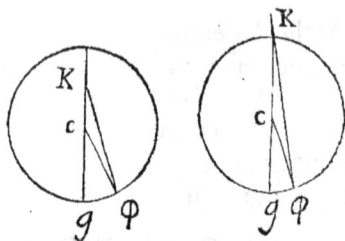

SECOND THEOREME.

XXV. La plus courte de toutes ces lignes est kf. C'est à dire celle qui ne passant point par le centre est dans la même ligne droite que celle qui y passe.

Car comparant kf avec ky, & ayant tiré le rayon cy,

Si k est au dedans du cercle,

ck plus kf est égale à cy.

Or cy est plus courte que ck plus ky.

Donc ck plus kf est plus courte que ck plus ky.

Donc ostant ck, qui est commun, kf est plus courte que ky.

Que si k est dehors le cercle,

kf plus fc, est plus courte que ky plus yc.

Or fc est égale à yc.

Donc kf est plus courte que ky.

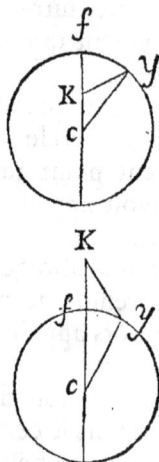

TROISIEME THEOREME.

XXVI. Les lignes menées de k à des points de la circonference également distans de f ou de g sont égales. Et il faut remarquer que deux points ne sçauroient estre également distans d'f, qu'ils ne soient aussy également distans de g. Mais on appelle également distans d'f ceux qui sont plus proches d'f que de g, & également distans de g ceux qui sont plus proches de g que d'f.

Soient les deux points également diſtans d'f, x & x
la corde terminée par ces deux x & x eſt coupée perpendiculairement par la ligne $f c$, puiſque f par l'hypotheſe eſt également diſtant d'x & x, & c auſſy, parce
que c'eſt le centre du cercle.

Donc tous les points de cette ligne ſont également diſtans d'x & x. Donc le point k, qui en eſt un. Donc k x
& k x ſont égales.

C'eſt la même choſe de deux points également diſtans
de g.

QUATRIEME THEOREME.

Sɪ du centre k, intervale $k f$, ou $k g$, on décrit un nou-   XXVII.
veau cercle, il touchera le premier cercle en un ſeul point,
c'eſt à dire en f, ou en g, ſans le couper.

Car ſi $k f$ eſt rayon du 2e cercle, comme cette ligne eſt la plus courte de toutes celles qui peuvent eſtre menées de k
à la circonference du 1er cercle, toute
autre ligne menée à la circonference du
premier paſſera la circonference du ſecond.

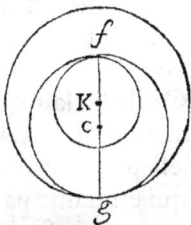

Et au contraire ſi $k g$ eſt le rayon du
2e cercle, cette ligne eſtant la plus longue de toutes celles
qui peuvent eſtre menées de k à la circonference du 1er
cercle, toute autre ligne menée de k à la circonference du
1er cercle ne pourra pas aller juſqu'à la circonference du 2e.

CINQUIEME THEOREME.

Sɪ du centre k, intervale plus grand que $k f$, & plus pe-   XXVIII.
tit que $k g$, comme pourroit eſtre $k x$,
on décrit un cercle, il coupera la circonference du premier au point x & x.
C'eſt à dire à deux points également diſtans de f, (ou également diſtans de g,
ſi on avoit pris un point pour determiner cet intervale plus proche de g,) &
la partie de la circonference du 1er cercle entre x & x, dont le milieu eſt f, ſe-

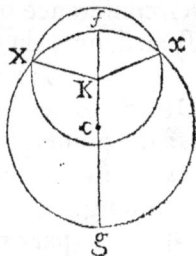

ra au dedans du 2ᵉ cercle, au lieu que la partie de la même circonference du 1ᵉʳ cercle entre ces deux mêmes points x & x, dont g eſt le milieu, ſera au dehors du 2ᵉ cercle. Car par 4. s̃. deux circonferences ne ſe peuvent couper en plus de deux points.

Or cela eſtant, le rayon du 2ᵉ cercle eſtant k x, toute ligne menée de k à la circonference du 1ᵉʳ cercle qui ſera égale à k x, ſe trouvera auſſy terminée à la circonference du 2ᵉ cercle.

Or par le 3ᵉ Theoreme cette ligne égale à k x eſt celle qui eſt terminée à un point de la circonference du 1ᵉʳ cer- cle, auſſy diſtant d'f de l'autre coſté qu'x en eſt diſtant de ſon coſté. Donc x & x ſeront les deux ſeuls points dans leſquels la 2ᵉ circonference coupera la 1ʳᵉ.

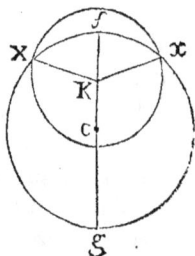

Or il eſt clair que le point f ſe trou_ vera au dedans du 2ᵉ cercle, parce que k f eſt plus courte que k x, qui en eſt le rayon. Donc tout ce qui eſt d'une part entre f & x, & de l'autre entre f & x, ſe trouvera auſſy au dedans du 2ᵉ cercle, puis qu'il faudroit que le 2ᵉ cercle euſt coupé le 1ᵉʳ en d'autres points qu'x & x, afin que quelqu'un des points plus proche d'f ſe trou- vaſſent ou dans la circonference du 2ᵉ cercle, ou au dehors.

Et par la même raiſon le point g ſe trouvera au dehors du 2ᵉ cercle, parce que k g eſt plus longue que k x, qui en eſt le rayon : ce qui fait voir auſſy que tous les points de la 1ʳᵉ circonference plus proches de g qu'x ſe trouveront auſſy au dehors du 2ᵉ cercle.

Sixieme Theoreme.

XXIX.   De toutes les lignes menées de k, celles qui ſont me- nées à des points plus proches d'f ſont les plus courtes, & celles qui ſont menées à des points plus proches de g ſont les plus longues.

Suppoſons par exemple que le point y eſt plus proche d'f que le point x ; je dis que k y eſt plus courte que k x

Car ſi on décrit un cercle
du centre k, intervalle $k\,x$,
par le Theoreme prece-
dent tous les points de la
circonference du 1er cercle
plus proches d'f qu'x ſe
trouveront au dedans du 2^e
cercle.

Or par l'hypotheſe, y eſt
plus proche d'f, qu'x.
Donc y eſt au dedans du 2^e
cercle. Donc $k\,y$ eſt plus
courte que $k\,x$, qui eſt un
rayon du 2e cercle.

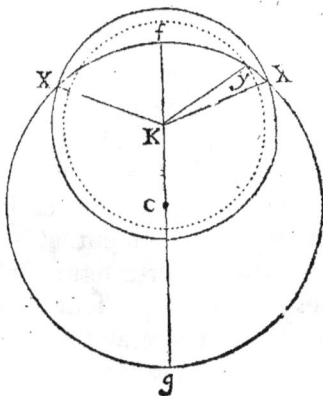

Que ſi au contraire nous ſuppoſons que φ eſt plus proche de g que z; je dis que $k\,\varphi$ eſt plus longue que $k\,z$. Car
ſi on décrit un cercle du centre k, intervalle $k\,z$, par le
Theoreme precedent tous les points de la circonference
du 1er cercle plus proches de g que z, ſe trouveront au dehors du 2e cercle. Or par l'hypoteſe, φ eſt plus proche
de g que z. Donc φ eſt au dehors du cercle. Donc $k\,\varphi$ eſt
plus longue que $k\,z$, qui eſt un rayon du 2e cercle.

PREMIER COROLLAIRE.

DE nul point autre que le centre on ne peut mener trois
lignes égales à la circonference. Car les 3 points où ces
trois lignes ſeroient terminées ne peuvent pas eſtre également diſtans du point f, ou du point g. Donc ſi l'un des 3
eſt plus proche ou plus éloigné du point f, la ligne qui y
ſera terminée ſera plus courte ou plus longue que les deux
autres. Donc, &c.

SECOND COROLLAIRE.

LE point d'où l'on peut mener trois lignes égales à la
circonference, en eſt neceſſairement le centre.

TROISIEME SECTION.
DES TANGENTES.

Nous avons déja dit qu'on appelle *tangente* du cercle

XXX.

XXXI.

la ligne qui touche le cercle sans entrer dedans, quoy que prolongée.

PREMIER THEOREME.

TOUTE ligne perpendiculaire à l'extrémité d'un rayon touche le cercle, & ne le touche qu'en un seul point ; c'estadire qu'il n'y a qu'un seul point qui soit commun à la circonference & à cette ligne ; & ce point s'appelle le point de l'atouchement. Car puisque le rayon est perpendiculaire à cette ligne, c'est la plus courte de toutes les lignes qui puissent estre menées du centre à cette ligne. Donc toute autre menée du centre sera plus longue. Donc elle se terminera en un point hors de la circonference. Donc nul autre point que celuy où ce rayon coupe perpendiculairement cette ligne ne pourra estre commun à cette circonference & à cette ligne. Ce qu'il falloit demonstrer.

SECOND THEOREME.

XXXII.   ON ne peut faire passer aucune ligne droite entre la tangente & la circonference, quoyqu'on en puisse faire passer une infinité de circulaires qui ne se rencontreront que dans le point de l'attouchement.

La 1re partie se prouve ainsy. Soit cf un rayon, mf la tangente : soit b un point quelconque au dessous de la tangente. Tirant de b une ligne à f, elle sera oblique sur cf, & inclinée vers c, parceque mf est perpendiculaire à cf. Donc la perpendiculaire de c à bf, sera plus courte que cf. Donc elle se terminera dans le cercle (V. 27.) Donc une partie de bf sera au dedans du cercle. Donc on n'aura pas pû faire passer bf entre la tangente & la circonference.

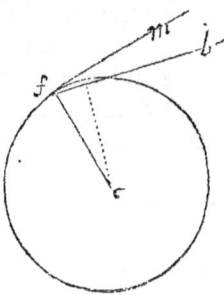

La 2e partie se prouve ainsy. Soit fc prolongée à l'infini du costé de c : soient tous les divers points de cette ligne *dessous* au dessus de c appellez x. Toutes les circonferences qui auront l'un de ces points que j'appelle x pour centre, &
xf pour

x f pour rayon, auront *m f* pour tangente par le 1ᵉʳ theorême, & ne rencontreront, ny la circonference qui a *c*
pour centre, ny les unes les autres, qu'en *f* (par 27. ſ.)
Donc toutes ces circonferences paſſeront ſans ſe rencontrer entre la tangente & le premier cercle.

PREMIER PROBLEME.

DESCRIRE la tangente qui touche la circonference à un XXXIII.
point donné.

Tirer un rayon de ce point donné, la perpendiculaire à
l'extrémité de ce rayon ſera la tangente que l'on cherche.

SECOND PROBLEME.

D'UN point donné hors le cercle tirer des tangentes XXXIV.
au cercle.

Soit le point *k* donné hors le
cercle, dont le centre eſt *c*, &
le rayon *c f*; je décris un autre
cercle du même centre, intervale *c k*, & puis ayant tiré la ligne
k c, qui coupe en *f* la circonference du 1ᵉʳ cercle, je tire par le
point *f* la corde du grand cercle
m n, qui coupe perpendiculairement *k c*, ce qui fait que *m n*
touche le 1ᵉʳ cercle en *f*.

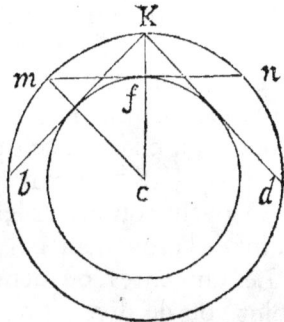

Cela fait, du point *k* je prens dans le grand cercle de
part & d'autre les deux arcs *k b*, *k d*, égaux chacun à l'arc
m n; Et je dis que les cordes *k b*, *k d* touchent le 1ᵉʳ cercle,
& qu'elles le touchent au point où les rayons du grand
cercle *m c* & *n c* coupent ces cordes.

Car les trois arcs du grand cercle *m n*, *k b*, *k d* eſtant
égaux, les trois cordes qui les ſoûtiennent ſont égales
auſſy, & par conſequent également diſtantes du centre
par 4. ſup. Or *m n* eſt diſtante du centre *c* de la longueur
d'un rayon du 1ᵉʳ cercle.

Donc les deux autres cordes *k b*, *k d* ſont auſſy diſtantes
du centre de la longueur d'un rayon du premier cercle.

Donc ce rayon leur eſt perpendiculaire, puis qu'autre-

S

ment il ne mesureroit pas leur distance d'avec le centre.

Donc par le Theoreme precedent elles sont tangentes du premier cercle.

Et elles le touchent au point où elles sont coupées par les rayons du grand cercle $m c$ & $n c$. Car le point k partageant par la moitié l'arc $m n$, le point m partage aussy par la moitié l'arc $k b$. Donc le rayon $m c$ est perpendiculaire à la corde $k b$, parce que les deux points m & c sont chacun également distans de k & de b.

Donc si le point où le rayon $m c$ coupe la corde $k b$ est b, b sera aussy l'extrémité du rayon du 1er cercle, qui est perpendiculaire à la corde $k b$, puis qu'autrement il faudroit que de c on pust tirer sur $k b$ deux perpendiculaires differentes, ce qui ne se peut.

Premier Corollaire.

XXXV.   D'un point hors le cercle on peut tirer deux tangentes au cercle, & non plus.

Cela est clair par ce qui vient d'estre demonstré.

Second Corollaire.

XXXVI.   On peut considerer les tangentes comme terminées au point de l'atouchement; & alors

Les tangentes, ou menées à un même cercle d'un même point, ou de divers points également distans du centre, ou menées à des cercles égaux de points également distans des centres de chacun, sont égales.

Car il est visible par la solution du 2e Probleme, que dans tous ces cas, ces tangentes sont moitié de cordes égales.

QVATRIEME SECTION.
Des Circonferences Paralleles.
Premier Lemme.

XXXVII.   Vne ligne droite est perpendiculaire à une circonference, autant que la nature de l'une & de l'autre le peut souffrir, lorsqu'elle est perpendiculaire à la tangente au point de la section.

Second Lemme.

XXXVIII.   D'où il s'ensuit, que toute ligne qui estant prolongée

passe par le centre , est perpendiculaire à la circonference.

TROISIEME LEMME.

LA distance d'un point à une circonference, se mesure XXXIX.
par la plus courte ligne qui puisse estre menée de ce point
à cette circonference. Or cette plus courte ligne est celle
qui ne comprend point le centre , mais qui est dans la
même ligne droite que celle qui y passe. (s. 25.)

Et par consequent cette ligne est perpendiculaire à la
circonference par les deux premiers Lemmes.

DEFINITION
DES CIRCONFERENCES PARALLELES.

DEUX circonferences sont paralleles, lorsque tous les XL.
points de chacune sont également distans de l'autre.

C'estadire selon les precedens Lemmes, lorsque toutes
les lignes droites , menées chacune des points de l'une
perpendiculairement sur l'autre, sont égales.

PREMIER THEOREME.

TOUTES les circonferences concentriques (c'estadire XLI.
qui ont un mesme centre) sont paralleles.

Car tous les rayons de la plus grande circonference sont perpendiculaires à l'une & à l'autre. Donc ostant
les rayons de la plus petite , ce qui
restera entre les deux circonferences,
sera égal , & en mesurera la distance.
Donc tous les points de chacune seront également distans de l'autre.
Donc elles sont paralleles.

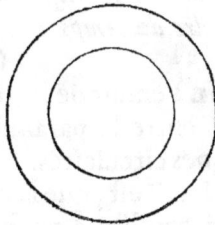

SECOND THEOREME.

DEUX cercles non concentriques estant l'un dans l'au- XLII.
tre, le diametre du plus grand qui passera par les deux
centres, coupera chaque circonference par la moitié; &
alors il arrivera 3. ou 4. choses considerables.

1. Les parties de ce diametre qui se trouveront d'un
costé & d'autre entre les deux circonferences, c'estadire
fm, & g.n, sont perpendiculaires à l'une & à l'autre, &

S ij

mesurent *f m* le plus grand, & *g n* le plus petit éloignement de ces deux circonferences.

2. Nulle autre ligne que ces deux là qui se trouvent dans ce diametre qui passe par les deux centres, ne peut estre perpendiculaire à l'une & à l'autre circonference, toute autre ligne qui sera perpendiculaire à l'une des circonferences, estant oblique sur l'autre.

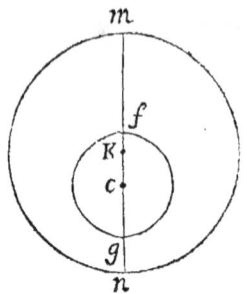

3. Tous les points d'une demycirconference d'une part sont inegalement distans de l'autre demycirconference de la mesme part.

4. Toutes les fois que deux points d'une circonference sont également distans de l'une ou l'autre des extremitez de son diametre, qui passe par les deux centres, ils sont aussy également distans de l'autre circonference.

Tout cela est si aisé à prouver par ce qui a esté dit dans la 2e Section, & par les trois Lemmes de celle-cy, que j'aime mieux le laisser à trouver pour exercer l'esprit, que de perdre du temps à le demonstrer.

COROLLAIRE.

XLIII.   Il s'enfuit de là, qu'on peut remarquer trois differences entre le parallelisme des lignes droites, & celuy des lignes circulaires.

La 1re est, que la notion negative des paralleles droites, qui consiste à ne se rencontrer jamais quand on les prolongeroit à l'infini, n'a point de lieu dans les circulaires, qui peuvent bien ne se rencontrer jamais sans estre paralleles; de sorte que pour l'estre il faut que ce soit selon la notion positive, qui consiste en ce que les points de l'une sont toujours egalement distans de l'autre.

La 2e est, que deux lignes droites sont paralleles, quand une mesme ligne est perpendiculaire à l'une & à l'autre. Au lieu qu'il peut y avoir non seulement une ligne droite, mais deux, qui soient perpendiculaires à

l'une & à l'autre circonference, fans qu'elles foient paralleles, mais il n'y en peut pas avoir trois.

La 3ᵉ eft, que deux lignes droites ne s'eftant point croi-
fées, il ne peut pas y avoir deux points de l'une egalement diftans de l'autre, qu'elles ne foient paralleles. Au
lieu que dans les circonferences non paralleles il peut y
avoir une infinité de points dans chacune, qui foient deux
à deux egalement diftans de l'autre. Mais il n'y en peut
avoir trois enfemble.

Le fondement de ces differences vient d'une part de ce
que la ligne circulaire eft bornée en elle mefme. Et de
l'autre, de ce qu'il en faut avoir trois points pour en avoir
la pofition; au lieu qu'il n'en faut que deux pour avoir
celle de la ligne droite.

NOVVEAVX ELEMENS
DE
GEOMETRIE.
LIVRE HVITIEME.

DES ANGLES RECTILIGNES.

I.

APRES avoir parlé des lignes, c'est suivre l'ordre de la nature que de passer aux angles qui sont plus composez que les lignes tenant quelque chose des surfaces, comme nous allons voir.

DEFINITION
DE L'ANGLE RECTILIGNE.

II.

L'angle rectiligne est une surface comprise entre deux lignes droites qui se joignent en un point du costé où elles s'approchent le plus, indefinie & indeterminée selon l'une de ses dimensions, qui est celle qui répond à la longueur des lignes qui la comprennent, & determinée selon l'autre par la partie proportionnelle d'une circonference dont le centre est au point où ces lignes se joignent.

AUTRES DEFINITIONS.

III.

LES lignes qui comprennent l'angle s'appellent *ses costez*.

IV.

LE point où ces lignes se joignent s'appelle *son sommet*.

V.

SI l'on joint deux points de ces costez par une autre ligne, cette ligne s'appelle *la base* ou *la soustendante de l'angle*. Et l'on dit que cette ligne *soutient* l'angle, & que l'angle est *opposé* à cette ligne, ou est *soutenu* par cette ligne.

CETTE base s'appelle *corde* quand les costez de l'angle font égaux, pource qu'alors ces costez de l'angle font confiderez comme rayons d'un cercle dont cette base est une corde.

VI.

QUE si d'un des costez on peut faire descendre une perpendiculaire sur l'autre, cette base alors s'appelle le *sinus* de cet angle.

VII.

CETTE partie proportionelle de la circonference qui mesure la grandeur de l'angle s'appelle *l'arc que comprend l'angle*.

VIII.

PROPOSITION FONDAMENTALE
DE LA MESURE DES ANGLES.

LES arcs de toutes les circonferences qui ont pour centre le point où les costez de l'angle se coupent font tous proportionels à leurs circonferences, & par consequent determinent tous la mesme grandeur de l'angle.

IX.

La consequence est claire par la definition de l'angle, puisque nous avons dit que c'estoit une surface indeterminée selon une dimension, & qui n'estoit determinée selon l'autre que par une partie proportionelle des circonferences qui ont pour centre le point où ses costez se joignent.

Pour montrer donc que les arcs de ces circonferences determinent tous la mesme grandeur de l'angle, il ne faut que montrer que tous ces arcs font proportionels à leurs circonferences.

Or c'est ce qui a déja esté prouvé, Livre VII. 20.

DE LA PREMIÈRE MESURE DE L'ANGLE
QUI EST L'ARC COMPRIS ENTRE SES COSTEZ.

IL s'ensuit de là que pour sçavoir la vraye grandeur d'un angle, il faut sçavoir la grandeur proportionelle de l'arc compris entre ses costez, c'estadire de combien de degrez est cet arc. Car un degré n'est pas le nom d'une grandeur

X.

abfolüe, mais proportionelle, puifque, comme nous avons déja dit, il fignifie la trois cent foixantième partie de quelque circonference que ce foit, dont chacune en foy eft plus grande ou plus petite felon que la circonference eft plus grande ou plus petite: & il en eft de mefme des minutes, des fecondes, & des troifiêmes. C'eftpourquoy on peut appeller arcs égaux, felon qu'il a efté dit VII. 19. ceux qui font d'autant de degrez, quoyqu'ils puiffent eftre inegaux felon leur grandeur abfolüe. Et égaux en toute maniere, ou *tout-égaux*, ceux qui font d'autant de degrez & qui font auffy égaux felon leur grandeur abfolüe, tels que font les arcs d'autant de degrez dans les cercles égaux.

DE L'ANGLE DROIT.

XI. C'EST par là qu'on a divifé l'angle en *droit* & *non droit*, & le non droit, en *aigu* & *obtus*.

On appelle angle droit celuy qui a pour mefure la moitié de la demycirconference. D'où il s'enfuit,

1. Que tout angle droit a de l'autre cofté fur la mefme ligne un autre angle qui luy eft égal, puifque l'angle qui eft de l'autre cofté a pour mefure ce qui refte de la demycirconference, qui eft la moitié.

2. Qu'un angle droit eft la mefme chofe qu'un angle de 90. degrez. Car la demycirconference en ayant 180. la moitié de cette demycirconference en a 90.

3. Que toute ligne perpendiculaire fur une ligne fait fur cette ligne deux angles droits, l'un d'un cofté & l'autre de l'autre. Car elle partage en deux la demycirconference qui a pour centre le point de leur fection, par VII.17.

DE L'ANGLE AIGU.

XII. ON appelle angle *aigu* celuy qui eft moindre qu'un droit, c'eftadire qui a pour mefure un arc moindre que la moitié de la demycirconference. D'où il s'enfuit

Que tout angle moindre que de 90. degrez eft aigu.

DE L'ANGLE OBTUS.

XIII. ON appelle angle *obtus* celuy qui eft plus grand que l'angle droit; c'eftadire qui a pour mefure un arc plus

grand

grand que la moitié de la demycirconference. D'où il s'ensuit

Que tout angle plus grand que de 90. degrez est obtus.

PREMIER THEOREME.

TOUTE ligne qui en coupe une autre obliquement fait d'un costé un angle aigu & de l'autre un obtus, & les deux ensemble vallent deux droits. Car cette ligne partage inegalement la demycirconference. Et partant fait deux angles inegaux. Mais elle ne la divise qu'en deux portions, & partant les deux portions prises ensemble valent toute la demycirconference.

XIV.

SECOND THEOREME.

LORSQUE plusieurs lignes droites en rencontrent une en un même point, tous les angles que font toutes ces lignes entre elles & avec la rencontrée valent deux droits. Car ils comprennent tous ensemble la demycirconference, qui est la mesure de deux angles droits.

XV.

DEFINITION.

L'ANGLE *aigu*, qui avec l'obtus vaut deux angles droits, s'appelle le *complement de l'angle obtus*.

XVI.

TROISIEME THEOREME.

LORSQUE deux lignes se coupent en passant de part & d'autre, il est bien clair que si elles se coupent perpendiculairement elles font quatre angles égaux tous quatre entr'eux, c'est à dire tous quatre droits.

XVII.

Mais si elles se coupent obliquement, elles en font deux aigus & deux obtus, dont l'aigu est opposé à l'aigu & l'obtus à l'obtus, & cela s'appelle estre opposé au sommet. Et les opposez sont égaux.

Car faisant un cercle du point où ces deux lignes *b c* & *f g* se coupent, chacune coupera la circonference par la moitié, & par consequent la moitié *b g c* est égale à la moitié *f b g*. Or ces deux moitiez ont

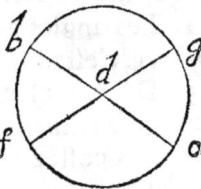

T

l'arc *b g* de commun, qui eſt l'arc d'un des angles obtus :
& par conſequent oſtant cet arc, l'arc de l'aigu qui reſte
d'une part ſera égal à l'arc de l'aigu qui reſte de l'autre.
On prouvera la même choſe des deux angles obtus.

QUATRIEME THEOREME.

XVIII.   LORSQUE pluſieurs lignes droites ſe
rencontrent en un même point eſtant
menées de toutes parts, tous les angles
qu'elles font valent quatre droits. Car
ils ont tous enſemble pour meſure une
circonference entiere.

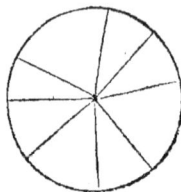

DES AUTRES MESURES
DE L'ANGLE.

XIX.   *Quoyque l'angle n'ait en effet de vraye & naturelle meſure*
que l'arc d'un cercle ; neanmoins comme on ne connoiſt pas la
longueur des lignes courbes, on eſt obligé d'avoir recours à
d'autres meſures, mais toujours par rapport à celle-là.

On les peut rapporter à trois qui font toutes priſes de
la baſe conſiderée diverſement : ou comme *corde :* ou
comme *ſinus :* ou ſimplement comme *baſe.*

DE LA SECONDE MESURE DE L'ANGLE
QUI EST LA CORDE.

XX.   Nous commencerons par la baſe conſiderée comme
corde, ſurquoy il faut remarquer.

1. Que pour cela il faut que les coſtez de l'angle ſoient
pris égaux. Car alors ils ſont conſiderez comme rayons
d'un cercle dont le centre eſt au ſommet, & ainſy la ligne
qui en joint les extremitez eſt la corde de l'arc de ce cercle qui meſure cet angle.

2. Les angles ainſy conſiderez peuvent eſtre appellez
iſoſceles, c'eſtadire à jambes égales.

3. Deux angles iſoſceles comparez enſemble peuvent
eſtre ou *equilateres* entre eux, ou *inequilateres.* c'eſtadire
que leurs coſtez ſont rayons ou de cercles égaux, ou de
cercles inégaux.

Cela ſuppoſé, pour bien comprendre toute cette me-

fure de l'angle, il ne faut que faire attention à ces Lemmes
tirez des Livres V. & VII.

PREMIER LEMME.

DANS les cercles égaux les cordes égales foûtiennent   XXI.
des arcs tout égaux. Et les arcs égaux font foûtenus par
cordes égales.

SECOND LEMME.

DANS les cercles égaux les plus grandes cordes foûtien.   XXII.
nent de plus grands arcs. Et les plus grands arcs font foûtenus par les plus grandes cordes. VII. 10.

TROISIEME LEMME.

LES cercles eftant inégaux les cordes égales foûtien. XXIII.
nent des arcs de plus de degrez dans les plus petits cercles.
VII. 20.

QUATRIEME LEMME.

LES arcs d'un même nombre de degrez font foûtenus   XXIV.
par de plus grandes cordes dans les plus grands cercles.
VII. 20.

PREMIER THEOREME.

TROIS fortes d'égalitez peuvent eftre confiderées dans   XXV.
deux angles ifofceles.

1. L'égalité des coftez de l'un à ceux de l'autre, qui fait
qu'on les appelle *equilateres entr'eux*.

2. L'égalité des cordes, qui les peut faire appeller *ifocordes*.

3. L'égalité des angles mêmes.

Or deux de ces égalitez eftant données, donnent la
troifième.

PREMIER CAS.

LES angles equilateres entr'eux & ifocordes font égaux.   XXVI.
Car ils ont pour mefure des arcs tout-égaux, puifqu'eftant
equilateres ils font mefurez par des arcs de cercles égaux,
& que par le 1er Lemme les cordes égales de cercles égaux
foûtiennent des arcs tout-égaux.

SECOND CAS.

LES angles equilateres & égaux font ifocordes. C'eft   XXVII.
la converfe du même premier Lemme.

T ij

Troisieme Cas.

XXVIII. Les angles ifocordes & égaux font équilateres entr'eux. Car il eft aifé de voir par le 3e Lemme que les cordes égales ne peuvent foûtenir des arcs égaux, que dans les mêmes cercles, ou en des cercles égaux.

Second Theoreme.

XXIX. Quand il n'y a égalité que dans l'une de ces trois chofes, voicy ce qui arrive.

Premier Cas.

N'y ayant égalité que dans les coftez, les plus grandes cordes donnent les plus grands angles, & les plus grands angles ont les plus grandes cordes. C'eft le 2e Lemme.

Second Cas.

XXX. N'y ayant égalité que dans les cordes, les plus grands coftez donnent les plus petits angles, & les plus petits angles ont les plus grands coftez. C'eft le 3e Lemme.

Troisieme Cas.

XXXI. N'y ayant égalité que dans la grandeur des angles, les plus grandes cordes donnent les plus grands coftez, & les plus grands coftez ont les plus grandes cordes. C'eft le 4e Lemme.

Premier Probleme.

XXXII. Couper en deux un angle donné. L'ayant pris ifofcele, il ne faut qu'en couper la corde perpendiculairement & par la moitié, ce qui fe fait de la même forte. Car alors l'arc fera partagé par la moitié, par VII. 6.

Second Probleme.

XXXIII. Ayant un point donné dans une ligne donnée, en élever une qui faffe fur cette ligne un angle égal à un donné. Soit l'angle donné. L'ayant fait ifofcele en marquer la corde, puis du point donné dans la ligne pris pour centre, décrire d'un intervale égal aux coftez de l'angle donné une portion de circonference, dans laquelle en commençant par le point où cette circonference coupera la ligne donnée, on prendra une corde égale à la corde de l'angle donné. La ligne menée du point donné à l'extremité de cette corde fatisfera au Probleme. Car ces deux angles

feront equilateres entr'eux & ifocordes ; & par confequent égaux par le 1er Theoreme.

DE LA TROISIEME MESURE DE L'ANGLE,
QUI EST LE SINUS.

LE finus de l'arc qui mefure un angle peut eftre appellé X X X I V.
le finus de cet angle. D'où il s'enfuit,

1. QUE comme il n'y a que les arcs moindres que la moi- X X X V.
tié de la demycirconference qui ayent un finus ; il n'y a
auffy que les angles aigus qui en ayent. Ce qui n'empefche
pas qu'on ne fe puiffe fervir des finus pour comparer enfemble deux angles obtus, en mefurant par les finus les angles aigus qui font les complemens de ces obtus. Voyez
VII. 17.

2. IL s'enfuit que toute ligne menée d'un point de l'un X X X V I.
des coftez d'un angle aigu perpendiculairement fur l'autre cofté, eft le finus de l'arc qui mefure cet angle, & par
confequent le finus de cet angle.

Car foit k le fommet d'un angle
aigu, & que de b, point quelconque
de l'un de ces coftez , foit menée fur
l'autre la perpendiculaire b c. Je dis
que b c eft le finus de l'arc qui mefure cet angle. Car ayant prolongé
k c jufques en d, en forte que k d
foit égale à k b ; fi du centre k , intervalle k b, on décrit un cercle, l'arc
de ce cercle compris entre d & b fera la mefure de cet angle. Or b c eft le finus de cet arc, par V I I. 11. Donc b c
eft le finus de l'arc qui mefure l'angle k , & par confequent
de l'angle k. ·

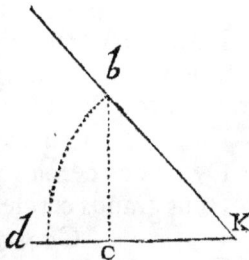

3. IL s'enfuit que le cofté du point duquel eft menée la X X X V I I.
perpendiculaire fur l'autre cofté depuis le fommet jufques
à ce point, comme k b, peut eftre appellé le rayon de cet
angle , parce qu'il eft le rayon du cercle dont l'arc le mefure. Et l'autre cofté depuis le point où tombe la perpendiculaire ou *finus*, peut eftre appellé *l'antifinus* , qui eft
toûjours égal au rayon moins le *finus verfe*. D'où il s'enfuit,

T iij

[XXXVIII.   4. Que la grandeur du sinus reglant toûjours celle du sinus verse (comme il a esté montré VII. 16.) elle regle toûjours aussy celle des *antisinus*, quoyque par rapport au rayon, puisque l'*antisinus* n'est autre chose que le rayon moins le *sinus verse*; de sorte que dans deux angles differens les rayons & les sinus ne sçauroient estre égaux que les antisinus ne le soient aussy.

Tout cela supposé, soient considerez les Lemmes suivans.

Premier Lemme.

XXXIX.   Quand on dit que deux angles qu'on veut mesurer par les sinus ont le rayon égal, c'est de même que si l'on disoit qu'ils sont mesurez par des arcs de cercles égaux; & s'ils ont le rayon inégal, par des arcs de cercles inégaux.

Second Lemme.

XL.   Dans les cercles égaux les arcs égaux ont des sinus égaux, & les sinus égaux donnent des arcs égaux. VII. 15.

Troisieme Lemme.

XLI.   Dans les cercles égaux les plus grands arcs ont les plus grands sinus, & les plus grands sinus donnent les plus grands arcs. VII. 15.

Quatrieme Lemme.

XLII.   Dans des cercles inégaux les arcs estant égaux, ceux des plus grands cercles ont les plus grands sinus. VII. 18.

Cinquieme Lemme.

XLIII.   Dans des cercles inégaux les sinus estant égaux, ceux des plus grands cercles donnent des arcs proportionellement plus petits, c'estadire de moins de degrez. C'est une suitte claire du precedent.

Premier Theoreme.

XLIV.   Trois égalitez peuvent estre considerées dans les angles que l'on compare & que l'on mesure par les sinus.

1. L'égalité des rayons.
2. L'égalité des sinus.
3. L'égalité des angles mêmes.

Or deux estant données donnent la 3e.

PREMIER CAS.

LES angles qui ont le rayon égal & le sinus égal sont XLV.
égaux. 1er & 2e Lemme.

SECOND CAS.

LES angles égaux qui ont le rayon égal ont le sinus égal. XLVI.
1er & 2e Lemme.

TROISIEME CAS.

LES angles qui sont égaux & qui ont le sinus égal, ont XLVII.
le rayon égal. Car s'ils avoient le rayon inégal, ils seroient
mesurez par des arcs de cercles inégaux : & par conséquent (selon le 5e Lemme) les sinus égaux donneroient
des arcs proportionellement inégaux, & ainsy les angles
ne pourroient pas estre égaux.

SECOND THEOREME.

N'Y ayant égalité que dans l'une de ces trois choses, XLVIII.
voicy ce qui arrivera.

PREMIER CAS.

N'Y ayant égalité que dans le rayon, les plus grands
sinus donnent les plus grands angles, & les plus grands
angles ont les plus grands sinus. 3e Lemme.

SECOND CAS.

N'Y ayant égalité que dans les sinus, le plus grand XLIX.
rayon donne le plus petit angle, & le plus petit angle a le
plus grand rayon. 5e Lemme.

TROISIEME CAS.

N'Y ayant égalité que dans les angles, le plus grand L.
rayon donne le plus grand sinus,& le plus grand sinus donne le plus grand rayon.

DES ANGLES FAITS PAR LES LIGNES
ENTRE PARALLELES.

COMME les perpendiculaires entre les paralleles font LI.
des angles droits sur l'une & sur l'autre, ce qui est toûjours
la même chose, il n'y a que les angles que font les obliques
à considerer.

Mais ces obliques entre paralleles faisant d'une part un
angle aigu & de l'autre un obtus, c'est l'aigu que l'on mesure premierement, & par l'aigu on connoist l'obtus. Et

ainſy quand nous parlerons d'angles égaux, nous entendrons les aigus, & les obtus par conſequence ſeulement.

Or dans la conſideration de ces angles aigus faits par des obliques entre paralleles,

L'oblique eſt le rayon de l'angle,

La perpendiculaire de l'extremité de l'oblique (qui eſt un point de l'une des paralleles) ſur l'autre parallele en eſt le ſinus.

D'où il s'enſuit, que les ſinus qui meſurent les angles que font des obliques entre les mêmes paralleles ſont tous égaux, parceque les perpendiculaires entre les mêmes paralleles ſont égales.

Comme auſſy entre differentes paralleles, pourveu que les deux paralleles d'une part ſoient autant diſtantes l'une de l'autre, que celles de l'autre part. Et c'eſt ce qu'on peut appeller deux eſpaces paralleles égaux.

On peut tirer de là diverſes propoſitions importantes qui ne ſeront que des Corollaires du 1ᵉʳ ou du 2ᵉ Theoreme.

PREMIER COROLLAIRE.

LII.　TOUTE oblique entre deux paralleles fait les angles alternes ſur ces paralleles égaux, c'eſtadire que l'aigu qui eſt d'une part eſt égal à l'aigu qui eſt de l'autre part, & par conſequent l'obtus à l'obtus.

Car ces angles alternes ont pour rayon cette même ligne oblique *b c*, & pour ſinus l'un la perpendiculaire de *b*, ſur la parallele *x*, & l'autre la perpendiculaire de *c*, ſur la parallele *z*. Or ces deux perpendiculaires ſont égales. Donc par 45. s̃.

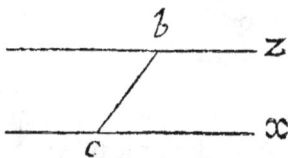

SECOND COROLLAIRE.

LIII.　LES obliques égales entre les mêmes paralleles font les angles égaux : par la même raiſon.

TROISIEME COROLLAIRE.

LIV.　LES obliques entre paralleles qui font les angles égaux ſont égales, s̃. 47.

QUATRIEME

QUATRIEME COROLLAIRE.

LES plus courtes lignes entre paralleles font les plus grands angles ; par le 2ᵉ Theoreme. 2ᵉ Cas.

CINQUIEME COROLLAIRE.

QUAND des lignes font enfermées entre differentes lignes paralleles, on peut y confiderer trois égalitez.

1. L'égalité des obliques.

2. L'égalité des angles.

3. L'égalité de la diftance entre les unes & les autres de ces paralleles, ce qui fait que cette diftance eftant égale, les perpendiculaires entre ces differentes paralleles font égales.

Or deux de ces égalitez eftant données donnent la troifième.

1. CAS. Si les obliques font égales, & les angles qu'ils font entre leurs paralleles égaux, les unes & les autres paralleles font également diftantes. Car ce font des angles qui font égaux, & qui ont les rayons égaux (fçavoir ces obliques) Donc leurs finus font égaux, par 46 ͂s.

Or ils ont pour finus les perpendiculaires entre leurs paralleles.

Donc ces perpendiculaires font égales.

2. CAS. Si les obliques font égales, & les paralleles de part & d'autre également diftantes, les angles feront égaux, par 45. ͂s.

3. CAS. Si les paralleles de part & d'autre font également diftantes, & que les angles foient égaux, les obliques font égales, 47. ͂s.

SIXIEME COROLLAIRE.

LA même ligne coupant obliquement plufieurs paralleles, les coupe toutes avec la même obliquité. C'eft-adire qu'elle fait fur toutes les angles aigus égaux. C'eft une fuitte du premier Corollaire & de 13. ͂s.

Soient trois lignes paralleles x, y, z, coupées par la ligne B en c, en d, en f; l'angle aigu vers c, au deffus d'x, eft égal à l'angle aigu de deffous, parce qu'ils font oppofez au fommet ; & l'angle aigu de deffous eft égal à

V

l'angle aigu vers *d*, au deſſus d'*y*, parcequ'ils ſont alternes, & ce dernier eſt égal à l'aigu de deſſous *y*, parcequ'ils ſont oppoſez au ſommet. Et ce dernier a l'aigu vers *f*, au deſſus de *z*, parce qu'ils ſont alternes, & ainſy des autres. Donc tous les angles aigus que fait une même ligne ſur diverſes parallèles qu'elles coupe ſont égaux. Et de là il s'enſuit, que les obtus ſont égaux auſſy, parce que les aigus ſont les complemens des obtus.

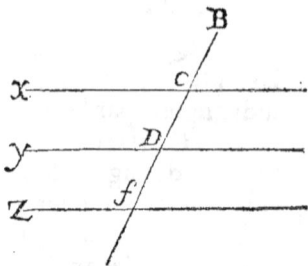

SEPTIEME COROLLAIRE.

LVIII.   PLUSIEURS parallèles eſtant également diſtantes les unes des autres, c'eſtadire la 1re de la 2e, & la 2e de la 3e, & la 3e de la 4e, &c.

Si une même ligne les coupe toutes, toutes les portions de cette ligne compriſes entre deux de ces parallèles ſont égales.

Car tous les angles aigus que fait cette ligne ſur ces parallèles ſont égaux. Et les ſinus de ces angles, qui ſont les perpendiculaires entre chaques deux parallèles, ſont égaux auſſy par l'hypoteſe.

Donc les rayons de ces angles qui ſont les portions de cette ligne compriſes entre chaques deux parallèles ſont égales.

HUITIEME COROLLAIRE.

LIX.   LORS que deux lignes ſont menées d'un même point ſur une autre ligne, c'eſt comme ſi ces lignes eſtoient entre parallèles.

Car on peut par ce point tirer une parallèle à la ligne que ces deux lignes coupent.

NEUVIEME COROLLAIRE.

LX.   TOUT angle plus les deux angles que font ces coſtez ſur la baſe ſont égaux à deux droits.

Soient *b c* & *b d* les coſtez d'un angle, & *c d* la baſe,

par le precedent Corollaire,
on peut mener par le point *b*
la ligne *m n*, parallele à la base, sur laquelle parallele les
costez de l'angle donné feront de nouveaux angles au-
tour du donné, sçavoir l'angle *m b c*, & *n b d*. Or ces trois
angles sont égaux à deux droits, par 15. s̃. Et chacun des
deux qui sont à costé de l'angle donné, est égal à un de la
base, sçavoir à son alterne, par 51. s̃.

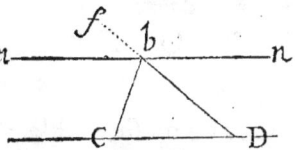

Donc les deux de la base plus l'angle donné sont égaux
à deux droits.

DIXIEME COROLLAIRE.

Si on prolonge un costé d'un angle vers le sommet de
l'angle, comme si on prolongeoit *d b* jusques en *f*, l'angle que fait ce costé prolongé sur l'autre costé, comme
l'angle *f b c*, est égal aux deux angles sur la base. Car cet
angle qui est appellé exterieur plus l'angle du sommet,
vallent deux droits. Or les deux angles sur la base plus
l'angle du sommet vallent aussy deux droits. Ostant donc
l'angle du sommet qui est commun, l'angle exterieur sera
égal aux deux angles sur la base.

Ce sera la même chose si on prolonge la base. Car l'angle exterieur que fera la base prolongée sur un costé, sera
égal aux deux interieurs opposez; c'estadire à l'angle que
fait l'autre costé sur la base plus l'angle du sommet.

ONZIEME COROLLAIRE.

DEUX angles sont égaux; quand les angles que les costez de l'un font sur sa base, sont égaux à ceux que les costez
de l'autre font sur la sienne.

DOUZIEME COROLLAIRE,
TROISIEME PROBLEME.

D'UN point donné hors une ligne donnée, mener une
ligne qui fasse sur la donnée un angle donné.

D'un point quelconque de la ligne donnée en élever
une qui fasse sur la donnée l'angle donné (par le 2ᵉ Probleme. 33.)

LXI.

LXII.

LXIII.

La parallele à cette ligne qui paſſera par le point donné & coupera la ligne donnée, ſatisfera au Probleme.

DE LA QUATRIEME MESURE DE L'ANGLE
QUI EST GENERALEMENT LA BASE.

CETTE meſure eſt la plus imparfaite, & ne peut ſervir
à meſurer les angles qu'en cas que les coſtez de deux angles non iſoſceles ſoient égaux chacun à chacun, ce qui
fera deux Theoremes.

PREMIER THEOREME.

LXIII.   LORS que deux angles non
iſoſceles ſont equilateres entr'eux ; c'eſtadire que chacun
des coſtez de l'un eſt égal à
chacun des coſtez de l'autre ;
ſi la baſe eſt égale à la baſe, ces
angles ſont égaux.

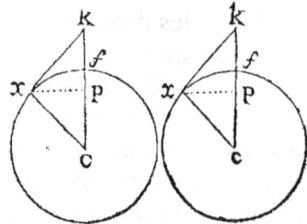

C'eſt ce qui ſe prouve ainſy. Ou l'on peut faire tomber
une perpendiculaire de l'extremité de l'un des coſtez de
ces angles ſur l'autre coſté ; ou on ne le peut, comme lors
qu'ils ſont obtus.

1. CAS. Si on le peut (comme lorſque les angles ſont
$k c x$) les perpendiculaires $x p$ ſeront égales, par V. 57.

Or ces perpendiculaires ſont les ſinus de ces angles qui
ont auſſy le rayon égal, ſçavoir $c x$. Donc ils ſont égaux,
par 45. s̃.

2. CAS. Si on ne le peut (comme ſi ces angles eſtoient
$c x k$ des mêmes figures) alors la perpendiculaire $x p$ menée du ſommet même de chacun des angles, feroit voir
que les deux angles que les coſtez de chacun de ces angles
obtus font ſur leur baſe, ſont égaux chacun à chacun (c'eſtadire l'angle k égal à l'angle k, & l'angle c, à l'angle c.)
Donc les angles obtus $k c x$ ſeront égaux, par 62. s̃.

SECOND THEOREME.

LXIV.   DEUX angles égaux eſtant equilateres entr'eux ont la
baſe égale.

Ces angles égaux que l'on ſuppoſe equilateres ſont,

1. Ou droits.
2. Ou aigus.
3. Ou obtus.

1. CAS. S'ils font droits, comme bfc, & mnp, ils ont les bafes bc & mn égales, par V. 48.

2. CAS. S'ils font aigus, comme bdc, nqm; les perpendiculaires cf & mp, qui font les finus de ces angles, feront égales, par 56. s̃.

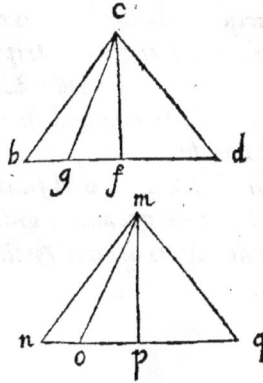

Donc $fd = pq$. V. 48.
Donc $bf = np$. I. 19.
Donc $cb = mn$. V. 48. Ce qu'il falloit demonftrer.

3. CAS. S'ils font obtus, comme bgc, & nom; les angles aigus cgf, mop, complemens de ces obtus, feront égaux.

Donc les perpendiculaires cf & mp, qui font les finus de ces angles, feront égales par s̃. 56.

Donc $gf = op$.
Donc $bf = np$. I. 18.
Donc $cb = mn$. V. 48. Ce qu'il falloit demonftrer.

OBSERVATION
TOUCHANT LA COMPARAISON
DE LA PREMIERE MESURE DES ANGLES
AVEC CES TROIS DERNIERES.

Nous avons déja dit qu'il n'y avoit que l'arc qui fuft la mefure parfaite & naturelle de l'angle. Mais pour le mieux voir, il faut remarquer que les trois autres mefures montrent bien fi un angle eft égal à un angle, ou entre des angles inégaux quel eft le plus grand ou quel eft le plus petit. Mais il n'y a que l'arc qui donne la veritable proportion entre les angles inégaux. Car il eft certain que fi l'arc eft triple ou quadruple, ou quintuple de l'arc, l'angle fera auffy triple, quadruple ou quintuple de l'angle. Mais cela ne fe peut pas dire des trois autres mesures, estant faux que si la corde est triple de la corde, lors même que les angles sont equilateres entr'eux, l'angle soit triple de l'angle, parceque les cordes ne sont pas proportionelles à leurs arcs, comme il a esté dit VII. 21. Et c'est d'où vient la difficulté de la trisection de l'angle, parcequ'il ne suffit pas pour cela de couper la corde en trois : ce qui seroit facile, mais il faut couper l'arc en trois ; ce qui ne se peut par la geometrie ordinaire, c'estadire en n'y employant que des lignes droites & circulaires.

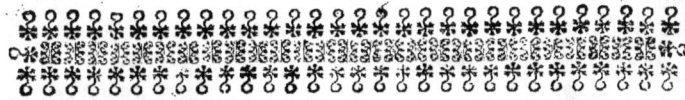

NOVVEAVX ELEMENS
DE
GEOMETRIE.
LIVRE NEVVIEME.

DES ANGLES QVI ONT LEVR SOMMET
HORS LE CENTRE DU CERCLE,
DONT LES ARCS NE LAISSENT PAS DE LES MESURER.

L est bien aisé de reconnoistre que les angles ne peuvent avoir pour veritable mesure que les arcs d'un cercle, & que toutes les autres mesures, comme les cordes, les sinus, & les bases, ne peuvent estre que subsidiaires de celle là, & que même elles ne les mesurent qu'imparfaitement.

Mais on a creu jusques icy qu'on ne pouvoit employer pour mesurer un angle que les arcs du cercle au centre duquel est le sommet de cet angle. Et ainsy arrivant rarement que deux angles que l'on compare ayent leur sommet au centre du même cercle, on ne pouvoit presque jamais employer la mesure des arcs dans la comparaison de plusieurs angles, & on estoit obligé d'avoir recours à de longs circuits par la conference de plusieurs triangles, ce qui obligeoit à considerer tant de lignes, qu'il estoit impossible que l'imagination n'en fust extremement fatiguée, qui est une des choses qu'on doit éviter autant que l'on peut dans l'estude de la Geometrie.

Cependant il est vray qu'il n'y a point d'angle qu'on ne

I.

II.

puisse mesurer par les arcs d'un cercle, en quelque endroit qu'en
soit le sommet au regard du cercle : C'estadire,

   1. Soit qu'il soit dans la circonference du cercle.

   2. Soit qu'il soit au dedans, quoy qu'ailleurs qu'au centre.

   3. Soit même qu'il soit au dehors, pourveu que ses costez
coupent ou touchent le cercle.

   C'est ce que l'on verra par ce Livre, qui ne servira pas seule-
ment à mesurer avec une merveilleuse facilité toutes sortes
d'angles, mais donnera aussi par là de grandes ouvertures
pour trouver beaucoup de nouvelles choses touchant la propor-
tion des lignes.

   Mais pour rendre les preuves plus courtes, il est bon de
supposer quelques Lemmes, ou clairs d'eux mêmes, ou demon-
strez dans le Livre precedent, afin d'y renvoyer quand on en
aura besoin.

PREMIER LEMME. DEFINITION.

III.   LORSQUE dans toutes ces sortes d'angles on dit qu'un
tel arc du cercle auquel ils ont rapport leur sert de mesure,
cela veut dire, que si ce même angle estoit au centre du
cercle, il auroit cet arc, ou un autre qui luy seroit égal,
pour sa mesure. Ou bien cela veut dire, qu'un angle qui
seroit au centre de ce cercle, qui auroit cet arc pour mesure, seroit égal à l'angle hors le centre qu'on dit avoir cet
arc pour sa mesure.

    Et de là il s'ensuit, que dans ces sortes d'angles, aussi
bien que dans ceux qui sont au centre du cercle, deux angles sont égaux quand ils ont pour mesure des arcs égaux,
ou absolument quand ce sont des arcs du même cercle,
ou de cercles égaux ; ou proportionellement quand ce
sont des arcs de cercles inégaux : l'arc du petit ayant la
même raison à sa circonference, que l'arc du grand à la
sienne : comme si l'un & l'autre estoit la dixième partie de
sa circonference, c'estadire de 36. degrez.

SECOND LEMME.

IV.   TOUT angle qui ⎧ de la demycirconference est   *Droit.*
a pour mesure la ⎨ d'un arc moindre que la demyc.   *Aigu.*
MOITIÉ   ⎩ d'un arc plus grand que la demyc. *Obtus*

                                           Et

Et de là il s'enfuit, que quand on dit que deux angles, ou trois angles font égaux à deux droits, cela veut dire que ces deux angles, ou ces trois angles pris enfemble ont pour mefure la demycirconference, c'eft à dire 180. degrez.

Et quand on dit que deux angles font égaux à un droit, cela veut dire que ces deux angles pris enfemble ont pour mefure la moitié de la demycirconference, c'eftadire 90. degrez.

TROISIEME LEMME.

QUAND un tout eft partagé en plufieurs portions, comme A en b, c, d; comme ces trois portions enfemble font le tout, les trois moitiez de ces portions, c'eftadire une moitié de chacune, font toutes enfemble la moitié du tout, de forte que ces trois expreffions font la même chofe.

La moitié du tout.

La moitié des trois portions que comprend le tout.

Les trois moitiez de ces portions, c'eftadire une de chacune, ce qui s'entend toûjours, quoyqu'on ne le marque pas.

Et ainfy fuppofant qu'A foit une circonference, & que b, c, d, foient trois arcs qui la comprennent toute,
$\frac{1}{2}$ de l'arc b ⎫
$\frac{1}{2}$ de l'arc c ⎬ font égales prifes enfemble à la $\frac{1}{2}$ de la circonference, c'eft à dire à la demycirconference, ou à 180. degrez.
$\frac{1}{2}$ de l'arc d ⎭

Et fuppofant qu'A foit une demycirconference, & que b & c foient deux arcs qui la comprennent, deux moitiez de ces arcs, une de chacun, valent la moitié de la demycirconference. C'eftadire 90. degrez.

Et alors on peut exprimer la moitié de l'un de ces arcs en deux manieres, ou par fon propre nom, comme la $\frac{1}{2}$ d'un tel arc, ou par la moitié du tout dont il eft portion moins la moitié de l'autre arc.

Ainfy eftant donné une demycirconference qui comprend les arcs b & c, la $\frac{1}{2}$ de l'arc b eft la même chofe que la moitié de la demycirconference moins la $\frac{1}{2}$ de l'arc c.

Enfin fi un tout a deux portions, la moitié de la plus grande moins la moitié de la plus petite eft la même cho-

X

se que la moitié du tout moins la petite entiere. Car si le tout a pour portions *b* & *c*, la moitié du tout est égale à la moitié de *b* plus la moitié de *c*. Il faut donc oster deux fois la moitié de *c* de la moitié du tout, pour rendre la moitié du tout égale à la moitié de *b*, dont on auroit osté la moitié de *c*.

Quatrieme Lemme.

VI.   Enfin il se faut souvenir,

1. Que tout angle plus les deux que font ses costez sur sa base sont égaux à deux droits.

2. Que les deux angles sur la base d'un angle droit sont égaux à un droit.

3. Que si on prolonge un costé de l'angle vers le sommet, le nouvel angle que fait ce costé prolonge sur l'autre costé est égal aux deux angles qui sont sur la base du premier angle. Ainsy l'angle *f k b* est égal aux angles vers *b* & vers *c*.

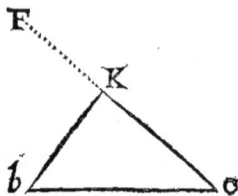

LA PREMIERE SORTE D'ANGLES
DONT LE SOMMET EST EN LA CIRCONFERENCE
D'un Cercle donné.

Division.

VII.   Le sommet d'un angle ne se peut terminer en la circonference d'un cercle qu'en 3 manieres.

1. Quand l'un des costez est au dedans du cercle & l'autre au dehors.

2. Quand tous les deux sont au dedans.

3. Quand ils sont tous deux au dehors du cercle. Mais parceque la premiere se subdivise en deux, on peut conter 4. genres de cette sorte d'angles.

Le 1. Quand l'un des costez est au dedans du cercle, & en est une corde, & que l'autre costé qui est au dehors touche le cercle.

Le 2. Quand l'un des costez estant aussy au dedans du

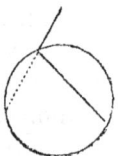

cercle celuy qui eſt au dehors coupe le cercle, & entre dedans le cercle lorſqu'on le prolonge de ce coſté là : ou que ce n'eſt même
qu'une corde prolongée hors le cercle.

Le 3. Quand tous les deux coſtez ſont au
dedans du cercle, & en ſont deux cordes.

Le 4. Quand ils ſont tous deux au dehors.

*Mais parce qu'alors cette ſorte d'angle ne peut
avoir de rapport au cercle, que parcequ'il ſeroit
égal à un angle qu'on luy oppoſeroit au ſommet,
qui ſeroit neceſſairement ou du 1ᵉʳ ou du 3ᵉ genre,
il ne ſera point neceſſaire de rien dire de ce 4ᵉ genre, puiſqu'on
en pourra juger par les autres.*

*Et ainſy il ne reſtera qu'à donner la meſure des trois pre-
miers ; ce que nous ferons par trois Theoremes tres clairs &
tres faciles, & dont même les deux derniers ne ſeront qu'une
ſuite du premier : & en même temps ſi feconds pour parler ainſy, qu'un tres grand nombre de propoſitions qui ne ſe prouvent
dans la Geometrie ordinaire que par des voyes tres obſcures &
tres embaraſſées s'en deduiront ſans peine, comme n'en eſtant
que de ſimples Corollaires.*

*Mais pour cela il eſt neceſſaire de marquer la maniere dont
on exprime les angles du 1ᵉʳ & du 3ᵉ genre dans la geometrie
ordinaire. Car pour celuy du 2ᵉ, perſonne ne les a encore conſiderez.*

PREMIER AVERTISSEMENT.
DEFINITIONS.

L'ANGLE du 1ᵉʳ genre, qui eſt celuy qui eſt compris
entre une corde & une tangente, eſt appellé ordinairement *angle du ſegment, angulus ſegmenti.*

Et l'angle du 3ᵉ genre, qui eſt compris entre deux cordes qui ſe terminent d'une part à un même point de la circonference, *l'angle dans le ſegment, angulus in ſegmento.*
Ce que pour mieux entendre, il faut remarquer, que toute corde partage le cercle en deux portions, qui ſont appellées *ſegmens*, & que ces portions ou ſegmens ſont égaux
quand cette corde eſt un diametre, & alors on les appelle

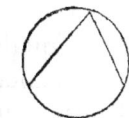

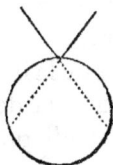

VIII.

des demycercles, & l'arc de chacun eſt une demycirconference.

Mais qu'ils ſont inégaux, quand c'eſt une autre corde
que le diametre, l'un eſtant plus petit que le demycercle,
& l'autre plus grand. De ſorte que pour abreger nous
appellerons l'un le petit ſegment, & l'autre le grand ſegment.

Et de là il eſt clair que l'arc du petit ſegment eſt plus petit que la demycirconference, & que l'arc du grand ſegment eſt plus grand que la demycirconference.

Cela ſuppoſé, ſi on tire la corde
FG, & au point F la tangente mn;
FxG eſt le petit ſegment, & FyG
le grand ſegment.

Et l'angle GFm, l'angle du petit
ſegment; parceque la tangente mF
eſt du coſté de ce ſegment là.

Et l'angle GFn, l'angle du grand
ſegment.

Mais l'angle FkG eſt l'angle dans
le petit ſegment.

Et l'angle FKG, l'angle dans le grand ſegment.

SECOND AVERTISSEMENT.

ON peut encore remarquer qu'au regard de l'angle du ſegment, il faut que la
corde qui diviſe les deux ſegmens ſoit dé-
crite, parce qu'elle fait l'un des coſtez de
l'angle. Mais que cela n'eſt pas neceſſaire
au regard de l'angle dans le ſegment, parce
que la corde n'eſt que la baſe de cet angle,
& qu'elle eſt ſuffiſamment marquée par les deux points
de la circonference auſquels aboutiſſent les deux coſtez
de l'angle, comme l'angle FkG, eſt ſuffiſamment marqué, quoyque la ligne FG ne ſoit que ſouſ-entenduë &
non tracée.

TROISIEME AVERTISSEMENT.

L'ANGLE dans le ſegment ſe peut exprimer en deux

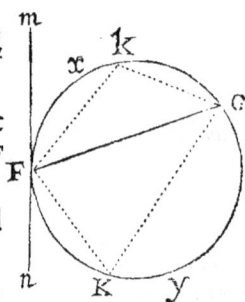

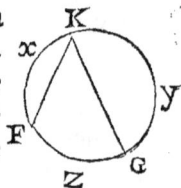

manieres ; ou par rapport au fegment dans lequel il eft infcrit, fon fommet fe trouvant dans l'arc de ce fegment ; ou
par rapport à l'arc fur lequel il eft appuyé. Et c'eft en cette maniere qu'il vaut mieux l'exprimer, quand la corde
qui joindroit les extremitez de fes coftez n'eft pas marquée ; comme dans l'angle *F k G*, qui eft appuyé fur l'arc
F z G ; & alors on dit fimplement que c'eft un angle infcrit dans le cercle, fans parler de fegment.

QUATRIEME AVERTISSEMENT.

IL eft aifé de voir que l'angle infcrit dans un fegment
eft toûjours appuyé fur l'arc du fegment oppofé. Et qu'ainfy l'angle dans le grand fegment eft appuyé fur l'arc du
petit fegment : & au contraire l'angle dans le petit fegment eft appuyé fur l'arc du grand.

CINQUIEME AVERTISSEMENT.

ENFIN il faut remarquer, que quand on parle des arcs
que foutiennent les coftez d'un angle infcrit dans le cercle, on doit entendre les deux qui font à cofté l'un de l'autre, & tout à fait feparez l'un de l'autre, & qui avec celuy
fur lequel l'arc infcrit eft appuyé comprennent toute la
circonference.

PREMIER THEOREME,
FONDAMENTAL DE TOUS LES AUTRES.

TOUT angle compris entre une tangente & une corde,
a pour mefure la moitié de l'arc foûtenu par cette corde
du cofté de la tangente.

Et parceque cet angle eft auffy appellé l'angle du fegment vers lequel eft cette tangente, felon cela on doit
dire, qu'il a pour mefure la moitié de l'arc de ce fegment
là. De forte que fi c'eft l'angle du petit fegment, il a pour
mefure la moitié de l'arc du petit fegment ; & fi c'eft l'angle du grand fegment, il a pour mefure la moitié de l'arc
du grand fegment.

Ce Theoreme eft le fondement de la mefure des angles
par des arcs de cercles hors le centre defquels eft leur fommet ; & la preuve en eft tres facile.

Soit la corde *F G* & la ligne *m n* qui touche le cercle,

X iij

XI.

XII.

XIII.

dont le centre est au point c, l'angle $m\,F\,G$ est l'angle du petit segment, & $n\,F\,G$ l'angle du grand.

Soit tiré le diametre $k\,K$ perpendiculaire à $F\,G$; & le rayon
$c\,F$; & $P\,c$ perpendiculaire au diametre $K\,k$, & par consequent parallele à $F\,G$, le diametre $k\,K$
coupera par la moitié les arcs du
grand & du petit segment. D'où
il s'ensuit que l'angle au centre
$F\,c\,k$ a pour mesure la moitié de
l'arc du petit segment. Et que
l'angle au contraire $F\,c\,K$ a pour
mesure la moitié de l'arc du grand segment.

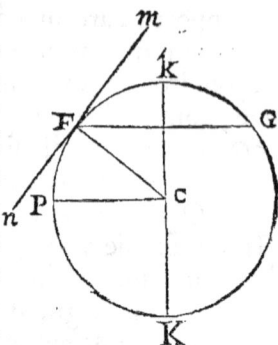

De sorte que le Theoreme sera demonstré (par le 1.er
Lemme) si on peut faire voir, que l'angle du petit segment $m\,F\,G$ est égal à l'angle au centre $F\,c\,K$. Or cela est
facile. Car $c\,P$ & $F\,G$ estant paralleles, les angles alternes que fait sur l'une & sur l'autre le rayon de l'atouchement (c'estadire les angles $P\,c\,F$, & $c\,F\,G$) sont égaux.

Or l'angle $m\,F\,c$ (qui comprend l'angle du segment &
l'angle $c\,F\,G$) est droit : & par consequent égal à l'angle
$P\,c\,k$, qui est droit aussy, & qui comprend les deux angles $F\,c\,k$ & $P\,c\,F$. Donc ostant de part & d'autre les angles $c\,F\,G$ & $P\,c\,F$ (que l'on vient de faire voir estre égaux)
l'angle du segment demeurera égal à l'angle $F\,c\,k$, qui a
pour mesure la moitié de l'arc du petit segment.

Donc l'angle du petit segment $m\,F\,G$, a aussy pour mesure la moitié de cet arc du petit segment. Ce qu'il falloit demonstrer.

On fera voir de même que l'angle du grand segment
$n\,F\,G$ est égal à l'angle au centre $F\,c\,K$, qui a pour mesure
la moitié de l'arc du grand segment.

Car l'angle du grand segment comprend l'angle droit
$n\,F\,c$ & l'angle $c\,F\,G$. Or l'angle au centre $F\,c\,K$ com-
comprend aussy l'angle droit $P\,c\,K$ & l'angle $P\,c\,F$.

Or les angles $c\,F\,G$ & $P\,c\,F$ sont égaux, comme il vient d'eſtre dit. Donc eſtant ajoûtez chacun à un droit, ils rendent égaux l'angle du ſegment & l'angle au centre, qui a pour meſure la moitié de l'arc du grand ſegment.

Donc (par le 1ᵉʳ Lemme) l'angle du grand ſegment a pour meſure la moitié de l'arc du grand ſegment.

PREMIER COROLLAIRE.

L'ANGLE du demycercle eſt droit.   XIV.
Celuy du petit ſegment eſt aigu.
Celuy du grand,   obtus.
Cela eſt clair par le 2ᵉ Lemme.

SECOND COROLLAIRE.

LORSQUE deux cercles dont   XV.
l'un eſt dans l'autre ſe touchent,
toutes les cordes menées du point
de l'attouchement à la circonference du plus grand cercle ſoûtiennent des arcs proportionellement égaux dans les deux cercles:
c'eſtadire que la ligne entiere(kb)
ſoûtient dans le grand cercle un
arc égal à celuy que ſoûtient dans le petit (kd) partie de cette même ligne.

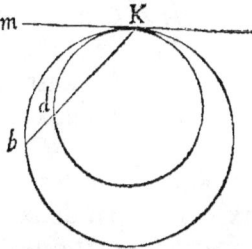

Car les angles mkb & mkd ſont le même angle. Or l'un a pour meſure la moitié de l'arc kb, & l'autre la moitié de l'arc kd. Donc ces deux arcs ſont proportionellement égaux.

SECOND THEOREME.

TOUT angle dont le ſommet eſt en la circonference, &   XVI.
qui eſt compris entre une corde & la partie d'une autre corde prolongée hors le cercle du coſté qu'elle eſt hors le cercle, a pour meſure la moitié des deux arcs qui ſont à coſté du ſommet de cet angle, & qui ſont ſoûtenus par les deux cordes, dont l'une eſt le coſté de l'angle, & l'autre en fait l'autre coſté par ſa partie prolongée hors le cercle.

Soient les deux cordes KD & KG, dont KG ſoit pro-longée en F hors le cercle ; je dis que l'angle FKG a

pour mesure la moitié des deux
arcs KD & KG.

　　Car soit tirée par le point K
la tangente mn, l'angle FKG
comprend les deux angles FKn
& nKG. Or l'angle FKn est
égal à l'angle mKD, parcequ'il
luy est opposé au sommet. Donc
l'angle FKG est égal aux deux
angles nKG & mKD.

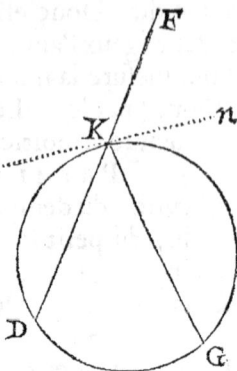

　　Or par le 1er Theoreme nKG
a pour mesure la moitié de l'arc
KG, & mKD a pour mesure la moitié de l'arc KD.

　　Donc l'angle FKG, qui est égal à tous les deux, a pour
mesure l'une & l'autre moitié de ces deux arcs. C'estadire
la moitié de ces deux arcs, par le 3e Lemme.

COROLLAIRE.

XVII.　　Si l'on joint les extremitez de
deux cordes par deux autres cordes
qui se croisent, & que l'on prolonge
hors le cercle les deux premieres
cordes, les angles que le prolongement de chacune fera sur les cordes
qui se croisent, seront égaux.

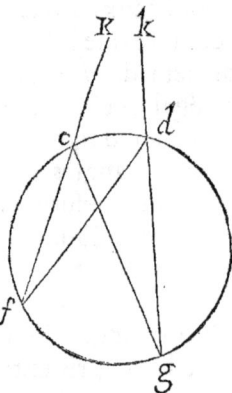

　　Soient les deux premieres cordes
cf & dg.

　　Les deux qui se croisent, fd & gc.
　　Les prolongemens, Kc & kd.
　　Je dis que les angles Kcg & kdf
font égaux.

　　Car par le precedent Theoreme l'un & l'autre a pour
mesure la moitié des arcs fc, cd, dg.

TROISIEME THEOREME.

XVIII.　　Tout angle inscrit au cercle, c'estadire compris
entre deux cordes qui ne se joignent qu'en la circonference, a pour mesure la moitié de l'arc sur lequel il est
appuyé.

Et

Et parce qu'on appelle auſſy ces angles (angles dans le ſegment) ſelon cela

Tout angle dans un ſegment a pour meſure la moitié de l'arc du ſegment oppoſé. Voyez le 4ᵉ Avertiſſement.

La preuve en eſt tres facile par le 1ᵉʳ Theoreme.

Soit l'angle *f k g*. Je dis qu'il a pour meſure la moitié de l'arc *fg*.

Soit menée par le ſommet *k* la tangente *m n*, l'angle inſcrit *f k g*, plus les deux qui ſont à coſté *f k m*, & *g k n*, valent deux droits.

Donc ils ont pour meſure la demy circonference, par le 2ᵉ Lemme.

Donc ils ont pour meſure les trois moitiez des arcs *fg*, *k f*, *k g* (par le 3ᵉ Lemme) parce que ces trois arcs comprennent toute la circonference.

Or l'un de ces trois angles, ſçavoir *f k m*, a pour meſure la moitié de l'arc *k f*; & l'autre, ſçavoir *g k n*, a pour meſure la moitié de l'arc *k g*. Donc il reſte pour la meſure du 3ᵉ, qui eſt l'angle inſcrit la moitié du 3ᵉ arc, qui eſt *fg*.

On peut encore prouver la meſme choſe par le 2ᵉ Theoreme. Car ſi on prolonge *f k* juſques à *b*, les angles *f k g* & *g k b* valent deux droits, & par conſequent ont pour meſure la moitié de la circonference, & par conſequent auſſy les trois moitiez des trois arcs *k f*, *k g*, *fg*.

Or l'angle *b k g* a pour ſa meſure la moitié des deux arcs *k f* & *k g*, par le 2ᵉ Theoreme.

Reſte donc pour la meſure de l'angle inſcrit la moitié du troiſième arc, qui eſt *fg*.

PREMIER COROLLAIRE.

Il paroiſt par là, que ſi on oſte de la circonference en-

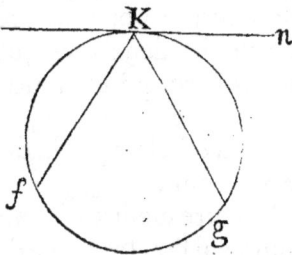

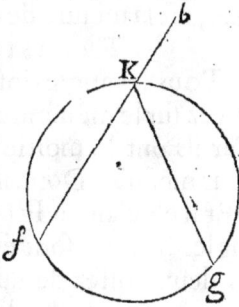

XIX.

Y

tiere, c'eſtadire de 360. degrez, les deux arcs que ſoutiennent les coſtez de l'angle inſcrit, la moitié de ce qui reſtera ſera la meſure de l'angle inſcrit, comme ſi l'un de ces arcs eſt de 100 degrez, & l'autre de 44, oſtant 144 de 360, reſtera 216, dont la moitié eſt 108 pour la meſure de l'angle inſcrit.

SECOND COROLLAIRE.

X X.   IL paroiſt auſſy qu'on peut dire encore : Que tout angle inſcrit a pour meſure la demycirconference moins la moitié des deux arcs qui ſont ſoutenus par ces coſtez : ou moins l'arc qui eſt ſoutenu par l'un de ſes coſtez quand il eſt Iſoſcele.

Cela eſt clair par la demonſtration precedente, & par le 3e Lemme.

Et cette meſure eſt ſouvent plus commode que l'autre, comme ſi l'on ſçait que des arcs que ſoutiennent les coſtez de l'angle inſcrit l'un eſt de 100 degrez & l'autre de 44, en oſtant 50 & 22, qui font 72, de 180, ce qui reſtera qui eſt 108 eſt la meſure de cet angle inſcrit.

Et cela eſt encore plus facile, quand l'angle inſcrit eſt Iſoſcele, comme ſi l'un & l'autre de ſes coſtez ſoutient un arc de 36 degrez : car oſtant 36 de 180, ce qui reſte, qui eſt 144, eſt la meſure de cet angle inſcrit.

TROISIEME COROLLAIRE.

X X I.   Tous les angles inſcrits dans le même ſegment, ou appuyez ſur le même arc, ou ſur des arcs égaux, ſont égaux. Car ils ont la moitié du même arc ou de deux arcs égaux pour meſure. Donc ils ſont égaux par le 1er Lemme.

Et il eſt clair auſſy (par le 1er & le 2e Corollaire) que des angles inſcrits ſont égaux quand les arcs que ſoutiennent les deux coſtez de l'un pris enſemble ſont égaux aux arcs que ſoutiennent les deux coſtez de l'autre, & qu'ils ne peuvent eſtre égaux que cela ne ſoit.

Que ſi au contraire des angles inſcrits ſont ſuppoſez égaux, il faut qu'ils ſoient appuyez ſur des arcs égaux, ou abſolument, ſi c'eſt dans le même cercle ou en des cercles égaux que ces angles ſoient inſcrits ; ou proportionelle-

ment, si c'est dans des cercles inégaux. Ce qu'il faut aussy
supposer dans la 1re partie de ce Corollaire. Car les arcs
proportionellement égaux font autant pour l'égalité des
angles, que s'ils l'estoient.

QUATRIEME COROLLAIRE.

XXII.

Si deux angles inscrits en divers cercles sont égaux, &
qu'ils soient soutenus par des cordes égales, les cercles
dans lesquels ils sont inscrits sont égaux.

Car les angles inscrits en divers cercles ne sçauroient
estre égaux, qu'ils ne soient appuyez sur des arcs proportionellement égaux, & des arcs de divers cercles proportionellement égaux ne sçauroient estre soutenus par des
cordes égales que les cercles ne soient égaux. Donc, &c.

CINQUIEME COROLLAIRE.

XXIII.

Lorsque deux cercles dont l'un est au
dedans de l'autre se touchent, si du point
de l'attouchement on mene deux lignes
jusques à la circonference du plus grand,
les arcs de l'une & de l'autre circonference compris entre ces deux lignes seront
proportionellement égaux. Car le même angle sera mesuré par la moitié de l'un & de l'autre de ces arcs.

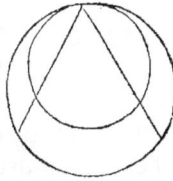

SIXIEME COROLLAIRE.

XXIV.

Si un cercle a pour centre un point de
la circonference d'un autre cercle, & que
de ce point on tire deux lignes qui coupent l'une & l'autre circonference, l'arc
de celle qui a ce point pour centre compris entre ces deux lignes est proportionellement égal à la moitié de l'arc de celle dans laquelle est ce point. Car le mê-
me angle a pour mesure le premier arc entier & la moitié
de l'autre.

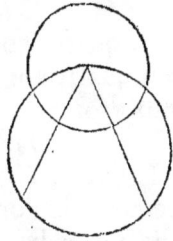

SEPTIEME COROLLAIRE.

XXV.

Si l'angle inscrit & l'angle au centre sont appuyez sur le
même arc, l'angle au centre est double de l'angle inscrit.
Car l'inscrit a pour mesure la moitié de l'arc, qui entier

eſt la meſure de l'angle au centre.

Huitieme Corollaire.

XXVI.   Tous les angles dans un ſegment ſont égaux à l'angle du ſegment oppoſé. Et ainſy l'angle dans le grand ſegment eſt égal à l'angle du petit ſegment ; & l'angle dans le petit ſegment égal à l'angle du grand.

Car l'angle du grand ſegment eſt appuyé ſur l'arc du petit. Donc il a pour meſure la moitié de l'arc du petit, qui eſt auſſy la meſure de l'angle du petit ſegment.

Neuvieme Corollaire.

XXVII.   L'angle dans le demycercle eſt droit.

Dans le grand ſegment, aigu.

Dans le petit, obtus.

Cela eſt clair par le 2ᵉ Lemme.

Dixieme Corollaire.

XXVIII.   Les angles inſcrits en deux ſegmens oppoſez ſont égaux à deux droits. Car les arcs des deux ſegmens comprennent toute la circonference. Donc la moitié de l'un qui eſt la meſure de l'un de ces angles plus la moitié de l'autre qui eſt la meſure de l'autre angle, valent la demycirconference (par le 3ᵉ Lemme). Donc pris enſemble ils ont pour meſure la demycirconference. Donc ils valent deux droits.

Onzieme Corollaire.

XXIX.   Si quatre cordes ne ſe joignent qu'aux extremitez, ils font quatre angles inſcrits dont les oppoſez ſont égaux à deux droits. C'eſt la même choſe que le precedent.

Douzieme Corollaire.

XXX.   L'angle aigu qui eſt dans le grand ſegment eſt le complement de l'obtus qui eſt dans le petit. Cela eſt clair, puiſque les deux enſemble valent deux droits.

Treizieme Corollaire.

XXXI.   La moitié de la baſe d'un angle inſcrit eſt ſon ſinus, s'il eſt capable d'en avoir, c'eſtadire s'il eſt aigu : ou de ſon complement, s'il eſt obtus. Car le ſinus eſt la moitié de la corde du double de l'arc. Or la baſe d'un angle inſcrit eſt la corde d'un arc qui eſt double de celuy qui meſure l'angle inſcrit. Donc la moitié de cette corde eſt ſon ſinus; s'il eſt aigu : ou s'il eſt obtus, le ſinus de ſon complement, c'eſtadire de l'angle aigu qui eſtant inſcrit dans le ſegment oppoſé a auſſy cette corde pour ſa baſe.

Quatorzieme Corollaire.

On dit qu'un ſegment eſt capable d'un tel angle quand XXXII. tous les angles dans ce ſegment ſont égaux à cet angle.

Et quand cela eſt, il eſt impoſſible qu'un angle de cette grandeur ait pour baſe la corde de ce ſegment que ſon ſommet ne ſe trouve dans un des points de l'arc du ſegment.

Suppoſons par exemple que le ſegment A ſoit capable de l'angle k ; je dis que tout angle égal à l'angle k, qui aura bc pour baſe, aura ſon ſommet dans un des points de l'arc du ſegment A.

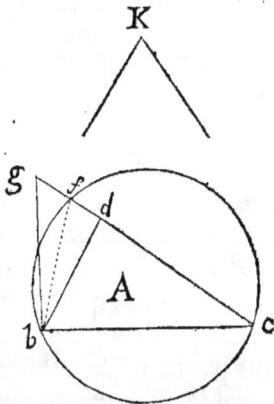

Car s'il l'avoit au dedans du cercle comme en d, prolongeant cd juſques en f, point de la circonference, & tirant la ligne bf, l'angle bfc ſera égal à l'angle k par l'hypoteſe. Or l'angle bdc, par le 4e Lemme, eſt égal à l'angle bfc plus l'angle fbd. Donc il eſt plus grand que le ſeul angle bfc. Donc il eſt plus grand que l'angle k.

Et ſi le ſommet eſtoit hors du ſegment comme en g, tirant une ligne de b au point où cg coupe le cercle comme à f, on prouvera que l'angle bfc, égal à k, ſera plus grand que l'angle bgc, parce qu'il ſera égal à bgc plus gbf, par le 4e Lemme.

Donc l'angle qui a bc pour baſe ne peut eſtre égal à k qui eſt l'angle dont le ſegment A eſt capable, qu'il n'ait ſon ſommet dans la circonference, puiſque s'il l'avoit au dedans il ſeroit plus grand, & s'il l'avoit au dehors il ſeroit plus petit.

Y iij

QUINZIEME COROLLAIRE.

XXXIII. Si on fait le diametre d'un cercle de l'hypothenuse d'un angle droit, le sommet de cet angle droit se trouvera dans la circonference du cercle.

Car chaque demycercle est capable de cet angle droit. Donc par le Corollaire precedent nul angle droit ne peut avoir pour l'hypothenuse la corde du demycercle qui est le diametre, que son sommet ne se trouve en un des points de la demycirconference.

SEIZIEME COROLLAIRE.

XXXIV. Si du sommet d'un angle on tire une ligne au milieu de la base, & que cette ligne soit égale à la moitié de cette base, l'angle est droit : mais si elle est plus longue, il est aigu ; & si elle est plus courte, il est obtus.

Car faisant un demycercle qui ait pour centre le point du milieu de la base, & pour intervale la moitié de la base, le sommet de l'angle se trouvera dans un des points de la demycirconference si la ligne tirée du sommet au milieu de la base est égale à la moitié de la base. Donc l'angle sera droit.

Et le sommet se trouvera au dehors du demycercle si elle est plus longue. Donc l'angle sera plus petit qu'un droit par le 9e Corollaire, & par consequent aigu.

Et il se trouvera au dedans du demycercle si elle est plus courte. Donc l'angle sera plus grand qu'un droit par le 9e Corollaire. Donc obtus.

DIX-SEPTIEME COROLLAIRE.

XXXV. QUAND deux cordes égales se coupent, chaque partie de l'une est égale à chaque partie de l'autre.

Soient les cordes égales Bc & mn, qui se coupent en o, les arcs bnc & mcn sont égaux, parce qu'ils sont soutenus par des cordes égales. Donc ostant de ces deux arcs l'arc nc, qui leur est commun ; les arcs Bn & mc demeurent égaux. Donc tirant la ligne nc, les angles inscrits

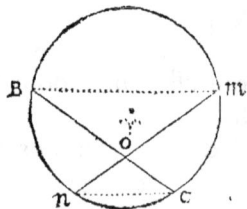

ncB & cnm sont égaux, parce qu'ils sont appuyez sur des arcs égaux. Donc les deux lignes on & oc sont égales, parce qu'estant menées d'un même point elles font des angles égaux sur la même base. Et on prouvera de même en tirant la ligne Bm que om & oB sont égales. Donc chaque partie de l'une de ces cordes est égale à chaque partie de l'autre.

PROBLEMES.
I.

TROUVER l'angle droit dont on a l'hypothenuse & la XXXVI. distance du sommet à l'hypothenuse.

Elever de l'extremité de l'hypothenuse une perpendiculaire égale à cette distance, & tirer par l'autre extremité de cette perpendiculaire une parallele à l'hypothenuse.

L'un des deux points où cette parallele coupera le cercle qui aura l'hypothenuse pour diametre, ou le point de l'attouchement, si elle le touche, sera le sommet de cet angle droit qui en determinera les costez.

Car la distance estant donnée de ce sommet à l'hypothenuse, il ne se peut trouver ailleurs (d'un costé) qu'en quelqu'un des points de cette parallele ; & parceque cet angle est supposé droit, il faut par le 11. Corollaire qu'il se trouve aussy en quelqu'un des points de la demycirconference. Donc en un des points où elle la coupe, ou en celuy auquel elle le touche.

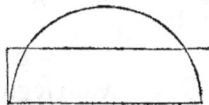

SECOND PROBLEME.

D'UN point hors le cercle tirer les tangentes au cercle XXXVII. & montrer qu'on n'en peut tirer que deux, & qu'elles sont égales.

Soit k le point hors le cercle, & c le centre du cercle, joindre ces points par une ligne. Décrire le cercle qui aura cette ligne pour diametre & qui coupera le premier en deux points comme f & g ; kf, & kg, seront les deux tangentes tirées du

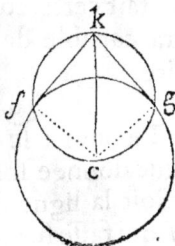

point *k* au premier cercle.

Car l'angle que l'une & l'autre fait avec le rayon du 1ᵉʳ cercle est droit, parce qu'il est dans un demycercle.

Et il ne peut y avoir que ces deux lignes tirées du point *k* qui touchent le cercle, parce que le sommet de l'angle droit, qui doit avoir pour costez la tangente tirée de *k* & un rayon du 1ᵉʳ cercle doit estre en un point commun aux circonferences des deux cercles, puisqu'il doit estre dans la circonference du premier, à cause qu'un rayon du premier en est un des costez ; & dans celle du second, à cause que tous les angles droits qui ont le diametre du second cercle pour hypothenuse doivent avoir leur sommet dans la circonference de ce second cercle (par le 13ᵉ Corollaire.)

Or il n'y a que les points *f* & *g* qui soient communs aux deux cercles. Donc on ne peut tirer de *k* que les deux tangentes *k f* & *k g*.

Et il est clair qu'elles sont égales, puisque chacune soûtient des arcs égaux dans la circonference du nouveau cercle.

Troisieme Probleme.

XXXVIII.   Couper un segment dans un cercle donné qui soit capable d'un angle donné.

Ayant tiré une tangente au cercle, la corde qui fera avec cette tangente au point de l'atouchement un angle égal à l'angle donné, satisfera au Probleme. Car le segment du costé opposé à celuy de l'angle égal au donné qui fait cette corde avec la tangente, fera capable de l'angle donné, par le 5. & 10ᵉ Corollaire.

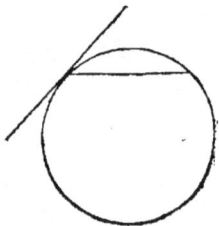

Quatrieme Probleme.

XXXIX.   Trouver le cercle dont le segment terminé par une ligne donnée soit capable d'un angle donné.

Soit la ligne donnée *b d*, & l'angle donné *k* ; soit tirée *b f* qui fasse sur *b d* un angle égal à l'angle *k*.

Soit

Soit élevé du point *b* une perpendiculaire
à *b f*, & qu'il y ait une autre perpendiculaire à *b d* qui coupe *b d* par la moitié ;
le point *c*, où je suppose que ces deux perpendiculaires se rencontreront sera le centre du cercle, qui aura *c b* ou *c d* pour intervale, & pour tangente *f b*.

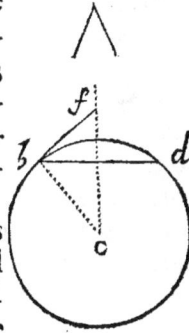

Donc le segment opposé à celuy vers
lequel est *f b* sera capable d'un angle égal
à l'angle *f b d*, par le 5ᵉ Corollaire, parceque l'un sera l'angle du segment, & l'autre
l'angle dans le segment opposé.

CINQUIEME PROBLEME.

CONNOISSANT quelle est la distance de trois points l'un
de l'autre, comme de *b*, *c*, *d*, & ne sçachant d'un 4ᵉ comme *x*, sinon de quel costé il est, à l'égard de ces trois-là,
& quelle est la grandeur de l'angle compris entre ces lignes *x b* & *x c*, & de celuy qui est compris entre ces lignes
x c & *x d* trouver ce 4ᵉ point.

X L.

Les lignes *b c* & *c d* sont données
par l'hypothese.

Et les angles donnez soient *f* & *g*.

Trouver par le Probleme precedent le cercle dont le segment terminé par *b c*, tourné vers *x*, soit capable de l'angle *f*.

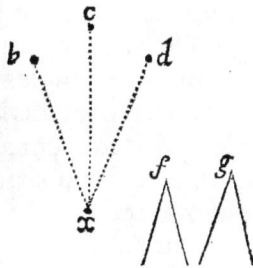

Et trouver de mesme un autre
cercle dont le segment terminé par
c d & tourné vers *x*, soit capable de l'angle *g*.

Ces deux cercles se couperont en deux points, dont l'un
sera *c* par la construction, & l'autre *x* : ce qui se prouve
ainsy.

Les deux angles *b x c*, & *c x d*, dont la grandeur est connüe, ont leur sommet au même point.

Or par le 10ᵉ Corollaire l'angle égal à *f* ayant *b c* pour
base ne peut avoir son sommet ailleurs que dans un des
points de l'arc du segment qu'on a trouvé estre capable de

Z

l'angle f. Et par la même raiſon l'angle égal à g ayant c d
pour baſe ne peut auſſy avoir ſon ſommet que dans un des
points de l'arc du ſegment qu'on a trouvé eſtre capable de
l'angle g. Donc il faut que ce point qui eſt le ſommet de
tous les deux angles ſoit commun à tous les deux cercles.
Donc il faut que ce ſoit l'un des deux points où ils ſe coupent. Or il eſt bien viſible que ce n'eſt pas le point c.
Donc l'autre point où ils ſe coupent eſt le point x que l'on
cherchoit.

II.

DES ANGLES
DONT LE SOMMET EST AU DEDANS DU CERCLE
ET AILLEURS QU'AU CENTRE.

XLI.   Quand le ſommet d'un angle eſt au dedans du cercle,
mais ailleurs qu'au centre, comme peut eſtre l'angle k, ſes
coſtez doivent toûjours eſtre conſiderez comme terminez
par la circonference, comme au point f & g ; & de plus il
les faut auſſi prolonger au delà du ſommet juſques à la circonference de l'autre part, en prolongeant par exemple
f k juſques en c, & g k juſques en d.

Et ainſy ces angles ſe reduiſent aux
angles qui ſe font dans la ſection de deux
cordes qui ſe coupent au dedans du cercle, où il ſe fait quatre angles dont les
oppoſez ſont égaux, & qui ſont chacun
appuyé ſur l'un des quatre arcs, auſquels
cette circonference ſe trouve diviſée
par ces deux cordes.

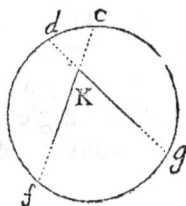

Voicy donc le Theoreme qui nous apprendra la meſure
de ces angles.

QUATRIEME THEOREME.

XLII.   Tout angle fait par la ſection de deux cordes qui ſe
coupent au dedans du cercle, a pour meſure la moitié de
l'arc ſur lequel il eſt appuyé plus la moitié de l'arc oppoſé.

Soient les deux cordes c f & d g qui ſe coupent en k.
Prenons lequel on voudra des quatre angles qu'elles font

en se coupant, comme *fkg*; je dis qu'il aura pour sa mesure la moitié de l'arc *fg* plus la moitié de l'arc opposé *d c.*

Soient joints les points *d f*, l'angle *fkg*
est égal aux deux angles vers *d* & vers
f (par le 4e Lemme.)

Or l'angle vers *d* a pour mesure la moitié de l'arc *fg* sur lequel il est appuyé, &
l'angle vers *f* la moitié de l'arc *c d*, par la
même raison.

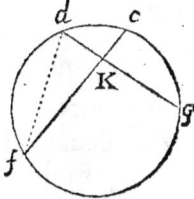

Donc l'angle *fkg* qui leur est égal, a pour sa mesure les
moitiez de ces deux mêmes arcs : ce qu'il falloit demonstrer.

COROLLAIRE.

QUAND deux cordes égales moindres que des diametres se coupent, elles divisent la circonference en quatre
arcs, dont il y en a deux opposez qui sont égaux, & deux
autres inégaux ; & alors les angles qui sont appuyez sur
chacun de ces arcs égaux ont pour mesure cet arc entier.

Car les opposez estant égaux, un entier est la même chose que la moitié de l'un plus la moitié de l'autre.

Je ne prouve point ce qui est supposé dans ce Corollaire, parce que c'est une suite visible de ce qui a esté demonstré, sup. 35.

I I I.

DES ANGLES

DONT LE SOMMET EST HORS LE CERCLE

QUE LEURS COSTEZ COUPENT OU TOUCHENT.

LEs costez d'un angle dont le sommet est hors le cercle peuvent,

Ou le couper tous deux.

Ou le toucher tous deux.

Ou l'un le couper & l'autre le toucher.

Mais quand ils le coupent, on les considere toûjours
comme entrans dans le cercle selon sa convexité, & estant
terminez par la circonference au dedans du cercle selon sa
concavité.

Z ij

C'eſt pourquoy ces angles ſont toûjours
conſiderez comme eſtant appuyez ſur deux
arcs du cercle, l'un concave & l'autre convexe.

Quand les deux coſtez le coupent, l'arc
concave eſt celuy qui eſt compris entre les
deux points, où les deux coſtez ſont terminez au dedans du cercle. Et le convexe eſt
celuy qui eſt compris entre les deux points
par où il entre dans le cercle.

Quand tous les deux coſtez touchent le
cercle, l'un & l'autre eſt compris entre les
deux points de l'attouchement, mais l'un eſt
concave au regard de l'angle, & l'autre convexe.

Et quand l'un touche & l'autre coupe le
cercle, le concave eſt compris entre le point
de l'attouchement & celuy où ſe termine
l'autre coſté ; & le convexe entre le point de
l'attouchement & celuy où l'autre coſté entre dans le cercle.

*Il eſtoit neceſſaire de bien expliquer ces deux ſortes d'arcs,
parceque de là depend la meſure de ces angles ſelon ce Theoreme.*

CINQUIEME THEOREME.

XLV. Lors que le ſommet d'un angle eſt hors le cercle, ſoit
que ces deux coſtez coupent le cercle, ou que tous deux le
touchent, ou que l'un le coupe & l'autre le touche ; il a
pour meſure la moitié de l'arc concave, moins la moitié
de l'arc convexe.

PREUVE DANS LE PREMIER CAS.

Soit l'angle fkg, dont le coſté kf coupe le cercle en c,
& kg en d ; l'arc concave eſt fg, & le convexe cd. Il faut
donc prouver que cet angle a pour meſure la moitié de
l'arc fg moins la moitié de l'arc cd, & on le prouve ainſy.

Soit tirée la ligne fd. Par le 4e Lemme l'angle fdg eſt
égal à l'angle fkg plus l'angle kfd.

Donc l'angle k eſt égal à l'angle $f d g$ moins l'angle $k f d$. Donc il doit avoir pour meſure la meſure de l'angle $f d g$ moins la meſure de l'angle $k f d$.

Or la meſure de l'angle $f d g$ eſt la moitié de l'arc concave $f g$, ſur lequel il eſt appuyé; & la meſure de l'angle $k f d$ eſt la moitié de l'arc convexe $d c$.

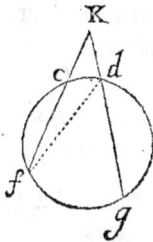

Donc l'angle k a pour meſure la moitié de l'arc concave $f g$, moins la moitié de l'arc convexe $d c$.

PREUVE DU SECOND CAS.

Soit l'angle k, dont les coſtez $k f$ & $k g$ touchent le cercle, & ſoit $k g$ prolongée juſques en h.

L'angle $f g h$ eſt égal à l'angle k plus l'angle $k f g$. Donc l'angle k eſt égal à l'angle $f g h$, moins l'angle $k f g$.

Or l'angle $f g h$ a pour meſure la moitié de l'arc du grand ſegment $f g$, & l'angle $k f g$ a pour meſure la moitié de l'arc du petit ſegment $f g$. Donc l'angle k a pour meſure la moitié de l'arc du grand ſegment, qui eſt l'arc concave moins l'arc du petit ſegment, qui eſt l'arc convexe.

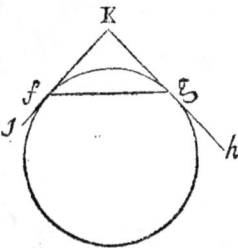

La preuve du troiſième Cas eſt ſemblable à ces deux là, tenant quelque choſe de l'un & de l'autre. Il vaut mieux la laiſſer trouver.

AVERTISSEMENT.

Outre cette meſure qui eſt generale à toutes ces ſortes d'angles, il y en a qui ſont particulieres à quelques uns qu'il eſt bon de marquer par des Theoremes particuliers.

SIXIEME THEOREME.

UN angle ayant ſon ſommet hors le cercle, ſi l'un de ſes coſtez qui coupe le cercle ſe termine à l'extremité d'un diametre auquel l'autre coſté eſt perpendiculaire, ſoit en coupant le cercle, ſoit en le touchant, ſoit même eſtant hors le cercle ce diametre y eſtant prolongé, en tous ces

XLVI.

Z iij

cas cet angle a pour fa mefure la moitié de l'arc que foûtient la partie de fon cofté non perpendiculaire au diametre.

*Il ne fera pas inutile de donner ce Theoreme pour exemple
des diverfes voyes que les principes qu'on a établis peuvent
fournir pour demonftrer une même chofe.*

Premiere Demonstration.

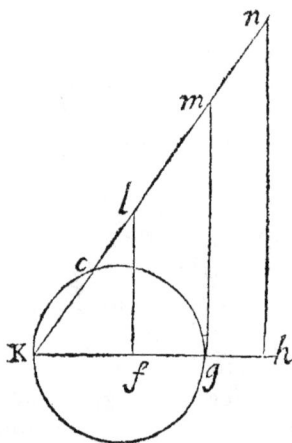

XLVII.   Soit le diametre *k g* prolongé jufques à *h*. Soit de *k* tirée une ligne indefinie qui coupe le cercle en *c*.

Soit de divers points de cette ligne hors le cercle comme de *l, m, n,* tirées fur le diametre les perpendiculaires *l f,
m g, n h*. J'ay à prouver que chacun de ces angles vers *l,
m , n ,* a pour mefure la moitié de l'arc *k c.* Ce qu'on peut
faire en cette maniere.

Chacun des angles vers *l, m, n,* plus l'angle vers *k ,* valent
un angle droit par le 4ᵉ Lemme , parce que ce font les angles fur la bafe d'un angle droit. Donc chacun de ces angles plus l'angle vers *k* ont pour mefure la demycirconference. Donc ils ont auffy pour mefure , par le 3ᵉ Lemme ,
les deux moitiez des deux arcs *k c* & *c g,* qui comprennent
la demycirconference.

Or l'angle vers *k* a pour sa mesure la moitié de l'arc *c g* sur lequel il est appuyé.

Reste donc pour la mesure de chacun des autres la moitié de l'arc *k c*. Ce qu'il faloit demonstrer.

SECONDE DEMONSTRATION.

Soit encore tirée la ligne *c g*, l'angle *k c g* est droit, parce qu'il est dans le demycercle. Donc l'angle *c g k* est égal à chacun des angles vers *l m n*, puisque chacun de ces angles plus l'angle vers *k* sont aussy égaux à un droit.

XLVIII.

Or l'angle *c g k* a pour mesure la moitié de l'arc *k c* sur lequel il est appuyé.

Donc la moitié de cet arc *k c* est aussy la mesure de chacun des angles vers *l, m, n*.

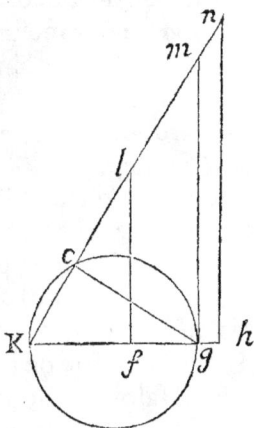

TROISIEME DEMONSTRATION.

Soit tirée la ligne *c d* qui coupe perpendiculairement le diametre, ce qui fera que les arcs *k c* & *k d* seront égaux. Et la ligne *c d* estant parallele aux lignes *l f, m g, n h*, les angles que font ces paralleles sur la même ligne aux points *c, l, m, n*, sont égaux.

XLIX.

Or l'angle *k c d* a pour sa mesure la moitié de l'arc *k d* égal à l'arc *k c*. Donc chacun des angles vers *l, m, n*, a pour mesure la moitié de l'un ou l'autre de ces deux arcs qui sont égaux, *k d* & *k c*. Donc on peut dire qu'ils ont pour mesure la moitié de l'arc *k c*. Ce qu'il faloit demonstrer.

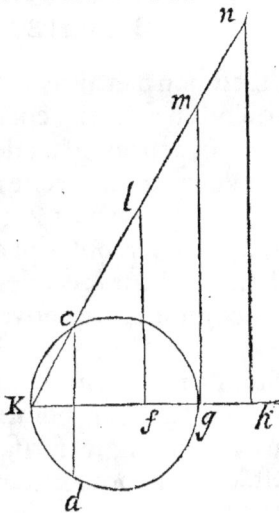

QUATRIEME DEMONSTRATION.

L. C'EST l'application de la demonſtration du Theoreme
general à ce cas particulier.

Je ſuppoſe que la perpendiculaire *L f*
coupe le cercle en *p* & en *q*. Par la demonſtration du Theoreme general, l'angle *K L q* a pour meſure la moitié de ſon
arc concave *K q*, moins la moitié de ſon
arc convexe *c p*.

Or l'arc concave *K q* eſt égal aux deux
arcs *K c*, & *c p*.

Donc la moitié de l'arc *K q* eſt la même choſe que la moitié de l'arc *K c*, plus
la moitié de l'arc *c p*, par le 3ᵉ Lemme.

Donc la moitié de l'arc *K q*, moins la moitié de l'arc *c p*,
eſt la même choſe que la moitié de l'arc *k c*.

Donc la moitié de l'arc *k c* eſt la meſure de l'angle *k L q*.
Ce qu'il faloit demonſtrer.

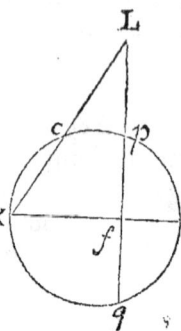

DES ANGLES DONT LES DEUX COSTEZ

TOUCHENT LE CERCLE.

L I. IL eſt bon d'en dire quelque choſe en particulier outre
ce qu'on en a dit en general.

On les peut appeller des angles circonſcripts.

Et voici une nouvelle maniere de les meſurer.

SEPTIEME THEOREME.

L I I. L'ANGLE circonſcript au cercle, c'eſtadire dont les deux
coſtez touchent le cercle, a pour meſure la demycirconference moins l'arc convexe ſur lequel il eſt appuyé.

PREMIERE DEMONSTRATION.

Soit l'angle *b k d*, à qui ſoit donné pour baſe la ligne
qui joint les deux points d'attouchement *b d* ; l'angle *k*
plus les deux angles ſur ſa baſe ſont égaux à deux droits,
c'eſtadire ont pour meſure pris enſemble la demycirconference.

Or les deux angles ſur la baſe ont chacun pour meſure

la

la moitié de l'arc convexe *b d*, par le 2e
Theoreme.

Donc la mesure des deux est cet arc
convexe.

Donc ostant cet arc convexe de la
demycirconference, ce qui restera sera
la mesure de l'angle *k* circonscrit au cercle : ce qu'il falloit demonstrer.

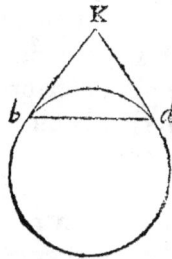

SECONDE DEMONSTRATION.

Par la demonstration generale l'angle *k* a pour mesure
la moitié de l'arc concave moins la moitié de l'arc convexe. Or ces deux arcs comprennent toute la circonference. Donc par le 3e Lemme la moitié de toute la circonference moins l'arc convexe entier, est la mesme chose que
la moitié de l'arc concave moins la moitié du convexe.

PREMIER COROLLAIRE.

LIII.

DEUX angles circonscripts sont égaux quand ils sont
appuyez sur des arcs convexes d'autant de degrez, & le
plus grand est celuy qui est appuyé sur un arc de moins de
degrez.

Car de 180 degrez qui en oste un nombre égal, ce qui
reste est égal, & plus le nombre qu'on en oste est petit,
plus ce qui reste est grand. Donc, &c.

SECOND COROLLAIRE.

LIV.

SI un angle circonscript est appuyé sur
un arc convexe qui soit soûtenu par le costé
d'un angle inscrit isoscele, l'angle inscript
& le circonscript sont égaux.

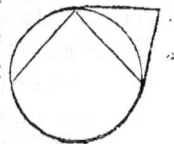

Car ostant cet arc de la demycirconference, ce qui restera sera la mesure du circonscript par 51. 5̃. & de l'inscript par 20. 5̃.

TROISIEME COROLLAIRE.

LV.

IL est bon de considerer toûjours les costez de l'angle
circonscript comme terminez au point de l'attouchemẽt.
Et selon cela il faut dire que tout angle circonscript est
isoscelle : car les deux tangentes au cercle menées du mes-

me point sont toûjours égales, par le 2e Probleme.

QUATRIEME COROLLAIRE.

LVI. LA ligne menée du sommet de l'angle circonscript au centre le divise toûjours par la moitié. Et l'on peut appeller ces deux moitiez de l'angle circonscript des demyangles circonscripts.

Car si on tire deux rayons au point de l'attouchement, on ne pourra considerer ces deux demyangles qu'on ne voye sans peine que les costez de l'un sont égaux aux costez de l'autre, & que les rayons du même cercle, & par consequent égaux, en sont les sinus. Donc ils sont égaux.

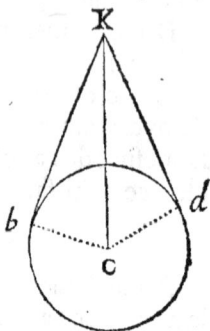

CINQUIEME COROLLAIRE.

LVII. LES angles circonscripts au même cercle sont égaux quand les tangentes de l'un sont égales aux tangentes de l'autre.

Soient $k\,b$ tangente de l'angle k égale à $z\,p$, tangente de l'angle z. Je dis que les angles k & z sont égaux. Car tirant les lignes du centre $k\,c$ & $z\,c$, & les rayons $c\,b$ & $c\,p$, les angles $k\,b\,c$ & $z\,p\,c$ sont égaux, parce qu'ils sont tous deux droits.

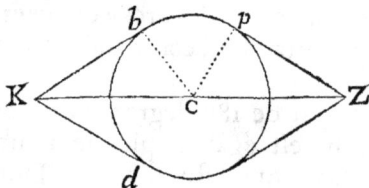

Et les costez de l'un sont égaux aux costez de l'autre, puisque par l'hypothese $k\,b$ est égale à $z\,p$, & que $c\,b$ & $c\,p$ sont les rayons du même cercle.

Donc les bases de ces angles $k\,c$ & $z\,c$ sont égales.

Donc les angles $b\,k\,c$ & $p\,z\,c$ sont égaux, les costez de l'un estant égaux aux costez de l'autre, & ayant les deux rayons pour leurs sinus.

Or ces deux angles $b\,k\,c$ & $p\,z\,c$ sont chacun la moitié de chaque angle circonscript, par le Corollaire precedent.

Donc les angles circonscripts sont égaux: ce qu'il falloit demonstrer.

SIXIEME COROLLAIRE.

LES angles circonscripts au même cercle sont égaux quand leur sommet est également éloigné du centre, & les plus petits sont ceux dõt le sommet en est plus éloigné.

Cela est facile à prouver par les demyangles circonscripts, & je le laisse à trouver à ceux qui commencent pour faire essay de leurs forces.

RECAPITULATION DE LA MESURE DES ANGLES.

LE sommet de l'angle est

Dans le ⎰ au centre. 1.
cercle ⎱ hors le centre. 2.

Dans la circonf.
l'un des costez au dedans, ⎰ le touchant. 3.
& l'autre au dehors, ⎱ le coupant. 4.
tous deux au dedans du cercle. 5.

Hors le cercle.
Les deux costez le coupant. 6.
Les deux le touchant. 7.
L'un le touchant & l'autre le coupant. 8.

Et parmy ces angles, l'un des costez coupant le cercle & estant terminé à l'extremité du diametre auquel l'autre costé est perpendiculaire. 9.

ONT POUR MESURE

1. L'arc sur lequel il est appuyé. VIII. 10.

2. La moitié de l'arc sur lequel il est appuyé plus la moitié de l'arc opposé. IX. 38.

3. La moitié de l'arc que soutient le costé qui est au dedans du cercle. IX. 13.

4. La moitié de l'arc que soutient le costé qui est au dedans du cercle, plus la moitié de celuy que soutient le prolongement du costé qui est hors le cercle. IX. 15.

5. La moitié de l'arc sur lequel il est appuyé. IX. 18.

6.
7. ⎱ La moitié de l'arc concave sur lequel il est appuyé
8. ⎰ moins la moitié de l'arc convexe. IX. 41.

7. La demycirconference moins l'arc convexe sur lequel il est appuyé. IX. 41.

9. La moitié de l'arc soutenüe par la partie du costé non perpendiculaire au diametre. IX. 43.

NOVVEAVX ELEMENS

DE

GEOMETRIE.

LIVRE DIXIEME.

DES LIGNES PROPORTIONELLES.

I.

A proportion des lignes dépend de deux cho-*ses*, des paralleles & des angles, & ainsy elle n'a pas pù se bien traitter qu'aprés l'expli-cation de l'une & l'autre. Et mesme pour en bien comprendre tout le mystere, il faut re-prendre beaucoup de choses des paralleles que nous proposerons en forme de Lemmes.

PREMIER LEMME. DEFINITION.

II. UN espace compris d'une part entre deux paralleles & indefiny de l'autre, soit appellé espace parallele.

SECOND LEMME. DEFINITION.

III. COMME on ne considere dans ces espaces que la distan-ce entre les paralleles, leur grandeur dépend de cette distance qui est mesurée par les perpendiculaires compri-ses entre ces paralleles, que nous appellerons pour cette raison les perpendiculaires des espaces.

Et dela il s'ensuit que ces espaces sont égaux quand les perpendiculaires de l'un sont égales aux perpendiculaires de l'autre.

TROISIEME LEMME. DEFINITION.

IV. ON dit qu'une ligne est dans un espace parallele quand

elle est terminée par les paralleles qui
le terminent, comme la ligne *b* est dans
l'espace *A*.

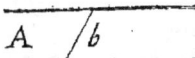

A /b

On dit qu'une ligne est parallele à un
espace quand elle l'est aux lignes qui le
terminent, comme la ligne *b* est parallele à l'espace *A*.

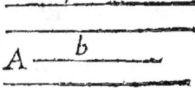

A ——— b

QUATRIEME LEMME.

L'INCLINATION d'une ligne dans un espace se considere par l'angle aigu qu'elle fait sur l'une & l'autre parallele le faisant toûjours égal.

D'où il s'ensuit que deux lignes sont également inclinées dans le même espace, ou dans deux espaces differens
quand les angles aigus que fait l'une sont égaux aux angles aigus que fait l'autre.

Et que la moins inclinée est celle qui fait son angle aigu
moins aigu & plus approchant du droit.

CINQUIEME LEMME IMPORTANT.

LORSQUE deux ou plusieurs lignes sont menées d'un
même point sur la même ligne, elles sont censées estre
dans ce même espace parallele. Car il ne faut alors que
concevoir une ligne menée par ce point commun, qui soit
parallele à celle qui les termine. D'où il s'ensuit que les
costez d'un angle terminez par une base sont toûjours cen-
sez estre dans le même espace parallele.

SIXIEME LEMME.

DEUX angles soient appellez semblables lors qu'estans
égaux les angles sur la base de l'un sont égaux aux angles
sur la base de l'autre chacun à chacun.

Et on est asseuré que cela est; 1. quand on sçait qu'ils
sont égaux, & qu'un des angles sur la base de l'un est égal
à l'un des angles sur la base de l'autre : car de là il s'ensuit
que l'autre est égal aussy.

2. Lors qu'estant égaux ils sont de plus Isosceles. VIII. 59.

SEPTIEME LEMME.

QUAND les sommets de deux angles sont également
distans chacun de sa base (prolongée s'il est besoin) ces

V.

VI.

VII.

VIII.

A a iij

deux angles peuvent eſtre compris dans le même eſpace parallele. Car mettant ces deux baſes ſur une même ligne, la ligne qui paſſera par les deux ſommets ſera parallele à celle qui comprendra les deux baſes.

HUITIEME LEMME.

IX. Dans le même eſpace parallele, ou dans les eſpaces paralleles égaux, toutes les également inclinées ſont égales, & toutes les égales ſont également inclinées. VIII. 54.

Et au contraire les eſpaces paralleles ſont égaux quand les également inclinées y ſont égales. Car de là il eſt certain que les perpendiculaires le ſont auſſy. VIII. 56.

NEUVIEME LEMME.

X. Lors qu'une même ligne eſt coupée par pluſieurs lignes toutes paralleles, toutes les portions de cette ligne coupée ſont également inclinées entre les paralleles qui les renferment. VIII. 57.

DIXIEME LEMME.

XI. Lors qu'il y a proportion entre quatre lignes, on dit que deux de ces lignes ſont proportionelles aux deux autres lignes quand les deux antecedens de la proportion ſe trouvent dans les deux premieres, & les deux conſequens dans les deux dernieres. D'où il s'enſuit auſſy qu'*Alternando*, on peut prendre auſſy les deux premieres pour les deux termes d'une raiſon, & les deux dernieres pour les deux termes de l'autre.

PROPOSITION FONDAMENTALE
DES LIGNES PROPORTIONELLES.

XII. Lors que deux lignes ſont également inclinées en deux differens eſpaces paralleles, elles ſont entr'elles comme les perpendiculaires de ces eſpaces, & leurs éloignemens du perpendicule ſont auſſy en même raiſon.

Soient deux eſpaces A & E.
Soient appellées dans l'eſpace *A*,
La perpendiculaire,   *P*.
L'oblique,   *C*.
L'éloignemĕt du perpendicule *B*.
Et ſoient de même appellées dans

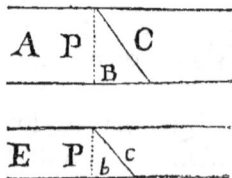

l'efpace, $E.$

   La perpendiculaire $p.$

   L'oblique $c.$

L'éloignement du perpendicule $b.$ Je dis que

$$P\,p \;::\; C\,c \;::\; B\,b.$$

Et en voila la preuve tres naturelle, dont je ne croy pas que jamais perfonne fe foit avifé.

Soit p divifée en quelques aliquotes que l'on voudra, 10. 20. 500. 6000. 10000. &c. & ces aliquotes quelconques de p foient appellées x.

Si on tire par tout les points de cette divifion telle qu'elle foit des paralleles à l'efpace A, cet efpace fera divifé en autant de petits efpaces paralleles qu'x fera dans p, & ces petits efpaces feront égaux par le 2e Lemme, parce qu'ils auront tous x pour perpendiculaire.

Et de là il s'enfuit que C fera auffy divifé en aliquotes pareilles à celles de P, parce que les portions de C, qui fe trouvent entre chacun de ces petits efpaces égaux y eftant également inclinées par le 9. Lemme, y font égales par le 8.

Soient donc les aliquotes de C pareilles à celles de P appellées y.

Que fi de tous les points de divifion de C on tire des paralleles à P (qui feront par confequent perpendiculaires à l'efpace) elles couperont encore B en aliquotes pareilles, parce que chaque y fe trouvant également inclinée en chacun de ces nouveaux petits efpaces, ils feront égaux par le 9e Lemme. Et par confequent les portions de B qui feront toutes perpendiculaires dans ces efpaces égaux, feront égales. (Et cela même feroit vray quand elles n'y feroient pas perpendiculaires, pourveu qu'elles y fuffent également inclinées. Ce qu'il faut remarquer pour une autre occafion.)

Cela eftant fait, prenant x pour mefurer p de l'efpace E, où elle s'y trouvera precifement tant de fois, ou tant de fois plus quelque refte, c'eftadire plus une portion moindre qu'x. Et ainfy tirant des lignes paralleles à l'efpace E par tous les points de la divifion de p mefurée par x, l'efpace *E* se trouvera divisé en autant de petits espaces égaux entr'eux, & égaux à ceux qui ont eu la même *x* pour perpendiculaire dans l'espace *A*, qu'*x* se sera trouvé dans *p*, si ce n'est qu'il y en aura un plus petit, si *x* ne s'y est trouvée que tant de fois plus quelque reste. Car le petit espace où sera compris ce reste sera plus petit que les autres.

Et de là il s'ensuit que *c* estant aussy inclinée dans *E* que *C* dans *A*, les portions de *c* comprises dans ces espaces égaux à ceux d'*A* seront égales aux portions de *C*, & ainsy se pourront aussy appeller *y*, & s'il y avoit eu en *p* un reste moindre qu'*x*, il y auroit aussy eu en *c* un reste moindre qu'*y*.

Donc par la definition des grandeurs proportionelles,

$$P\,p :: C\,c.$$

puisque *x* & *y*, aliquotes quelconques pareilles des deux antecedens *P* & *C*, sont également contenües dans les deux consequens *p* & *c*, si dans l'un sans reste, dans l'autre sans reste : si dans l'un avec reste, dans l'autre avec reste.

On prouvera la même chose de *B* & de *b*. Car si *c* estant mesurée & divisée par *y*, on tire des paralleles à *p* (qui seront perpendiculaires à l'espace) par tous les points de la division, *b* sera divisée en autant de parties que *c*, & ces parties seront égales aux parties de *B*, que nous avons nommées *z* : si ce n'est qu'il y en aura une moindre que *z*, s'il y a eu un reste dans *c* moindre qu'*y*.

Donc les aliquotes pareilles de *C* & de *B* seront également contenües dans *c* & *b*.

Donc $C\,c :: B\,b.$

Donc $P\,p :: C\,c :: B\,b.$ Ce qu'il falloit demonstrer.

Premier Theoreme.

XIII.   Si deux lignes inégalement inclinées dans le même espace le sont autant chacune, que chacune de deux autres le sont dans un autre espace, les également inclinées sont en même raison.

Soient

Soient les espaces *A* & *E*.

Soit *C* autant inclinée dans l'espace *A* que *c* dans l'espace *E*.

Et *D* autant inclinée dans l'espace *A*, que *d* dans l'espace *E*.

Je dis que *C c* :: *D d*.

Car par la proposition precedente
C est à *c*, comme la perpendiculaire d' *A* à la perpendiculaire d'*E*.

Or *D* est aussy à *d*, comme ces deux mêmes perpendiculaires.

Donc *C c* :: *D d*.

On le peut aussy prouver immédiatement & par soy même sans avoir recours aux perpendiculaires par la même voye dont on s'est servi dans la Proposition precedente, & que je ne repete point, parce qu'il est tres facile de la trouver.

PREMIER COROLLAIRE.

XIV.

PLUSIEURS lignes estant diversement inclinées dans le même espace parallele, si elles sont toutes coupées par des paralleles à cet espace, elles le sont proportionellement, c'estadire que chaque toute est à chacune de ses parties, telle qu'est la 1ʳᵉ, ou la 2ᵉ, ou la 3ᵉ &c. comme chaque autre toute a la même partie 1ʳᵉ, ou 2ᵉ, ou 3ᵉ &c.

C'est une suitte manifeste du precedent Theoreme, puisque d'une part toutes les toutes sont dans le même espace, qui est l'espace total. Toutes les premieres parties dans le 1ᵉʳ espace partial, les 2ᵈᵉˢ dans le 2ᵉ, & ainsy des autres. Et que de l'autre chaque toute & chacune de ses parties sont également inclinées chacune dans son espace par le 9ᵉ Lemme. Donc la 1ʳᵉ toute est à sa 1ʳᵉ partie comme la seconde toute à sa 1ʳᵉ partie.

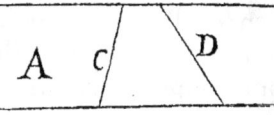

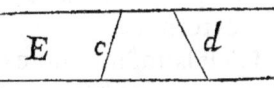

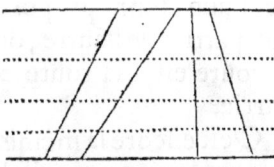

Second Corollaire.

X V.　　　Sɪ plufieurs lignes font
menées d'un même point
fur une même ligne, elles
font coupées proportio-
nellement par toutes les
lignes paralleles à celle
qui les termine.

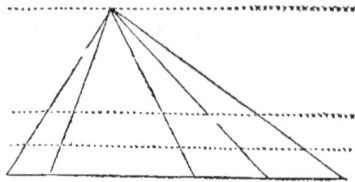

　　　C'eſt la même chofe que le precedent Corollaire, puiſque tirant par le point commun à toutes ces lignes une ligne parallele à la ligne qui les termine, elles ſe trouveront
toutes dans le même eſpace parallele, & par conſequent
les paralleles à cet eſpace les doivent toutes couper proportionellement.

Troisieme Corollaire.

X V I.　　　Sɪ deux lignes comprifes dans
un même eſpace ſe coupent, elles font coupées proportionellement. C'eſtadire que les parties
de l'une font proportionelles
aux parties de l'autre, outre que
la toute eſt à la toute comme chaque partie à la même
partie.

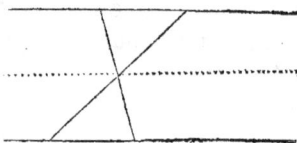

　　　C'eſt encore la même chofe que le 1ᵉʳ Corollaire, puiſque menant une parallele à l'eſpace par le point de la fection, ce feront deux lignes dans le même eſpace total qui
font coupées par une parallele à cet eſpace, & qui par conſequent le doivent eſtre proportionellement.

Quatrieme Corollaire.

X V I I.　　　Sɪ quatre lignes dont les op-
poſées font paralleles ſe joignent aux extremitez, elles
font deux eſpaces paralleles,
l'un d'un fens & l'autre de l'autre fens, & la ligne tirée de
coin en coin s'appelle diagonale.

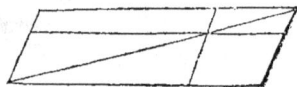

　　　Que fi d'un point quelconque de cette diagonale on tire
deux lignes comprifes chacune dans chacun de ces deux

efpaces, les parties de l'une de ces lignes feront proportionelles aux parties de l'autre.

Car les deux parties de chacune
font proportionelles aux deux
parties de la diagonale, par le Corollaire precedent, parceque chacune de ces lignes & la diagonale
font comprifes dans le même efpace parallele & s'y coupent. Donc les parties de chacune eftant en même raifon
que celles de la diagonale, les parties de l'une doivent
auffy eftre en même raifon que les parties de l'autre, puifque deux raifons égales à une 3e font égales entr'elles.

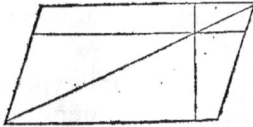

SECOND THEOREME.

LORSQUE deux angles font femblables (c'eftadire   XVIII.
felon le fixiême Lemme, lorfqu'eftant égaux les angles
fur la bafe de l'un font égaux aux angles fur la bafe de
l'autre chacun à chacun) ces coftez font proportionels
aux coftez, & la bafe à la bafe, & la hauteur à la hauteur.
C'eftadire que les coftez de ces deux angles également in-
clinez chacun fur fa bafe feront en même raifon que les
deux autres coftez & que les deux bafes, & que les diftances de chaque fommet à chaque bafe : ce que j'appelle la
hauteur de chaque angle.

Soient les deux angles nommez *A* & *E*.
Soit le grand cofté d'*A* nommé *C*.
Le petit   *D*.
La bafe   *B*.
La hauteur   *H*.
  Et dans l'angle   *E*.
Le grand cofté   *c*.
Le petit   *d*.
La bafe   *b*.
La hauteur   *h*.

Je dis que $Cc :: Dd :: Bb :: Hh$.

On le peut prouver facilement de la même forte qu'on
a prouvé la Propofition fondamentale, c'eftpourquoy je
ne le repete point.

Bb ij

Mais on le peut encore de cette autre forte.

Par le 5ᵉ Lemme.

1°. *C* & *D* font cenfées eftre dans le même efpace parallele, & de même *c* & *d*.

Et de plus par l'hypothefe *C* & *c* font également inclinées chacune dans fon efpace, & de même *D* & *d*.

Donc par la Propofition fondamentale, & par le 1ᵉʳ Theoreme,

$$C\,c \; :: \; H\,h.$$
$$D\,d \; :: \; H\,h.$$

$C\,c :: D\,d$. & *alternando* $C\,D :: c\,d$.

2°. Par le 5ᵉ Lemme, *C* & *B* font dans le même efpace parallele & de même *c* & *b*, & de plus *C* & *c* font également inclinées chacune dans fon efpace & de même *B* & *b*.

Donc par le 1ᵉʳ Theoreme,

$$C\,c :: B\,b.\;\; \& \;alternando\; C\,B :: c\,b.$$

3°. Par le même 5ᵉ Lemme, *D* & *B* font dans le même efpace parallele, & de même *d* & *b*.

Et de plus, *D* & *B* font également inclinées chacune dans fon efpace, & de même *d* & *b*.

Donc par le 1ᵉʳ Theoreme,

$$D\,d :: B\,b. \;\& \;alternando\; D\,B :: d\,b.$$

Donc $\left.{C\,c \atop D\,d}\right\} :: B\,b$. Ce qu'il falloit demonftrer.

Premier Corollaire.

XIX.   Deux angles Ifofceles eftant égaux, ils font femblables, & par confequent les coftez font aux coftez comme la bafe à la bafe, & la hauteur à la hauteur. Car deux angles eftant Ifofceles, ils ne peuvent eftre égaux que les angles fur la bafe de l'un ne foient égaux aux angles fur la bafe de l'autre. VIII. 60.

Second Corollaire.

XX.   Si un angle a deux bafes paralleles, il s'y trouvera diverfes fortes de proportions de grand ufage.

Mais pour le mieux faire entendre, il faut confiderer que

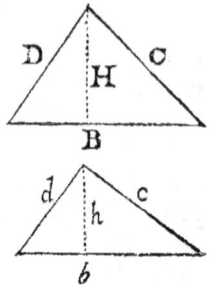

les coſtez de cet angle ſelon la derniere baſe comprennent
ſes coſtez ſelon la premiere , & c'eſt pourquóy nous appellerons les uns *toutes*,& les autres les premieres ou dernieres
parties de chacune de ces toutes. Soient donc nommées

Les deux toutes   T. & T.

Les deux premieres parties p.& p.

Les deux dernieres   q. & g.

La derniere baſe & la 1ʳᵉ B.& b.

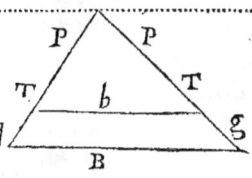

De plus tirant par le ſommet une
parallele aux deux baſes, il ſe trouvera trois eſpaces paralleles.

Le total entre le ſommet & B , que j'appelleray   *ω*.

Le premier partial entre le ſommet & *b*,   **A.**

Le ſecond partial entre *b* & B,   **E.**

Cela eſtant par le 9ᵉ Lemme,

T eſt autant inclinée dans *ω*, que p dans A, & q dans *E*.

Et de même T autant inclinée dans *ω*, que p dans **A**,
& g dans *E*.

Donc par le 1ᵉʳ Theoreme,

1. T p :: T p & *alternando.*   T T :: p p.

2. T q :: T g.   T T :: q g.

3. p q :: p g.   p p :: q g.

4. Par le 2ᵉ Theoreme chaque toute & ſa premiere partie
ſont en même raiſon que la derniere baſe & la premiere.

T p :: B b.   T B :: p b.

T p :: B b. T B :: p b.

Car cet angle qui a deux baſes paralleles doit eſtre conſideré comme ſi c'eſtoient deux angles égaux, dont l'un
euſt pour coſtez & pour baſes T. T. B. & l'autre p. p. b.
& ainſy les deux angles ſur la baſe de l'un eſtant égaux aux
deux angles ſur la baſe de l'autre chacun à chacun, les
coſtez de l'un ſont proportionels aux coſtez de l'autre, &
les baſes auſſy. Et par conſequent T p :: T p :: B b.

TROISIEME COROLLAIRE.

LORSQUE deux angles ont leur ſommet également diſtant de leur baſe, & que par conſequent ils peuvent eſtre
compris dans le même eſpace parallele(ſelon le 7ᵉ Lemme)   XXI.

fi l'on donne à ces deux angles de nouvelles bafes paralleles aux anciennes, & dont chacune en foit également dif-
tante, ces deux nouvelles bafes feront proportionelles
aux deux anciennes.

Suppofons que les deux bafes de ces deux angles, lefquelles j'appelleray B & *B*, foient fur la même ligne, la
ligne qui joindra les fommets fera parallele à cette ligne.
D'où il s'enfuit,

1°. Que confiderant dans chacun de ces angles un feul
cofté, dont j'appelleray l'un T & l'autre *T*, ce feront deux
lignes dans le même efpace parallele.

2°. Que les deux nouvelles bafes, que j'appelleray b & *b*,
eftant paralleles aux anciennes, & en devant eftre chacune
également diftantes, fe trou-
veront neceffairement dans la
même ligne parallele à l'efpace.

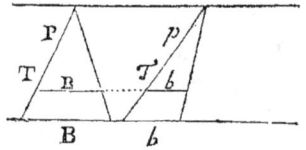

Donc par le 1er Corollaire
du 1er Theoreme : cette ligne
parallele à l'efpace coupe proportionellement T & *T*, &
ainfy appellant p la premiere partie de T & *p* la premiere
partie de *T*,   T p :: *T p*.

Or par le Corollaire precedent chacun de ces angles
ayant deux bafes paralleles ⎰ T p :: B b.
                            ⎱ *T p* :: *B b*.

Donc les deux raifons de B b & de *B b* font égales,
puifque chacune eft égale à chacune des deux raifons T p
& *T p* qui font égales entr'elles.   Donc

B b :: *B b*. Donc *alternando* B *B* :: b *b*.

QUATRIEME COROLLAIRE.

XXII. Si d'un même point on
tire plufieurs lignes à la même ligne comprifes entre la
premiere & la derniere, &
qu'on tire des paralleles à
celle-là qui foient auffy
comprifes entre la premiere

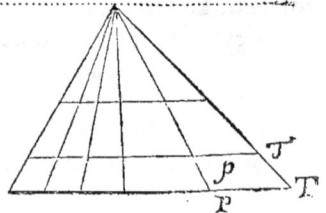

& la derniere de ces lignes tirées du même point, toutes
ces paralleles feront coupées proportionellement, c'estadire que chaque toute & fa premiere partie feront en même raifon que chaque autre toute & fa 1re partie, & ainfy
du refte.

Il fuffit d'examiner deux de ces paralleles comme eft la
derniere, que j'appelleray T, & fa premiere partie p, &
une autre que j'appelleray T, & fa premiere partie p, &
ainfy il faut prouver que

$$T p :: T p.$$

Et pour cela il ne faut que confiderer, 1°. Que ces lignes
tirées d'un même point font divers angles, que la premiere & la derniere font l'angle total, qui a toutes les paralleles entieres pour fes diverfes bafes. Que la premiere & la
2e font le premier angle partial, qui a toutes les premieres
parties de ces paralleles pour fes diverfes bafes, & ainfy du
refte.

2°. Que tous ces angles font dans le même efpace parallele, parcequ'on peut tirer une ligne par leur fommet
commun qui fera parallele à la derniere bafe de l'angle
total.

Donc T eftant la derniere bafe de l'angle, & p la derniere bafe du 1er angle partial, laquelle eft partie de la ligne T & p, dont T eft une autre bafe de l'angle total, & p
une autre bafe du 1er angle partial, feront auffy fur une
même ligne parallele à l'efpace, puifque p eft partie de T.

Donc par le Corollaire precedent les deux dernieres
bafes de ces deux angles T & p feront en même raifon que
leurs deux autres bafes T & p. Donc

$$T p :: T p.$$

Donc par la même raifon chaque parallele & fa 1re partie feront en même raifon que chaque autre parallele & fa
1re partie.

Et on prouvera la même chofe avec la même facilité de
chacune des autres parties, en comparant toûjours enfemble celles qui font renfermées entre les deux mêmes
lignes.

CINQUIEME COROLLAIRE.

XXIII.   Si l'une de ces paralleles renfermées entre la 1.re & la dernière de plusieurs lignes tirées du même point, & divisée par ces lignes en parties aliquotes, c'estadire en un certain nombre de parties égales, toutes les autres sont divisées par les mêmes lignes en aliquotes pareilles.

C'est une suitte manifeste du precedent Corollaire. Car si chaque partie de l'une de ces paralleles en est par exemple la dixième partie, il faut que chaque partie de chaque autre parallele en soit aussy la dixième partie, puisque chaque parallele & chacune de ses parties sont en même raison que chaque autre parallele, & chacune de ses parties semblables.

SIXIEME COROLLAIRE.

XXIV.   Si un angle à plusieurs bases paralleles, toutes les lignes tirées du sommet qui couperont ces bases, les couperont proportionellement. D'où il s'ensuit qu'en quelques aliquotes que l'une de ces bases paralleles soit divisée, toutes les autres le seront en aliquotes pareilles.

Ce n'est que les deux precedens Corollaires un peu autrement énoncez.

SEPTIEME COROLLAIRE.

XXV.   LES deux cordes d'un cercle sont proportionelles aux deux cordes d'un autre cercle, si les arcs que soutiennent les unes sont proportionellement égaux aux arcs que soutiennent les autres, chacun à chacun.

Soient considerées les deux cordes d'un cercle, comme jointes & faisant un angle inscript : telles que sont *b c* & *b d* d'une part ; & *B C* & *B D* de l'autre. (Car si elles ne faisoient pas d'angle inscript dans chaque cercle, il ne faudroit qu'en prendre d'égales à celleslà qui en fissent, puisque soutenant des arcs égaux dans chaque

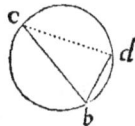

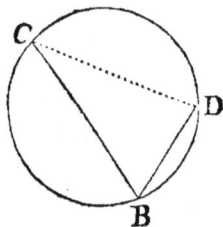

chaque cercle, par V. 26. ce sera la même chose pour juger de la proportion.) Cela supposé,

L'angle *c b d* inscrit dans le premier cercle est
égal à l'angle *C B D* inscrit dans le second cercle , par
IX. 21.

Et les angles que font les costez *b c* & *b d* sur la base *d c*,
sont égaux aux angles que font les costez *B C* & *B D* sur
la base *D C*, chacun à chacun, par IX. 21.

Donc par le 2ᵉ Theoreme,

$$bc.\ BC :: bd.\ BD :: dc.\ DC.$$

HUITIEME COROLLAIRE.

Si deux cordes de divers cercles soutiennent des arcs XXVI.
proportionellement égaux, (c'estadire d'autant de degrez) elles sont proportionelles aux diametres de ces cercles.

C'est une suitte du precedent. Car les diametres soutiennent des arcs proportionellement égaux dans chaque
cercle, puisqu'ils en soutiennent la demycirconference.
C'est donc la même preuve & encore plus facile.

NEUVIEME COROLLAIRE.

Si deux cordes égales de divers cercles soutiennent XXVII.
chacune autant de degrez , les cercles sont égaux. Car
par le precedent Corollaire elles sont en même raison que
les diametres des cercles. Donc si elles sont égales , les
diametres sont éganx. Donc les cercles sont égaux.

TROISIEME THEOREME.

DEUX Angles quoyqu'inégaux ont neanmoins leurs XXVIII.
costez proportionels, lorsque le costé de l'un sur sa base
fait un angle égal à celuy que fait aussy sur la base l'un des
costez de l'autre, & que l'autre costé du premier angle
faisant sur sa base un angle obtus,& l'autre costé du second
angle faisant un angle aigu sur la sienne, l'aigu est le complement de l'obtus, en sorte que tous les deux ensemble
valent deux angles droits.

Cc

Cette derniere condition se peut encore exprimer en
une autre maniere, qui est que ces deux costez, l'un d'un
angle & l'autre de l'autre, fassent chacun sur sa base le même angle aigu, mais que l'un le fasse au dehors de la base
& l'autre au dedans.

Cette derniere expression fait
entrer plus facilement dans la
demonstration de ce Theoreme.

Soient les deux angles, dont
l'un ait pour costez *C* & *D* ; &
pour base *B*. Et l'autre pour
costez *c* & *d* ; & pour base *b*.

Je suppose, 1°. Que les angles
que les costez *C* & *c* font chacun sur leur base sont égaux.

2°. Que le costé *D* fait un angle obtus sur la base *B*, & *d* un
angle aigu sur la base *b*, mais que
cet aigu est égal au complement
de cet obtus. D'où il s'ensuit,

Que l'angle aigu que *D* fait
sur la base en dehors en la conce-
vant prolongée, est égal à l'angle aigu que *d* fait sur la
sienne en dedans.

Cela estant, je dis que   *C*. *c* :: *D*. *d*.

Car soient faits des deux angles deux espaces paralleles
en prolongeant les bases *B* & *b* autant qu'il est necessaire,
& tirant par chacun des sommets des paralleles à ces bases.
Et celuy de ces espaces dans lequel sont *C* & *D* soit appellé
A, & l'autre *E*.

Par l'hypothese l'angle aigu que fait *C* dans l'espace *A*
est égal à l'angle aigu que fait *c* dans l'espace *E*.

Donc par le 4ᵉ Lemme *C* & *c* sont également inclinées
chacune dans son espace.

De même par l'hypothese l'angle aigu que fait *D* dans
l'espace *A* (sur la base *B* prolongée) est égal à l'angle aigu
que fait *d* dans l'espace *E*.

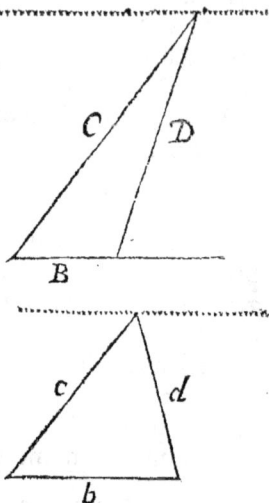

Donc par le 4ᵉ Lemme D & d font également inclinées chacune dans fon efpace, & il n'importe que D foit autrement tournée au regard de c, car cela ne change en rien l'inclination de chacune dans fon efpace. Donc par le 1ᵉ' Theoreme,

$$C.c \ :: \ D.d. \ \& \ alternando \ C.D \ :: \ c.d.$$

AUTRE DEMONSTRATION.

Sɪ on tire une ligne du fommet fur la bafe B prolongée égale à D, l'angle aigu que fera cette ligne que j'appelleray P fur B prolongée fera égal au complement de l'obtus que fait D fur B, & par confequent à l'aigu que fait d fur c.

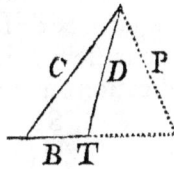

XXXI.

Donc les deux angles dont l'un a pour fes coftez C & P, & l'autre c & d, font femblables par le 6ᵉ Lemme.

Donc $C.c \ :: \ P.d.$

Or par la conftruction P eft égale à D.   Donc

$$C.c \ :: \ D.d.$$

AVERTISSEMENT.

Cette derniere demonftration, quoyque moins bonne que la XXXII. *premiere, a cela d'utile qu'elle fait voir plus clairement la difference qu'il y a entre ce 3ᵉ Theoreme & le 2ᵉ, qui eft que dans le 2ᵉ non feulement les coftez d'un triangle font proportionels à ceux de l'autre, mais auffy la bafe; au lieu que dans celuy-cy il n'y a que les coftez de proportionels, eftant bien clair que la bafe* B, *fur laquelle eft l'angle obtus, doit eftre plus petite à proportion que la bafe* b.

Car appellant T *la bafe* B, *prolongée jufques à* P, *il eft clair que l'angle qui a pour coftez* C, *&* P *&* T *pour bafe eft femblable à l'angle qui a pour coftez* c *&* d, *&* b *pour bafe.*

Donc par le 2ᵉ Theoreme $\left.\begin{array}{c} C.c \\ P.d \end{array}\right\} :: T.b.$

Or B *n'eft que partie de* P, *donc il n'y a pas la même raifon de* B *à* b, *que de* C *à* c.

PREMIER COROLLAIRE.

Uɴᴇ ligne que j'appelleray la coupante eftant inclinée XXXIII. fur une autre que j'appelleray la coupée, fi de l'extremité

& d'un autre point de cette
coupante on tire deux li-
gnes de part & d'autre qui
faſſent des angles égaux ſur
la coupée, la coupante entiere ſera à ſa partie vers la
coupée comme la ligne ti-
rée de ſon extremité à l'autre ligne tirée de ſon autre point.

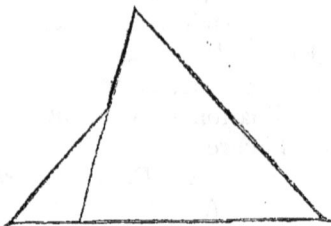

J'en laiſſe à trouver la demonſtration, qui n'eſt qu'une
application du precedent Theoreme.

SECOND COROLLAIRE.

XXXII.   Si un angle a diverſes baſes diverſement inclinées ſur
ſes coſtez, la ligne qui diviſera cet angle par la moitié fera
que les deux parties de chaque baſe ſeront proportionelles
aux deux coſtez de cet angle ſelon cette baſe. Il ſuffira de
le demonſtrer en une ſeule baſe.

Soit un angle diviſé par la moitié par la ligne p. Soit l'un de ces
coſtez appellé C & l'autre c, la
partie de la baſe qui joint C appellée D, & l'autre d.

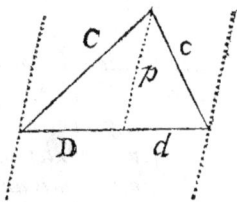

Si on tire par les extremitez de
la baſe des paralleles à p, il y aura
deux eſpaces paralleles.

Celuy dans lequel ſont C & D ſoit appellé A, & l'autre
E, par le 9ᵉ Lemme D & d ſont également inclinées chacune dans ſon eſpace.

Et par l'hypotheſe C & c ſont auſſy également inclinées
chacune dans le ſien, puiſque les angles aigus que chacune
fait ſur p ſont égaux.

Donc par le premier Theoreme,
  $C. c :: D. d.$ & alternando $C. D :: c. d.$

TROISIEME COROLLAIRE.

XXXIII.   Si la ligne qui diviſe un angle en diviſe auſſy la baſe
proportionellement aux coſtez, c'eſtadire en ſorte que les
deux coſtez de l'angle ſoient en même raiſon que les deux

parties de la base, l'angle est divisé par la moitié.

C'est la converse du precedent Corollaire qui se prouve en cette maniere.

Soit l'angle *b k d* divisé par *k c*, en sorte que

$$b c.\ c d :: k b.\ k d.$$

Si nous supposons que ce même angle est divisé par la moitié par *k x*, il s'ensuit par le precedent Corollaire que

$$b x.\ x d :: k b.\ k d.$$

Donc $b x.\ x d :: b c.\ c d.$

Donc *componendo* $b d.\ x d :: b d.\ c d.$

Donc les points *x* & *c* ne sçauroient estre que le même point, & *k x* & *k c* la même ligne. Donc *k c* divise l'angle par la moitié. Ce qu'il falloit demonstrer.

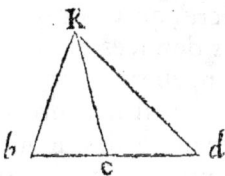

PREMIER PROBLEME.

TROUVER une 4ᵉ proportionelle. C'estadire ayant la **XXXIV.** 1ʳᵉ, la 2ᵉ & la 3ᵉ, de 4 lignes proportionelles trouver la 4ᵉ.

Ou ayant les deux premiers termes d'une raison, & l'antecedent de la 2ᵉ, en trouver le consequent.

Le moyen le plus facile est de se servir pour cela du premier Corollaire du second Theoreme. (13. ī.) Et ainsy donnant les mêmes noms aux trois données & à la 4ᵉ, qui est à trouver, j'appelleray

La 1ʳᵉ   p.
La 2ᵉ   q.
La 3ᵉ   *p*.
Et la 4ᵉ à trouver   *q*.

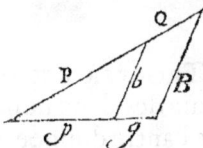

Cela estant, il faut

1°. Mettre p & q sur une même ligne.

2°. Faire un angle de *p* la 3ᵉ avec p la 1ʳᵉ.

3°. Joindre par *b* les extremitez de la 1ʳᵉ & de la 3ᵉ.

4°. Prolonger indefiniment *p* la 3ᵉ.

5°. De l'extremité de q la 2ᵉ tirer *B* parallele à *b*, jusqu'à la rencontre de *p* prolongée.

Le prolongement de p jufqu'à la rencontre de B fera la 4ᵉ que l'on cherche. Car il eft clair par le Corollaire fufdit (13. $\tilde{5}$.) que   p. q :: $p. q.$

XXXV.   On peut encore faire la même chofe d'une autre maniere, qui eft de renfermer la plus petite des deux premieres données dans la plus grande : & alors la plus grande s'appellera T, & la plus petite qui en eft partie p.

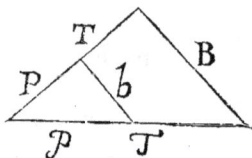

Mais il faut prendre garde fi la premiere des données eft la plus petite ou la plus grande. Car fi c'eft la plus grande, il faudra commencer par T, & la 3ᵉ fera auffy T. Et alors pour trouver p, qui fera la 4ᵉ que l'on cherche, apres avoir joint par B les extremitez de T & de T. b parallele à B eftant tirée de l'extremité de p fur T donnera p. Car il eft encor clair par le même Corollaire que

$$T.p :: T.p.$$

Que fi la 1ʳᵉ des deux données eft la plus petite, la 3ᵉ fera p, & la 4ᵉ à trouver fera T. De forte qu'apres avoir joint par b les extremitez de p & p, il faudra prolonger p, & tirant de l'extremité de T fur le prolongement de p, B parallele à b, on aura T pour la 4ᵉ à trouver. Car par le même Corollaire (13. $\tilde{5}$.) *permutando.*

$$p. T :: p. T.$$

Corollaire.

XXXVI.   Trouver une 3ᵉ proportionelle, c'eftadire faire que l'une des deux données foit moyenne proportionelle entre l'autre donnée & la trouvée. C'eft la même chofe que le precedent, excepté qu'une feule des deux données tient lieu de la 2ᵉ & de la 3ᵉ.

Second Probleme.

XXXVII.   Trouver la ligne qui foit à une ligne donnée en raifon donnée.

Soit la ligne donnée p, la raifon donnée $m.n$, la ligne que l'on cherche x. Ainfy il faut trouver

$$x. p :: m. n.$$

Or pour cela il ne faut que transporter les termes en commençant par *n*, & les mettant ainsy,

$$n. m :: p. x.$$

& puis trouver *x* par le Probleme precedent. Ce qu'estant fait on aura ce que l'on cherche, parce que si

$$n. m :: p. x.$$
permutando
$$x. p :: m. n.$$ Ce qu'il falloit demonstrer.

TROISIEME PROBLEME.

DIVISER une ligne donnée en quelques aliquotes que XXXVIII. l'on voudra.

Soit *D* la ligne à diviser, tirer au dessous ou au dessus une parallele indefinie que j'appelleray *P*. Prendre dans *P* autant de parties égales qu'on veut en avoir en la division de *D*, & prendre garde qu'elles soient notablement plus grandes ou plus petites que ne peuvent estre celles de *D*; puis des deux points entre lesquels sont comprises toutes les parties égales qu'on a prises dans *P*, tirer deux lignes par les extremitez de *D*, jusques à ce qu'elles se joignent: toutes les lignes tirées de ce point là à tous les points de la division de *P* qui couperont *D*, la diviseront en autant de parties égales qu'on en aura pris dans *P*.

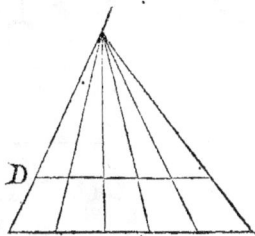

La preuve en est cy-dessus dans le 5e Corollaire du 2e Theoreme. (22.5.)

NOVVEAVX ELEMENS
DE
GEOMETRIE·
LIVRE ONZIEME.

DES LIGNES RECIPROQUES.

CE livre cy sera encore de la proportion des lignes, & contiendra plusieurs choses nouvelles que l'on jugera peutestre plus belles & plus generales, que tout ce qu'on a trouvé jusques icy sur cette matiere des proportions, en ne se servant que des lignes droittes & des cercles.

Pour les mieux faire entendre nous proposerons quelques Lemmes qui feront voir aussy en quoy est different ce que l'on traitte dans ce livre de ce qui vient d'estre traitté dans le livre precedent.

PREMIER LEMME.

1. QUAND il y a proportion entre 4 lignes, on y doit remarquer en les comparant deux à deux, deux rapports fort differens.

L'un est celuy qui fait dire que les unes sont proportionelles aux autres.

Et l'autre, que les unes sont reciproques aux autres.

Car si on compare ou la 1re & la 3e avec la 2e & la 4e: c'est adire c'estadire les deux antecedens avec les deux consequens ;

Ou les deux premieres avec les deux dernieres, c'estadire le 1er antecedent & son consequent avec le 2^e antecedent & son consequent ; on dit alors que les unes sont *proportionelles* aux autres.

Mais si on compare la 1re & la 4^e avec la 2^e & la 3^e, c'estadire les extrêmes avec les moyens ; on dit alors que les unes sont *reciproques* aux autres.

Tout ce que nous avons dit dans le Livre precedent ne regarde que le premier rapport.

Et tout ce que nous dirons dans celuy-cy ne regarde presque que le second, & c'estpourquoy nous l'avons intitulé des lignes reciproques.

SECOND LEMME.

UNE seule ligne peut estre ditte reciproque à deux lignes, & deux lignes estre reciproques à une seule. Mais c'est lors seulement que cette ligne que l'on compare seule avec deux autres est moyenne proportionelle entre ces deux autres. Car alors elle en vaut deux, parcequ'elle fait deux termes de la proportion. Le premier & le dernier quand on commence par elle : comme si je dis, une ligne de 6 pieds est à une de 4 comme une de 9 à une de 6 : ou le 2e & le 3e quand on la met au milieu, comme si je dis 4. 6 :: 6. 9. Et il faut remarquer que quoique cette derniere disposition soit la plus ordinaire, il y a neanmoins des rencontres où il est utile de se servir de la premiere, comme on pourra voir à la fin de ce Livre.

TROISIEME LEMME.

LORSQU'UN angle a deux bases, & que les deux angles sur une base sont égaux aux deux angles sur l'autre base chacun à chacun, cela peut arriver en deux manieres.

La premiere est quand l'angle que l'une des bases fait sur un costé est égal à l'angle que l'autre base fait sur le même costé. (J'appelle le même costé la même ligne droite tirée du sommet, quoique considerée selon les diverses bases elle tienne lieu de deux costez.)

Or il est visible que cela ne peut estre que quand les

D d

11.

112.

bafes de cet angle font paralleles, comme l'on a veu X. 13.

La feconde maniere eft quand l'angle qu'une bafe fait fur un cofté eft égal à l'angle que l'autre bafe fait fur l'autre cofté. Et alors on peut appeller ces bafes *antiparalleles*, pour marquer leur effet oppofé à celuy des bafes paralleles. Ce font ces fortes de bafes qui feront prefque toutes les preuves dans tout ce Livre.

QUATRIEME LEMME.

IV.

LES bafes paralleles d'un même angle ne peuvent eftre difpofées que d'une feule maniere, qui eft d'eftre toutes feparées l'une de l'autre. Car c'eft le propre des paralleles de ne fe pouvoir jamais joindre. Mais les antiparalleles peuvent eftre difpofées en trois manieres differentes.

PREMIERE DISPOSITION DES ANTIPARALLELES.

V.

LA premiere reffemble à celle des paralleles, les deux antiparalleles eftant auffy toutes feparées, & alors il eft vifible que les coftez de cet angle felon la derniere bafe que nous appellerons B, comprennent les coftez de ce même angle felon la premiere bafe que nous appellerons b : & ainfy les unes font *toutes*, & les autres leurs premieres parties, c'eftadire leur partie la plus proche du fommet (& remarquez que dans tout ce Livre ce fera toûjours celle là que nous entendrons par le nom de partie, ou de 1re partie.)

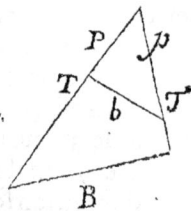

C'eftpourquoy comme dans l'autre Livre nous appellerons toûjours les deux toutes   **T. *T*.**
& leurs parties   p. *p*.
de forte que p de caractere romain fera toûjours la partie de **T** du même caractere romain : Et *p* de caractere italien fera toûjours la partie de *T* de caractere italien.

Or afin que les bafes B & b foient antiparalleles, il eft clair qu'il faut;

Que l'angle que **T** premiere toute fait fur B, foit égal à l'angle que *p* partie de la feconde toute fait fur b. Et que l'angle que *T* feconde toute fait fur B foit égal à l'angle que p partie de la premiere toute fait sur b.

SECONDE DISPOSITION DES ANTIPARALLELES.

LA seconde est quand elles se croisent. Et alors ce ne   V I.
sont pas les deux toutes qui sont les costez au regard d'une
base, & les deux parties qui le sont au regard de l'autre,
comme dans la premiere disposition.

Mais les costez au regard de chaque
base sont une toute & la partie de l'autre
toute Et ainsy pour distinguer les deux
bases nous appellerons B celle qui se trouve terminée par l'extremité de T , & l'autre b.

*Or afin que les bases soient antiparal-
leles dans cette disposition , il est clair
qu'il faut que les angles que les deux tou-
tes font, l'une sur B & l'autre sur b, soient égaux ; Et que
ceux que les deux parties font l'une sur B & l'autre sur b
soient égaux aussy.

TROISIEME DISPOSITION DES ANTIPARALLELES.

LA troisième est quand les deux bases se joignent en un   V I I.
même point de l'un des costez. Et alors comme ce costé
n'est point partagé , & que seul il tient lieu d'une toute &
de sa partie, nous l'appellerons M, appel-
lant à l'ordinaire la derniere base B , la
premiere b , le costé partagé T , & sa
partie p.

Or afin que les bases B & b soient antiparalleles, il faut que l'angle que T fait
sur B soit égal à l'angle que M fait sur b,
& que l'angle que M fait sur B (qui comprend celuy qu'elle fait sur b) soit égal à
l'angle que p fait sur b.

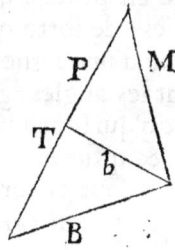

CINQUIEME LEMME.

LORSQUE deux lignes se coupant font 4 angles qui sont   V I I I.
deux à deux opposez au sommet, & par consequent égaux,
on peut donner des bases à deux de ces angles opposez au
sommet qui soient telles que ces angles soient semblables,

c'eſtadire, que les deux angles ſur la baſe de l'un ſoient égaux aux deux angles ſur la baſe de l'autre chacun à chacun. Mais cela peut arriver en deux manieres que pour mieux faire entendre p & q de caractere romain marqueront les deux parties d'une même ligne, & *p* & *q* de caractere italien les deux parties de l'autre ligne. Et de plus, comme chaque angle doit avoir pour ſes coſtez la partie d'une ligne & la partie d'une autre ligne, p & *p* ſeront les coſtez d'un angle, & q & *q* les coſtez de l'autre.

Soit enfin appellée *B* la baſe de l'angle qui a p & *p* pour ſes coſtez, & *b* celle de l'angle qui a q & *q* pour ſes coſtez. Cela eſtant, voicy les deux manieres dont ces angles oppoſez au ſommet peuvent eſtre ſemblables.

La 1ʳᵉ eſt quand ce ſont les angles alternes qui ſont égaux ſur les deux baſes. C'eſtadire quand ce ſont les deux parties d'une même ligne, comme p & q, qui font des angles égaux p ſur *B*, & q ſur *b*, & ainſy des deux autres, & alors il eſt clair que ces deux baſes doivent eſtre paralleles.

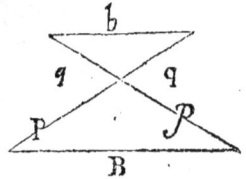

1 X. La 2ᵉ eſt quand ce ſont les angles de proche en proche qui ſont égaux ſur les deux baſes: de ſorte que ce ſont p & *q*, parties l'une d'une ligne & l'autre de l'autre, qui font les angles égaux p ſur *B*, & *q* ſur *b*, & *p* & q qui font auſſy les angles égaux *p* ſur *B*, & q ſur *b*.

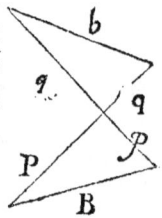

Ce ſont encore ces baſes que nous appellerons *antiparalleles*, pour marquer leur effet contraire à celuy des paralleles.

SIXIEME LEMME.

X. COMME lorſqu'un angle a deux baſes paralleles, on peut & on doit conſiderer ces coſtez ſelon une baſe dans un eſpace parallele, & ſes autres coſtez ſelon l'autre baſe dans un autre eſpace parallele. Il en eſt de même quand les baſes ſont antiparalleles, avec cette difference,

Que quand les bases sont paralleles une seule ligne tirée par le sommet fait trois espaces paralleles. Le 1ᵉ¹ compris entre le sommet & la derniere base. Le 2ᵉ entre le sommet & la 1ʳᵉ base. Le 3ᵉ entre les deux bases.

Mais quand elles sont antiparalleles, ce 3ᵉ espace ne peut pas estre parallele. Et pour les deux autres on ne les peut concevoir qu'en s'imaginant deux lignes differentes tirées par le sommet, l'une parallele à *B*, & l'autre parallele à *b*. Car *B* & *b* n'estant pas paralleles entr'elles, il est visible qu'une seule ligne ne peut pas estre parallele à l'une & à l'autre; mais il suffit de s'imaginer ces lignes tirées par le sommet, sans qu'il soit necessaire de les décrire.

Et ainsy nous devons toûjours nous imaginer dans ces angles qui ont deux bases antiparalleles deux espaces paralleles. L'un que j'appelleray *A*, compris entre le sommet & *B*. Et l'autre que j'appelleray *E*, compris entre le sommet & *b*.

Et de plus il faut remarquer,

Que dans la 1ʳᵉ disposition des bases antiparalleles les deux toutes T & *T* sont dans l'espace *A*, & les deux parties p & *p* dans l'espace *E*.

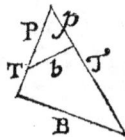

XI.

Que dans la seconde, qui est quand les bases se croisent, T & *p* sont dans l'espace *A*; & *T* & p dans l'espace *E*.

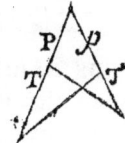

XII.

XIII.

Que dans la 3ᵉ, qui est quand elles se joignent en un seul point d'un costé, *M* se trouve dans l'un & l'autre espace. Car l'espace *A* comprend T & *M*: Et l'espace *E*. *M* & p.

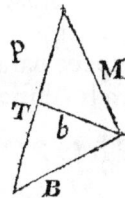

SEPTIEME LEMME.

Il en est de même quand les angles opposez au sommet   XIV. ont leurs bases antiparalleles.

Car il se faut imaginer deux lignes tirées par le sommet commun, dont l'une soit parallele à *B* & l'autre à *b*; &

ainſy l'on aura deux eſpaces paralleles, l'un compris entre
le ſommet & *B* (dans lequel ſont p & *p*) que nous appellerons *A*. Et l'autre compris entre ce même ſommet & *b*
(dans lequel ſont q & *q*) que nous appellerons *E*.

HUITIEME LEMME.

X V.
     TOUT ce qu'on aura à prouver dans ce Livre le ſera par
le 1ᵉʳ Theoreme du Livre precedent, que je repeteray encore icy, afin qu'on l'ait plus preſent dans l'eſprit.

     Si deux lignes (comme *C* & *D*)
ſont dans un même eſpace parallele, comme eſt l'eſpace *A*.

     Et que deux autres lignes com-
me (*c* & *d*) ſoient dans un autre
eſpace parallele, comme eſt l'eſpace *E*.

     Si *C* & *c* ſont également incli-
nées; *C* dans *A*, & *c* dans *E*, &
que *D* & *d*, ſoient auſſy également inclinées *D* dans *A* &
d dans *E*, les deux également inclinées entr'elles ſont proportionelles aux deux qui le ſont auſſy entr'elles.

$$C.c :: D.d. \text{ & alternando } C.D :: c.d.$$

NEUVIEME LEMME.

X V I.
     POUR ne ſe point brouïller en diſpoſant les termes, il eſt
bon de s'aſtraindre à donner toûjours pour 1ᵉʳ & 2ᵉ termes de la proportion les également inclinées dans les deux
differens eſpaces paralleles, & de même au regard du 3ᵉ &
du 4ᵉ. Et pour 1ᵉʳ & 3ᵉ termes, celles qui ſont dans le même eſpace parallele. Et de même au regard du 2ᵉ & du 4ᵉ.
Sauf à les diſpoſer apres autrement, *Alternando*.

I. PROPOSITION FONDAMENTALE

DES RECIPROQUES.

X V I I.
     LORSQU'UN même angle a deux baſes antiparalleles,
une toute & ſa partie ſont reciproques à l'autre toute & à
ſa partie. C'eſtadire que

$$T.p :: T.p \text{ ou } T.T :: p.p.$$

PREMIERE PREUVE DANS LA PREMIERE
DISPOSITION DES ANTIPARALLELES.

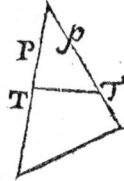

XVIII.

DANS cette diſpoſition les deux toutes T & T ſont dans l'eſpace A, & les deux parties p & p ſont dans l'eſpace E. (par 11. ſ.)

Or par 5. ſ. T & p ſont également inclinées, T dans A, & p dans E. & T & p également inclinées, T dans A, & p dans E.

Donc (par 15. ſ.) T. p :: T. p.

Or T & ſa partie p ſont les extremes de la proportion, dont T & p ſa partie ſont les moyens.

Donc une toute & ſa partie ſont reciproques à l'autre toute & à ſa partie.

SECONDE PREUVE DANS LA SECONDE
DISPOSITION DES ANTIPARALLELES.

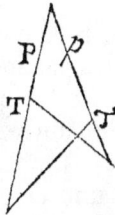

XIX.

DANS cette 2ᵉ diſpoſition T & p (partie de l'autre toute) ſont dans l'eſpace A, & T & p dans l'eſpace E. (par 12. ſ.)

Or (par 5. ſ.) T & T ſont également inclinées, T dans A, & T dans E. Et de même p & p également inclinées, p dans A & p dans E.

Donc (par 15. ſ.) T. T :: p. p.

Je reſerve la 3ᵉ diſpoſition pour un Corollaire à part.

COROLLAIRE.

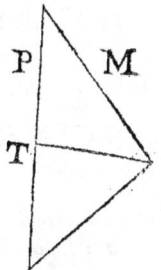

XX.

QUAND un angle a deux baſes antiparalleles dans la 3ᵉ diſpoſition, qui eſt quand elles ſe joignent à un ſeul point d'un coſté, ce coſté eſt moyenne proportionelle entre l'autre coſté entier & ſa partie : C'eſtadire que

$$T . M :: M . p.$$

Car (par 13. ſ.) dans cette diſpoſition M eſt dans l'un & l'autre eſpace, parceque T & M ſont dans l'eſpace A, & M & p dans l'eſpace E.

Or (par 5. $\tilde{s}$.) T & *M* font également inclinées, T dans l'efpace *A*, & *M* dans l'efpace *E*.

Et *M* & p font également inclinées, *M* dans l'efpace *A* & p dans l'efpace *E*.

Donc (par 15. $\tilde{s}$.) *T*. *M* :: *M*. p.

II. PROPOSITION FONDAMENTALE
Des Reciproques.

XXI.   Quand deux lignes fe coupant font deux angles oppo- fez au fommet qui ont des bafes *antiparalleles*, les parties de l'une de ces lignes qui fe coupent en ce fommet font re- ciproques aux parties de l'autre. (*Voyez la figure du n.* 9.)

Car (par 14. $\tilde{s}$.) p & *p* font dans l'efpace *A*, & q & *q* font dans l'efpace *E*.

Or (par 9. $\tilde{s}$.) p & *q* font également inclinées, p dans *A*, & *q* dans *E*.

Et *p* & q également inclinées, *p* dans *A* & q dans *E*.

Donc (par 15. $\tilde{s}$.)

$$p. q :: p. q.$$

Or p & q font les parties de la même ligne : & *p* & *q* font les parties de l'autre ligne.

Donc les parties d'une ligne font reciproques aux par- ties de l'autre.

COROLLAIRE.

XXII.   Si une de ces lignes qui en fe coupant font des angles oppofez au fommet, qui ont des bafes *antiparalleles*, eft divifée par la moitié, une feule de ces moitiez eft moyen- ne proportionelle entre les parties de l'autre ligne.

Cela eft clair, puifque c'eft la même chofe de donner pour les moyens de cette proportion les deux moitiez de la même ligne, ou une feule moitié prife deux fois.

PLAN GENERAL DE CE QUE L'ON PRETEND
MONTRER DANS LA SUITTE DE CE LIVRE.

XXIII.   *Il s'enfuit de tout ce que nous venons de dire, que pour avoir des lignes qui foient reciproques à d'autres, entre lef- quelles font auffy les moyennes proportionnelles, il ne faut qu'avoir ou un angle qui ait deux bafes antiparalleles, ou*

dcux

deux angles opposez au sommet qui ayent aussy deux bases antiparalleles.

L'un donnera des toutes & une de leurs parties qui sont reciproques à d'autres toutes & à une de leurs parties ; ou même
à une seule ligne qui sera moyenne proportionelle entre ces toutes & une de leurs parties.

L'autre donnera des parties d'une ligne qui seront reciproqu-
ques aux parties de l'autre, & même à une seule ligne qui sera
leur moyenne proportionelle.

Mais tout cela est peu de chose si on n'a les voies generales
pour trouver ces bases antiparalleles.

Or je pense avoir trouvé tout ce qui se peut trouver sur cela
en n'employant que les lignes droittes & les cercles.

Car 1. J'ay reconnu qu'il n'y a point de voie generale pour   **XXIV.**
couper tout d'un coup les costez d'un angle, ou les costez de deux
angles opposez au sommet par des bases antiparalleles, qu'en y
employant la circonference d'un cercle, & c'est pourquoy on ne
peut trouver sans cela de moyenne proportionelle entre deux
lignes données.

2. J'ay remarqué que les 4. lignes, dont deux par ce moyen   **XXV.**
sont reciproques à deux autres, ont toûjours un point commun,
qui est,

1. Ou le sommet de deux angles qui se touchent (ce qui n'est
qu'un cas assez particulier, & qui n'est pas dans l'analogie des
autres.)

2. Ou le sommet d'un angle qui a deux bases antiparalleles.

3. Ou le sommet de deux angles opposez à ce sommet, qui
ont aussy deux bases antiparalleles.

Or c'est, si je ne me trompe, avoir tout trouvé que d'avoir   **XXVI.**
consideré que ce point commun ne peut estre au regard du cercle
dont on a besoin que,

1. Ou dans la circonference.

2. Ou hors le cercle.

3. Ou dans le cercle.

Et de pouvoir ensuite determiner tout ce que cela doit faire,
c'estadire comment il se fait en tous ces cas là des bases antiparalleles. Car tout se reduit là.

E e

AVERTISSEMENT.

XXVII.   *Comme nous avons befoin pour prouver l'égalité des angles,*
qui fait que des bafes font antiparalleles de plufieurs nouvel-
les maximes touchant l'égalité des angles qui ont efté demonf-
trées dans le Livre IX. nous les propoferons encore icy en for-
me de Lemmes, afin qu'en y renvoyant,
nous nous difpenfions de dire fouvent les
mêmes chofes.

DIXIEME LEMME.

XXVIII.   L'ANGLE du fegment (qui eft celuy
qui eft compris entre une tangente &
une corde) a pour mefure la moitié de K
l'arc que foutient cette corde du cofté
de la tangente ; ainfy l'angle *c k d* a
pour mefure la moitié de l'arc *k d*.
IX. 13.

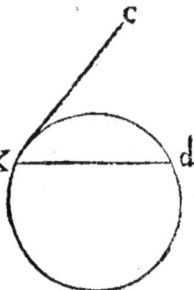

ONZIEME LEMME.

XXIX.   TOUT angle infcript au cercle a pour
mefure la moitié de l'arc fur lequel il eft
appuyé. D'où il s'enfuit que deux angles
infcripts au cercle font égaux quand ils
font appuyez fur le même arc, ou fur des
arcs égaux.

Ainfy l'angle *c k d* a pour mefure la
moitié de l'arc *c d*. IX. 18.

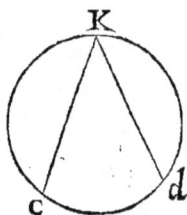

DOUZIEME LEMME.

XXX.   TOUT angle dont le fommet eft dans
la circonference, & qui a pour coftez
une corde, & une ligne hors le cercle
qui le coupe, a pour mefure la moitié
de l'arc qui foutient le cofté qui eft une
corde, plus la moitié de celuy que foutient le prolongement de l'autre cofté
qui eft au dehors du cercle.

Ainfy l'angle *c k d* a pour mefure la
moitié des arcs *k d* & *k f*. IX. 16.

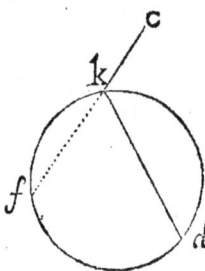

TREIZIEME LEMME.

TOUT angle qui se fait par la section
de deux cordes qui se coupent au dedans du cercle, a pour mesure la moitié de l'arc sur lequel il est appuyé,
plus la moitié de l'arc opposé. Ainsy
l'angle c k d a pour mesure la moitié
des arcs opposez d c & g f. IX. 42.

XXXI.

QUATORZIEME LEMME.

TOUT angle dont le som-
met est hors le cercle, & dont
un costé coupant le cercle est
terminé à l'extremité du diametre sur lequel l'autre costé
est perpendiculaire, a pour
mesure la moitié de l'arc que
soutient la partie du costé non

XXXII.

perpendiculaire au diametre laquelle est au dedans du cercle. Ainsy l'angle c k d a pour mesure la moitié de l'arc
f c. IX. 46.

DEUX AVIS DE LOGIQUE.

1.

Quand on a à prouver qu'un angle ayant deux bases, les XXXIII.
angles sur une sont égaux aux angles sur l'autre chacun à cha-
cun, on est asseuré que cela est, quand on a prouvé que l'un des
angles sur une base est égal à l'un des angles sur l'autre, parce-
qu'il s'ensuit de là necessairement que l'autre est égal aussy à
l'autre.

Cette preuve est convaincante, & on s'en doit passer quand
on ne peut mieux. Mais il faut avoüer qu'elle n'est pas si bonne
& ne fait pas si bien entrer dans la nature des choses, que celle
qui montre positivement que l'un & l'autre angle d'une base
est égal à l'un & l'autre angle de l'autre. Et c'est pourquoy je
ne me contenteray point de la premiere sorte de preuve, & me
serviray toûjours de cette derniere.

2.

Quand on a à prouver de plusieurs binaires de lignes, qu'ils XXXIV.

*font reciproques les uns aux autres, on en eſt aſſeuré quand on
peut montrer qu'ils ſont tous reciproques à un même binaire,
ou qu'ils ont tous la même moyenne proportionelle.*

*Mais quoique cela ſoit convaincant, l'eſprit ne reçoit pas
la même clarté & ne demeure pas ſi ſatisfait, que ſi on mon-
troit immediatement de chaque binaire qu'il eſt reciproque à
chaque autre.*

*Et ainſy, quoyqu'il me fuſt facile d'employer la premiere
voie, je me ſuis reſolu de n'employer que cette derniere comme
plus parfaite & plus lumineuſe pour parler ainſy, & peut
eſtre qu'on trouvera que ces deux exemples ſont remarquables
pour faire voir la difference qu'il y a entre convaincre l'eſprit
en le mettant hors d'eſtat de pouvoir douter qu'une choſe ſoit;
& le ſatisfaire pleinement en luy donnant toute la clarté qu'il
peut raiſonnablement deſirer.*

*Reprenons maintenant la diviſion propoſée, qui eſt que le
point commun aux lignes reciproques par la ſection du cercle,
eſt neceſſairement*

1. Ou dans la circonference.

2. Ou hors le cercle.

3. Ou au dedans du cercle.

PREMIERE VOIE GENERALE
DE TROUVER DES RECIPROQUES
QUAND LE POINT COMMUN EST DANS LA
CIRCONFERENCE.

ON en trouve par cette voie en deux manieres. L'une
par deux angles proches l'un de l'autre, & compris dans
un angle total; ce qui eſt une eſpece ſinguliere, & hors
l'analogie des autres Theoremes de ce Livre, ce qui fait
que nous l'appellerons, *le Theoreme anomal.*

L'autre par un angle qui a deux baſes antiparalleles.

PREMIERE MANIERE.
THEOREME ANOMAL.

XXXV.   LES deux coſtez de tout angle inſcript au cercle ſont
reciproques à la ligne entiere, qui le partageant par la moitié ſe termine à la circonference & à la partie de cette li-

gne comprife entre le fommet de l'angle coupé par la moitié & fa bafe.

Soit l'angle infcript E k E. Soit
pris le point K dans le fegment oppofé également diftant d'E & d'E.
La ligne k K qui coupe la bafe en E
c partage cet angle infcript par la
moitié, puifque les deux angles E
kK & EkK eftant appuyez fur
des arcs égaux font égaux (par
30. $\tilde{s}$.) qui eft le même qu'EkK,
EkK.

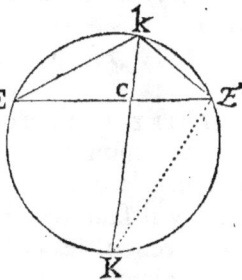

Or les angles E k c & E k K ne font pas feulement égaux,
mais ils font auffy femblables, c'eftadire que les angles fur
la bafe de l'un font égaux aux angles fur la bafe de l'autre
chacun à chacun.

Car les angles infcripts vers E & vers K font égaux (par
30. $\tilde{s}$.) parcequ'ils font appuyez fur le même arc k E.

2. (par 32. $\tilde{s}$.) L'angle k c E, a pour mefure la moitié de
l'arc k E fur lequel il eft appuyé, plus la moitié de l'arc
oppofé E K. Et l'arc E K eftant égal à l'arc E K, cette mefure eft égale à la moitié des arcs k E & E K, qui eft la
mefure de l'angle infcript k E K. (par 30. $\tilde{s}$.)

Donc les angles k c E & k E K font égaux.

Donc les angles E k c & E k K font femblables.

Donc (par XI. 17.)

$$k\text{E.} \quad k\text{K} :: k c. \quad k \text{E.}$$

Ce qu'il falloit demonftrer, puifque k E & k E font les
deux coftez de l'angle partagé par la moitié, & que k K
eft la ligne entiere qui le partage, & k c fa partie.

COROLLAIRE.

Si l'angle infcript eftoit Ifofcele, chaque cofté feroit   XXXVI.
moyenne proportionelle entre la toute qui le diviferoit
par la moitié & fa partie.

Car les coftez de l'angle eftant égaux, les prendre tous
deux, ou en prendre un deux fois, c'eft la même chofe.

Mais quand l'angle infcript eft Ifofcele, la ligne qui le

partage par la moitié eſt neceſſairement un diametre. Et
de plus les deux points E *E* eſtant alors également diſtans
de *k* auſſy bien que de *K*, cela revient à ce qui ſera demonſtré plus bas par une autre voie.

SECONDE MANIERE DE LA MESME
VOIE GENERALE.

XXXVII.   L'AUTRE maniere de trouver des reciproques quand le
point commun eſt dans la circonference, eſt de ſe ſervir pour cela d'un angle qui a deux baſes antiparalleles.
Surquoy il faut remarquer, que ce point eſtant dans la
circonference, les coſtez de l'angle qu'il a pour ſommet
ne ſçauroient eſtre coupez par la circonference que chacun en un endroit. Ce qui ne ſuffiroit pas pour determiner dans ces coſtez les points dont on puiſſe tirer des baſes
antiparalleles, puiſque pour deux baſes il faut avoir quatre
points differens dans les deux coſtez d'un angle, ou au
moins trois.

Il faut donc qu'il y ait une ligne droitte outre la circonference, afin que les coſtez de l'angle eſtant coupez par
l'une & par l'autre, le puiſſent eſtre en 4. endroits, ou au
moins en 3. quand un des coſtez ſera terminé par un point
commun à la ligne droitte & à la circonference.

*Voicy donc la propoſition generale ſur ce ſujet, qui eſt peut-
eſtre la plus belle & la plus generale qu'on puiſſe trouver ſur
les proportions des lignes par la geometrie ordinaire.*

PROPOSITION GENERALE.

XXXVIII.   SI d'un point dans la circonference on tire une ligne
indefiniment par le centre, & qu'on en tire une autre indefinie que j'appelleray *y*, qui coupe perpendiculairement celle qui paſſe par le centre, en quelque endroit
qu'elle la coupe, ſoit en coupant auſſy le cercle, ſoit en le
touchant, ſoit tout à fait hors le cercle; toutes les lignes
tirées du point dans la circonference qui ſeront ou coupées par *y*, & terminées par la circonference : ou coupées
par la circonference & terminées par *y*; ſeront telles, que
chaque toute & ſa partie vers le point commun ſeront reciproques à chaque autre toute & à ſa partie : & chaque

toute & fa partie auront pour moyenne proportionelle celle qui fera terminée à un point commun à *y*, & à la circonference.

CETTE propofition eft fi vafte & comprend tant de cas XXXIX. qu'on n'en fçauroit bien voir la verité, qu'en la confiderant dans ces càs particuliers qui font trois principaux.

Le 1er. Quand la ligne *y* coupe le cercle.

Le 2e. Quand elle le touche.

Le 3e. Quand elle eft tout à fait hors le cercle.

C'eft ce que nous traitterons par divers Theoremes.

PREMIER CAS.

LE 1er Cas eft quand *y* coupe le cercle. Et alors il n'eft XL. point neceffaire de dire que cette ligne doit eftre perpendiculaire à celle qui eftant tirée du point *K* paffe par le centre : car il fuffit de dire (ce qui eft la même chofe) qu'elle doit couper le cercle en deux points, que j'appelleray E & E, qui foient également diftans de *K*. Cela eftant vray, voicy le 1er Theoreme.

PREMIER THEOREME.

SI la ligne *y* coupe le cercle en deux points également XLI. diftans de *K*, toutes les lignes tirées du point *K* qui feront ou coupées par *y*, & terminées par la circonference, ou coupées par la circonference & terminées par *y*, feront telles que chaque toute & fa partie vers *K* feront reciproques à chaque autre toute & à fa partie vers *K*.

On peut faire fur cela trois comparaifons.

La 1re. De deux lignes qui font toutes deux coupées par *y* & terminées par la circonference.

La 2e. De deux lignes qui font toutes deux coupées par la circonference, & terminées par *y*.

La 3e. De deux lignes, dont l'une eft coupée par *y*, & terminée par la circonference ; & l'autre coupée par la circonference, & terminée par *y*.

PREMIERE COMPARAISON.

SOIENT tirées *K f*, qui coupe *y* en *c* ; & *K g* qui le coupe XLII. en *d* : je dis que les bafes *f g* & *c d* font antiparalleles. Donc tout le refte s'enfuit (par la 1re Propofition fondamentale, 5. 17.

Car (par 32. ſ.) l'angle $\kappa c E$ a pour meſure la moitié de l'arc $K E$ plus la moitié de l'arc Ef, & l'arc κE eſtant égal à l'arc κE, cette meſure eſt égale à la moitié des deux arcs κE & Ef. Or la moitié des deux arcs κE & Ef eſt la meſure de l'angle inſcript $\kappa g f$, parceque l'arc κEf, ſur lequel il eſt appuyé, comprend ces deux là.

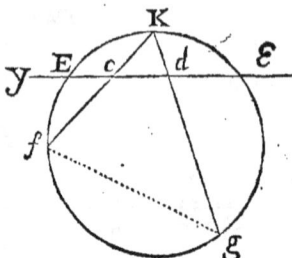

Donc l'angle $K c E$ (ou $\kappa c d$) eſt égal à l'angle $\kappa g f$. On prouvera la même choſe des angles $K d c$ & $K f g$. Donc ces deux baſes ſont antiparalleles.

Donc (par la 1ʳᵉ Prop. fond. ſ. 17.) la toute d'une part & ſa partie ſont reciproques à l'autre toute & à ſa partie. Ce qu'il falloit demonſtrer.

$$Kf.\ Kd :: Kg.\ Kc.$$
$$T.\ p\quad ::\quad T.p.$$

SECONDE COMPARAISON.

XLIII. Soient tirées kf qui coupe la circonference en c, & kg qui la coupe en d ; je dis que les baſes fg & cd ſont antiparalleles.

Car (par 33. ſ.) l'angle kfg a pour meſure la moitié de l'arc kc, qui eſt auſſy la meſure de l'angle inſcript $k d c$. Donc les angles kfg & $k d c$ ſont égaux.

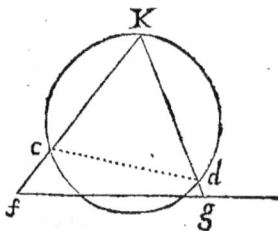

On prouvera de la même ſorte que les angles $k g f$ & $k c d$ ſont égaux.

Donc les baſes fg & $c d$ ſont antiparalleles.

·Donc $Kf.\ Kd :: Kg.\ Kc.$
$$T.\ p\ ::\ T.\ p.$$

TROISIEME COMPARAISON.

XLIV. Soient tirées $k\ f$ qui coupe la circonference en c, & kg qui coupe y en d.

Dans cette comparaiſon les baſes ſe croiſent. Car il faut

faut prendre pour les deux bafes fd & gc.

Or pour prouver qu'elles font antiparalleles , il faut montrer que les angles kfd. ou kfE. & kgc. font égaux. Ce qui eft facile, puifqu'il eft clair (par ce qui a efté dit (44. š.) que l'un & l'autre a pour mefure la moitié de l'arc kc, & pour les deux autres kdE & kcg, cela fe prouve auffy facilement (par ce qui a efté dit 43. š.) de l'égalité entre les angles kdc (ou kdE) & kgf.

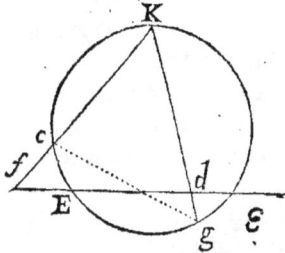

Donc les bafes fd & gc font antiparalleles.

Donc $Kf. Kg :: Kd. Kc.$

            $T. \ T :: p. \ p.$

SECOND THEOREME.
COROLLAIRE DU PREMIER.

La ligne tirée de k au point commun à la circonference & à y (c'eftadire kE ou kE) eft moyenne proportionelle entre chaque toute & fa partie, foit qu'elle foit coupée par y & terminée par la circonference, foit qu'elle foit coupée par la circonference & terminée par y.   XLV.

PREMIERE COMPARAISON.

Soit tirée kf qui coupe y en c, & kE, il ne faut que prouver que les bafes $f. E$ & $c. E$ font antiparalleles. Ce qui eft facile.

Car les angles infcripts kfE & kEc (ou kEE) font égaux , parceque (par 30. š.) l'un eft appuyé fur l'arc kE, & l'autre fur l'arc kE, qui font égaux.

Et pour les angles kcE, & kEf, leur égalité fe prouve de la même forte que l'égalité des arcs kfg & kdc, dans le 1er Theoreme. 1re Comparaifon.

Donc ces bafes font antiparalleles & difpofées en la 3e maniere expliquée dans le 4e Lemme.

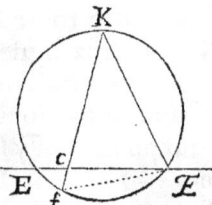

Ff

Donc $Kf. KE :: KE. Kc.$

$T. \quad m :: m. \quad p.$

SECONDE COMPARAISON.

XLVI.   Soit tirée kf qui coupe la circonference en c ; je dis que les bases fE & cE sont antiparalleles. Car les angles kfE & kEc ont pour mesure la moitié de l'arc kc, selon ce qui a esté dit, 1er Theoreme, 2e Comparaison, & les angles inscripts kEf, ou kEk & kcE sont appuyez sur les angles kE, kE, qui sont égaux.

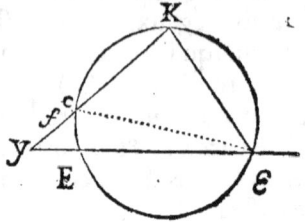

Donc $Kf. KE :: KE. Kc.$

$T. \quad m :: m. \quad p.$

SECOND CAS.

XLVII.   Le 2e Cas de la proposition principale (š. 39.) est quand la ligne y touche le cercle en un point diametralement opposé à k : ce qui comprend aussy deux Theoremes.

TROISIEME THEOREME.

XLVIII.   Quand y touche le cercle en un point diametralement opposé à k, toutes les lignes tirées de k sur cette ligne (qui ne peuvent pas n'estre point coupées par le cercle) sont telles, que chaque toute & sa partie sont reciproques à chaque autre toute & à sa partie.

Si les deux lignes estoient tirées de deux differens costez, il n'y auroit rien qui n'eust deja esté prouvé (44 š) C'est pourquoy nous les proposerons du même costé. Ce qui pourra aussy servir aux cas semblables du 1er Theoreme.

Soient tirées du même costé kf, coupée par la circonference en c, & kg coupée par la circonference en d ; il faut prouver que les bases fg & cd sont antiparalleles. Or il y a sur chacune un angle aigu kgf (ou kgE) & kcd, & un obtus kfg & kdc.

Mais pour les aigus ils sont égaux, parcequ'ils ont chacun pour mesure la moitié de l'arc kd. (par 30. & 33. š.)

Et pour les obtus, il eſt aiſé
de prouver qu'ils ſont égaux
par leurs complemens, qui ſont
c.d g & k f E.

Car par 12. Lem. c d g a pour
meſure la moitié des deux arcs
k d & d c.

Et par Lem. 14. k f E a pour
meſure la moitié de l'arc k d c,
qui comprend ces deux là.

Donc ces angles aigus ſont égaux.

Donc les obtus k d c & k f g, dont ces aigus ſont les ſup-
plemens, ſont égaux auſſy.

Donc les baſes f g & c d ſont antiparalleles.

Donc   k f. k d :: k g. k c.

T. p :: T. p.

QUATRIEME THEOREME,

COROLLAIRE DU SECOND.

LE diametre tiré du point k (& par conſequent tout
autre) eſt moyenne proportionelle entre chaque toute &
ſa partie.

Soit tirée k f qui ſoit coupée
en c, les baſes f E & c E ſont antiparalleles.

Car les angles k E f, & k c E,
ſont droits, & par conſequent
égaux.

Et les aigus k f E, & k E c, ont
chacun pour meſure la moitié
de l'arc k c (par 30. & 33. s̃.)

Donc les baſes f E & c E ſont antiparalleles.

Donc k f. k E :: k E. k c.

T. m :: m. p.

TROISIEME CAS.

LE 3ᵉ Cas eſt quand la ligne y eſt toutafait hors le cer-

Ff ij

cle : mais comme il n'a aucune difficulté particuliere , nous ne nous
y arresterons point.

　　Il faut seulement remarquer, qu'il
n'y a point de moyenne proportionelle dans ce 3ᵉ Cas, parcequ'il
n'y a aucun point qui soit commun à la ligne *y*, & à la circonference, la ligne *y* estant toutafait
hors le cercle.

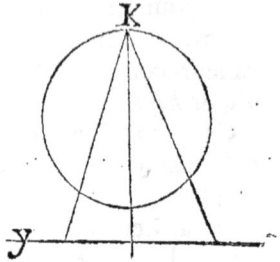

SECONDE VOIE GENERALE
POUR TROUVER DES RECIPROQUES
QUAND LE POINT COMMUN EST HORS LE CERCLE.

LI.　　QUAND le point commun est hors le cercle, les costez
de l'angle qui l'a pour sommet peuvent estre coupez chacun deux fois par la circonference du cercle ; une fois par
la convexité en entrant dans le cercle, & une fois par sa
concavité, où on les suppose terminées ; si ce n'est que le
point de l'attouchement tenant lieu tout seul de la convexité & de la concavité, un des costez peut n'estre terminé
qu'à ce point. Et alors il sera tangente du cercle, & les
deux bases antiparalleles n'auront que 3 points differens.
C'est ce qu'on verra dans les deux Theoremes suivans.

CINQUIEME THEOREME.

LII.　　LORSQUE d'un point hors le cercle on tire des lignes qui coupent le
cercle en sa convexité, & sont terminées en sa concavité, chaque
toute, & sa partie hors le cercle,
sont reciproques à chaque autre
toute & à sa partie hors le cercle.

　　Soient tirées *kf*, qui coupe la circonference en *c* ; & *kg* qui la coupe
en *d*. Je dis que les bases *fg* & *cd*
sont antiparalleles.

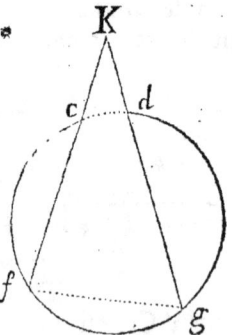

Car (par 31. $\tilde{s}$.) l'angle *k c d* a pour mesure la moitié des deux arcs *c d*, & *c f*. Or la moitié de ces deux arcs *c d* & *c f* est aussy la mesure de l'angle *k g f*. (par 30. $\tilde{s}$.) Donc les angles *k c d* & *k g f* sont égaux.

On prouvera de la même sorte l'égalité des angles *k d c* & *k f g*.

Donc les bases *f g* & *c d* sont antiparalleles.

Donc	*k f. k d :: k g. k c.*

T. *p* :: T. p.

On peut aussy prouver ce Theoreme en croisant les bases, en montrant que les bases *f d* & *g c* sont antiparalleles.

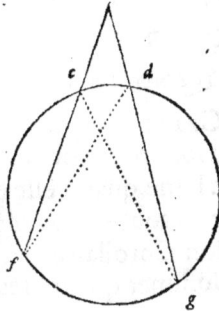

LIII.

Car les angles vers *f* & vers *g* sont égaux estant appuyez sur le même arc *c d*.

Et pour les angles *k c g* & *k d f*, ils sont égaux, parceque si on les examine (par le 12ᵉ Lemme, 31. $\tilde{s}$.) on trouvera qu'ils ont chacun pour mesure la moitié des trois arcs *f c*, *c d*, *d g*.

Donc les bases *f d* & *g c* sont antiparalleles.

Donc	*k f. k g :: k d. k c.*

T. *T* :: *p*. p.

VI. THEOREME,
COROLLAIRE DU CINQUIEME.

Si l'une de ces lignes tirées d'un point hors le cercle est une tangente, cette tangente est moyenne proportionelle entre chaque toute & sa partie hors le cercle.

Soit tirée *k f* qui coupe le cercle en *c* & la tangente *k E* ; je dis que les bases *f E* & *c E* sont antiparalleles. Car (par 30. $\tilde{s}$.) l'angle *k f E* a pour mesure la moi-

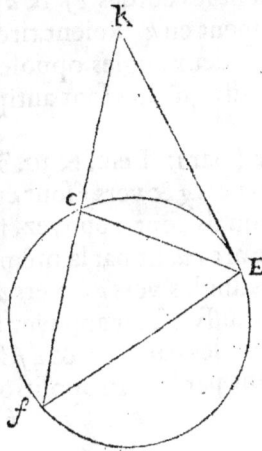

LIV.

tié de l'arc $c\,E$, qui eſt auſſy la meſure de l'angle $k\,E\,c$ (par 29. ̃s. & par le 10ᵉ Lemme 29. ̃s.)

Et l'angle $k\,E\,f$, par le même 10ᵉ Lemme, a pour meſure la moitié des deux arcs $E\,c$ & $c\,f$, qui eſt auſſy la meſure de l'angle $k\,c\,E$, par le 11ᵉ Lemme (30. ̃s.)

Donc les baſes $f\,E$ & $E\,c$ ſont antiparalleles.

Donc par 29. ̃s.

$$k\,f.\ k\,E :: k\,E.\ k\,c.$$
$$T.\quad m :: m.\ p.$$

TROISIEME VOIE
POUR TROUVER DES RECIPROQUES
QUAND LE POINT EST AU DEDANS DU CERCLE.

L V.　　CETTE voie eſt pour trouver que les parties d'une ligne ſont reciproques aux parties d'une autre ligne, ou à une ligne quand elle eſt moyenne proportionelle. Et ainſy elle eſt toute appuyée ſur la 2ᵉ Propoſition fondamentale & ſon Corollaire (21. & 22. ̃s.) qui eſt des angles oppoſez au ſommet qui ont leurs baſes antiparalleles.

L V I.　　　SEPTIEME THEOREME.

SI deux cordes ſe coupent dans le cercle, les parties de l'une ſont reciproques aux parties de l'autre.

Soient les cordes $c\,f$ & $d\,g$ qui ſe coupent en k. Soient tirées les baſes à deux angles oppoſez $c\,g$. $d\,f$. Je dis qu'elles ſont antiparalleles.

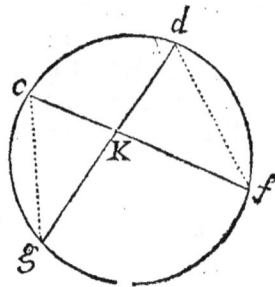

Car (par 11. Lem. & 30. ̃s.) les angles vers g & vers f ſont égaux, parcequ'ils ſont appuyez ſur le même arc $c\,d$. Et par la même raiſon les angles vers c & vers d ſont égaux auſſy eſtant appuyez ſur le même arc $g\,f$.

Donc les baſes $c\,g$ & $d\,f$ ſont antiparalleles.

Donc par la 2ᵉ Propoſition fondamentale (21. ̃s.)

$$k\,f.\ k\,g :: k\,d.\ k\,c.$$
$$P.\quad q :: p.\ q.$$

HUITIEME THEOREME,
COROLLAIRE DU SEPTIEME.

SI une des lignes eſt coupée par la moitié, une de ces moitiez eſt moyenne proportionelle entre les deux parties de l'autre.   LVII.

C'eſt le Corollaire même de la 2ᵉ Propoſition fondamentale.

COROLLAIRE.

SI d'un point quelconque d'un diametre on éleve une perpendiculaire juſques à la circonference, cette perpendiculaire ſera moyenne proportionelle entre les deux parties du diametre.   LVIII.

Car il eſt clair que cette perpendiculaire eſt la moitié de la corde qui couperoit le diametre perpendiculairement par ce point. Donc par le Theoreme precedent elle doit eſtre moyenne proportionelle entre les parties du diametre.

NEUVIEME THEOREME.

SI du ſommet d'un angle droit on tire une perpendiculaire ſur l'hypotenuſe, il y aura trois moyennes proportionelles.   LIX.

1. La perpendiculaire entre les deux parties de l'hypotenuſe.

2. Le petit coſté de l'angle droit entre la plus petite partie de l'hypotenuſe qui y eſt jointe, & l'hypotenuſe entiere.

3. Le plus grand coſté de l'angle droit entre la plus grande partie de l'hypotenuſe qui y eſt jointe, & l'hypotenuſe entiere.

Tout cela ſe peut prouver par un grand nombre de voies. Mais celle cy me ſemble la plus facile & la moins embaraſſée.

Soit l'angle droit $k E \kappa$, & la perpendiculaire du ſommet à l'hypotenuſe $E c$.

Si on fait un cercle qui ait l'hypotenuſe $k \kappa$ pour diametre , le fommet E fe trouvera dans la circonference par IX. 31.

Et fi on prolonge t c jufques à E, que je fuppofe eftre le point oppo- fé de la circonference, la corde t E fera coupée en c par la moitié , & k les points E E également diftans tant de k que de K.

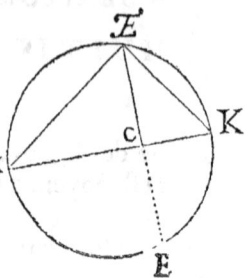

Donc 1. par le Corollaire prece- dent

$$kc. \ Ec \ :: \ Ec. \ cK.$$

Donc 2. par le 2ᵉ Theoreme (46. 5̃.)

$$kc. \ kE \ :: \ kE. \ cK. \ KK$$

Donc 3. par le même 2ᵉ Theoreme.

$$Kc. \ KE \ :: \ KE. \ kK. \ kK.$$

DIXIEME THEOREME.

L X.

TOUTE ligne qui coupant perpendiculairement l'hypo- tenufe d'un angle droit en coupe auffy un cofté , l'hypote- nufe entiere & fa partie vers le point qui luy eft commun avec le cofté coupé , font reciproques au cofté coupé entier , & à fa même partie vers le point commun. La preuve en eft facile par le 2ᵉ Theoreme & par d'autres voies que je laiffe à trouver.

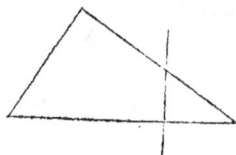

DERNIER THEOREME.

L X I.

UN angle ayant deux bafes, fi fes coftez felon une bafe font proportionels à fes coftez felon l'autre bafe , les deux angles fur une bafe font égaux aux deux angles fur l'autre bafe chacun à chacun. C'eft la converfe de la plufpart des propofitions de ce Livre, qui fe prouve ainfy.

Les coftez fur une bafe ne fçauroient eftre proportio- nels aux coftez fur l'autre bafe qu'en deux manieres.

La 1ʳᵉ eft, quand la toute d'une part & fa partie font pro- portionels à l'autre toute & à fa partie.

La 2ᵉ , quand une toute & fa partie font reciproques à l'autre toute & à fa partie.

Or

Or le premier ne peut eſtre, que les baſes ne ſoient paralleles. Et le ſecond , qu'elles ne ſoient antiparalleles.
Et en l'un & en l'autre les deux angles ſur une baſe ſont
égaux aux deux angles ſur l'autre baſe.

PREUVE DU PREMIER.

SOIT l'angle fkg, dont les deux baſes ſoient fg & cd.   LXII.
Je dis que ces baſes ſont paralleles, ſi ,

$$kf. kc :: kg. kd.$$

Car ſoit mené du point c une parallele à fg, qui coupe kg en un point que
j'appelleray x.

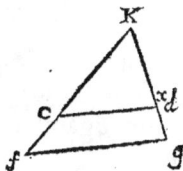

Il eſt certain (par XI. 19.) que

$$kf. kc :: kg. kx.$$

Or par l'hypoteſe,

$$kf. kc :: kg. kd.$$

Donc kx & kd ſont égales par II. 43.

Donc les points k & d ne ſont qu'un même point.

Donc cx & cd ne ſont que la même ligne.

Or cx eſt parallele à fg. Donc cd luy eſt auſſy parallele.

Donc les angles ſur la baſe cd ſont égaux aux angles
ſur la baſe fg. Ce qu'il falloit demonſtrer.

PREUVE DU SECOND.

SOIT l'angle fkg, qui ait deux baſes,   LXIII.
fg & cd. Je dis que ces baſes ſont antiparalleles ſi

$$kf. kd :: kg. kc.$$

Car ſoit tirée du point c une ligne qui
coupant kg, prolongée s'il eſt beſoin ,
faſſe ſur kg un angle égal à celuy que gf
fait ſur kf, & que le point où cette ligne coupera kg ſoit x, cette ligne cx
ſera une baſe de l'angle k antiparallele à
la baſe fg, & par conſequent (par 18.5)

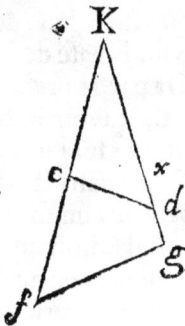

$$kf. kx :: kg. kc.$$

Or par l'hypoteſe,

$$kf. kd :: kg. kc.$$

Gg

Donc par II. 43. kx est égale à kd.

Donc les points x & d estant sur la même ligne, ne sont qu'un même point.

Donc cx & cd ne sont qu'une même ligne.

Or cx est antiparallele à fg.

Donc cd est aussy antiparallele à fg.

Donc les angles sur la base cd sont égaux aux angles sur la base fg. Ce qu'il falloit demonstrer.

COROLLAIRE.

LXIV.   Si deux angles égaux ont leurs costez proportionels, ils sont semblables ; c'estadire que les angles sur la base de l'un sont égaux aux angles sur la base de l'autre chacun à chacun.

Soient les angles égaux qui ayent leurs costez proportionels fKg, & ckd, en sorte que $Kf. Kc :: Kg. kd$.

D'où il s'ensuit que si Kf est plus grand que kc, Kg sera plus grand que kd. Prenant donc dans Kf, Kc égale à kc, & dans Kg, Kd égale à kd, les angles cKd & ckd estant égaux, & les costez de l'un estant égaux à ceux de l'autre, leurs bases seront égales, & les angles sur la base de l'un égaux aux angles sur la base de l'autre, par VIII. 63. & 64.

Or par le precedent Theoreme les deux bases de l'angle K, sçavoir la base cd & la base fg, sont paralleles, & les angles sur l'une sont égaux aux angles sur l'autre.

Donc dans les deux angles égaux K & k les angles sur la base de l'un sont égaux aux angles sur la base de l'autre. Ce qu'il falloit demonstrer.

Remarquez que ce dernier Theoreme & son Corollaire sont les inverses des principaux Theoremes de ce Livre & du Livre precedent, & qu'ils seront de grand usage dans la suite.

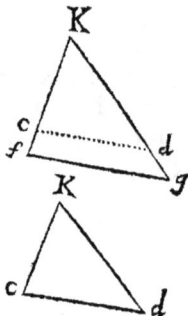

PROBLEMES.
I.

TROUVER la moyenne proportionelle entre deux lignes données. Joindre les lignes données. Faire un demy cercle, dont prises ensemble elles
soient diametre : la perpendiculaire
élevée du point où se joignent ces lignes à la circonference sera la moyenne proportionelle entre ces lignes données. (par 57. 5.)

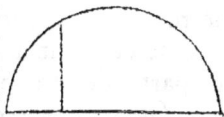

On peut employer pour trouver la même chose les
Theoremes 2. (46. 5.) & 6. 54. 5.) J'en laisse la recherche
pour exercer l'esprit.

SECOND PROBLEME.

TROUVER toutes les reciproc-
ques possibles à deux lignes données. Mettre la plus petite dans
la plus grande, comme $k c$ dans
$k f$. Faire un cercle qui ait la
plus grande pour diametre. Et
du point c, où la plus petite se
termine, tirer sur ce diametre
une perpendiculaire indefinie
comme y. Cette perpendiculaire satisfera au Probleme,
comme on le peut juger en considerant le 1er Theoreme
(42. 43. 45. 5.) sans qu'il soit besoin que je m'amuse à l'expliquer davantage.

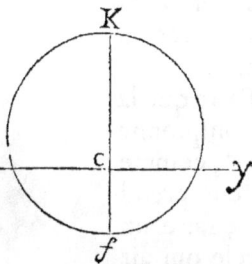

TROISIEME PROBLEME.

AŸANT tiré à discre-
tion d'un même point
tant de lignes que l'on
voudra sur une même li-
gne, les diviser toutes, en
sorte que chaque toute &
sa partie vers le point
commun soient reciproques à chaque autre toute & à sa
même partie.

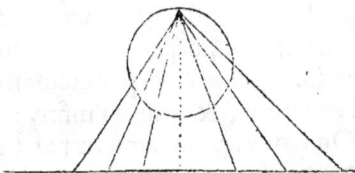

LXV.

LXVI.

LXVII.

Tout cercle dont la circonference paſſera par le point
commun, & qui aura pour diametre, ou la perpendiculaire entiere de ce point à la ligne, ou
une partie de cette perpendiculaire, ſatisfera au Probleme, par
le 3ᵉ Theoreme, & ce qui a eſté dit du 3ᵉ Cas (49. 50. ⁓s.)

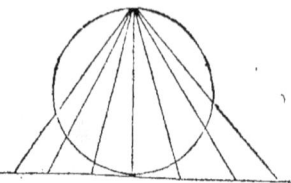

QUATRIEME PROBLEME.

LXVIII. Ayant les
trois premie-
res lignes d'u-
ne progreſſion
geometrique,
trouver tou-
tes autres à
l'infini.

Faire que la
3ᵉ comprenne
la 1ʳᵉ, comme
Kd comprend
Kc, faire un
cercle qui ait
Kd pour dia-
metre, de c
élever la per-
pendiculaire
cL, & puis ti-
rer une ligne indefinie de K par L, laquelle j'appelleray x;
& prolonger auſſy infiniment Kd, laquelle j'appelleray z.

Tirant Ld perpendiculaire ſur x, & dm perpendiculaire ſur z, & mf perpendiculaire ſur x, & fn perpendiculaire ſur z, & ainſy à l'infiny :

On trouvera facilement par (20. ⁓s.) la ſuite infinie de
la progreſſion geometrique, dont les trois premiers termes auront eſté kc. kL. kd. qui ſeront ſuivis de km. kf.
kn. kg. &c.

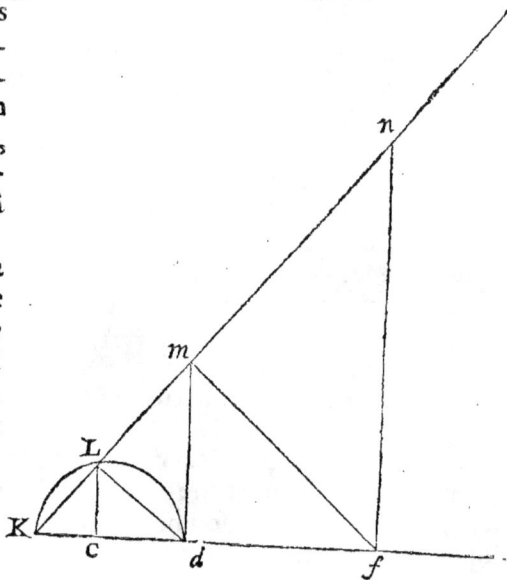

CINQUIEME PROBLEME.

DIVISER une ligne donnée en moyenne & extrême rai- LXIX.
son. C'estadire en telle sorte que sa plus grande partie soit
moyenne proportionelle entre la plus petite partie & la
toute.

Ce qui est aussy la même chose que de trouver une ligne
qui soit moyenne entre une donnée & cette donnée moins
cette moyenne, laquelle pour cette raison j'appelleray la
mediane.

Soit la ligne donnée appellée b.

Sa plus grande partie que l'on cherche x.

Et sa plus petite $b-x$.

Il faut trouver une ligne qui soit telle, que b moins cette
ligne soit à cette ligne comme cette ligne est à b.

$$b-x.\ x :: x.\ b.$$

C'est ce qui se peut trouver par une voie fort facile.

Décrire un cercle de l'intervale de la moitié de b, élevée perpendiculairement sur
l'une des extremitez de b.

Et tirer une secante de l'autre extremité de b, qui passant
par le centre du cercle se termine à la circonference.

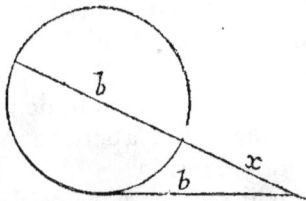

La partie de cette secante qui est hors le cercle sera x.
C'estadire moyenne proportionelle entre b, & $b-x$.

Car par la construction 1. b est tangente de ce cercle.

2. Le diametre de ce cercle est égal à b.

3. Et par consequent la secante entiere est $x+b$.

Or (par 54. 5.) b tangente est moyenne proportionelle
entre la partie de la secante qui est hors le cercle (c'estadire x.)

Et la secante entiere (c'estadire $x+b$.

Donc $x.\ b :: b.\ x+b.$

Donc *permutando* $b.\ x :: x+b.\ b.$

Donc *dividendo* $b-x.\ x :: x.\ b.$

Ce qu'il falloit demonstrer.

Premier Corollaire.

LXX.   Une ligne eſtant diviſée en moyenne & extrême raiſon ; ſi on y ajoûte ſa plus grande partie (que nous appellerons la mediane) il s'en fera une nouvelle toute qui ſera encore diviſée en moyenne & extrême raiſon, la 1re toute eſtant la mediane.

C'eſt ce qui ſe voit par la voie même dont on s'eſt ſervi pour diviſer la 1re toute en moyenne & extrême raiſon, en ſorte qu'il ne faut que recompoſer, pour parler ainſy, ce que l'on a diviſé.

Car ſi $b - x . \ x \ :: \ x . \ b.$

Componendo $b . \ x \quad :: \ x + b . \ b.$

Donc la ligne $x + b$ eſt diviſée par b en moyenne & extrême raiſon, puiſque b eſt moyenne proportionelle entre la toute $x + b$. & ſon autre partie x.

Second Corollaire.

LXXI.   Une ligne eſtant diviſée en moyenne & extrême raiſon, ſa petite partie diviſe la mediane en moyenne & extrême raiſon.

Soit b diviſée comme deſſus ; & comme ſa mediane eſt appellée x, ſoit la petite appellée y. Il faut prouver que $x - y . \ y \ :: \ y . \ x.$

Or il ne faut pour cela que nommer b par ces parties $y + x$.

Car par la diviſion de b par x en moyenne & extrême raiſon $y . \ x \ :: \ x . \ y + x.$

Donc *permutando* $x . \ y \ :: \ y + x . \ x.$

Donc *dividendo* $x - y . \ y \ :: \ y . \ x.$ Ce qu'il falloit demonſtrer.

Troisieme Corollaire.

LXXII.   Il eſt aiſé de conclure de ces deux Corollaires, que lorſqu'on a une ligne diviſée en moyenne & extrême raiſon, on en peut avoir une infinité d'autres plus grandes & plus petites diviſées de la même ſorte.

Preuve des plus grandes.

LXXIII.   Si on joint la mediane à la 1re toute, il s'en fait une 2de toute qui a la 1re pour ſa mediane (par le 1er Corollaire.)

Donc si on joint la 1re toute à la 2e, il s'en fait une 3e qui a la 2e pour sa mediane.

Et joignant la 2e à la 3e, il s'en fait une 4e qui a la 3e pour sa mediane, & ainsy à l'infini.

PREUVE DES PLUS PETITES.

Si on prend la mediane de la 1re toute, il s'en fait une 2e toute plus petite, qui a pour sa mediane (par le 2e Corollaire) la petite partie de la 1re toute.

Et cette mediane de la 2e toute est une 3e toute qui a pour sa mediane la petite partie de la 2e toute, & cette mediane de la 3e toute est une 4e toute qui a pour sa mediane la petite partie de la 3e toute, & ainsy à l'infini. Ce qui peut estre consideré comme une nouvelle & tres belle preuve de la divisibilité d'une ligne à l'infini.

SIXIEME PROBLEME.

Ayant la grandeur des costez d'un angle qui doive estre la moitié de chacun des angles sur la base, en trouver la base. LXXIV.

Soit Kb de la grandeur de ces costez, & soit décritte une portion de cercle de cette intervale & du centre K.

Soit divisée Kb en c. en moitié & extrême raison, en sorte

$$bc. \ cK :: cK. \ bK.$$

La corde bd de la grandeur de cK, qui est la moyenne entre bc & bK, sera la base de cet angle, & Kd en sera l'autre costé.

Car soit tirée la ligne cd, je suppose que les deux angles sur la base d'un angle Isoscele sont égaux. Et ainsy j'auray prouvé que l'angle K est la moitié de chacun des angles sur la base, si je puis montrer deux choses.

La 1re. Que l'angle K est égal à l'angle bdc.

La 2e. Que l'angle bdc est la moitié de l'angle bdK.

PREUVE DE LA PREMIERE.

L'angle b a deux bases, cd & Kd, & ses costez selon une base sont proportionels à ses costez selon l'autre base, puisque

$$bc. \ bd :: bd. \ bK.$$

Donc les bafes *c d* &
K d font antiparalleles,
& par confequent les an-
gles fur une font égaux
aux angles fur l'autre
chacun à chacun.

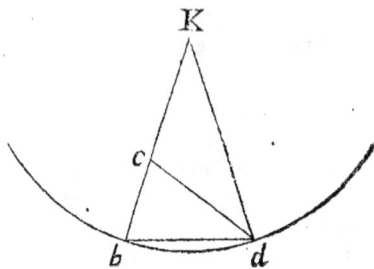

Donc l'angle *K* eft égal
à l'angle *b d c*. Ce qui eft
la premiere chofe qu'il
falloit demonftrer.

PREUVE DE LA SECONDE.

Les deux parties de *b K*, bafe de l'angle *b d K*, font en
même raifon que les deux coftez de cet angle, puifque *d K*
eftant égale à *b K*, & *c K* à *b d*,

$$b c. \; c K :: b d. \; d K.$$

Donc l'angle *b d K* eft divifé par la moitié.

Donc l'angle *K* eftant égal à l'angle *b d c*, qui eft la moitié de l'angle *b d K*, eft auffy la moitié de l'angle *b d K*. Ce
qu'il falloit demonftrer.

COROLLAIRE.

LXXV.   Tout angle Ifofcele dont la bafe eft moyenne proportionelle entre le cofté entier & le cofté moins, cette bafe
eft de 36 degrez, & chacun des angles fur la bafe de 72.
Car 36. plus deux fois 72. qui eft la double de 36, vaut 180,
qui eft ce que valent les 3 angles pris enfemble.

SEPTIEME PROBLEME.

Ayant la bafe d'un angle Ifofcele de 36 degrez, en
trouver le cofté.

Soit *b* la bafe donnée divifée en moyenne & extrême
raifon, & *x* en foit la plus grande partie, *x + b* fera le cofté
de cet angle. C'eftadire que l'angle qui aura *x + b* pour
l'un & l'autre de ces coftez, & *b* pour bafe fera de 36 degrez.

Car puifque par la divifion de *b* en moyenne & extrême
raifon. $b - x. \; x :: x. \; b.$

Componendo.

$$b. \; x \qquad :: \; x + b. \; b.$$

Donc

Donc la base b est moyenne proportionelle entre le costé $x+b$ & x, qui est ce costé moins b.

Donc par le precedent Corollaire l'angle qui a $x+b$ pour chaque costé, & b pour base, est de 36 degrez. Ce qu'il falloit demonstrer.

DES LIGNES INCOMMENSURABLES.

Ce que nous avons dit dans le IV. Livre des grandeurs LXXVI. incommensurables donne une si grande facilité d'expliquer les lignes incommensurables, qu'il ne faut pour cela qu'ajoûter à ce Livre trois ou quatre propositions.

PROPOSITION GENERALE.

Lorsque 3 lignes sont continuellement proportionelles, la raison de la 1re à la 3e peut estre de 3 sortes : ce qui se fait en 3 cas.

PREMIER CAS.

Si la raison de la premiere à la troisième est une raison de nombre à nombre qui ait pour ses exposans des nombres quarrez, la moyenne est à chacune des deux autres, comme le produit des racines de ces nombres quarrez, est à chacun de ces nombres quarrez, & par consequent la moyenne est commensurable aux deux autres.

SECOND CAS.

Si la raison de la 1re à la 3e est une raison de nombre à nombre, qui n'ait pas pour ses exposans des nombres quarrez, la moyenne est incommensurable en longueur & commensurable en puissance à la 1re & à la 3e.

TROISIEME CAS.

Si la raison de la 1re à la 3e est une raison sourde, & non de nombre à nombre, la moyenne est incommensurable aux deux autres, tant en longueur qu'en puissance.

Tous ces 3 Cas se prouvent des lignes, de la même sorte qu'on les a prouvez dans le IV. Livre des grandeurs en general. C'est pourquoy ce qui reste icy est d'appliquer cette doctrine generale à des exemples particuliers qui soient propres aux lignes. Ce que nous ferons par les Theoremes suivans.

Hh

Premier Theoreme.

LXXVII.　Un angle droit eſtant Iſoſcele, le coſté & l'hypotenuſe ſont incommenſurables en longueur & commenſurables en puiſſance.

Soit un angle droit Iſoſcele, dont
L'hypotenuſe ſoit appellée　　　　h.
Le coſté　　　　　　　　　　　d.

La perpendiculaire du ſommet à l'hypotenuſe la partagera en deux également. Chaque moitié ſoit appellée　　　　　　m.

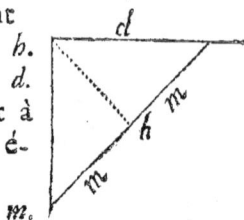

Donc　　　$\div$　h. d. m.
Or　　　h. m :: 2. 1.

Donc 2 & 1 n'eſtant pas deux nombres quarrez (par le 2ᵉ Cas) d eſt incommenſurable en longueur à h & à m.

Mais il leur eſt commenſurable en puiſſance, parceque
$$\begin{cases} hh. & d\,d \\ d\,d. & m\,m \end{cases} :: \begin{cases} h. & m. \\ 2. & 1. \end{cases}$$

Second Theoreme.

LXXVIII.　Quand l'hypotenuſe eſt à l'un des coſtez d'un angle droit, comme nombre à nombre, il eſt aiſé de juger ſi l'autre coſté eſt commenſurable ou incommenſurable à l'hypotenuſe. Et voicy comment.

Soit l'hypotenuſe　　　h.
Un des coſtez　　　　　c.
L'autre coſté　　　　　d.

Une perpendiculaire eſtant menée du ſommet à l'hypotenuſe,
Soit ſa portion vers c appellée k,
Et l'autre vers d appellée　　l.

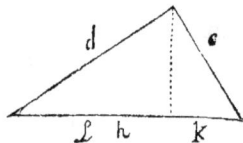

Il s'enſuit que $\begin{cases} \div & h. & c. & k. \\ \div & h. & d. & l. \end{cases}$

Suppoſant donc que h & c ſoient comme les deux nombres x & z. C'eſt adire que
$$h. \quad c :: x. \quad z.$$
Donc la raiſon de h. k. eſtant double de la raiſon de h. c.
$$h. \quad k :: xx. \quad zz.$$

Or k & l estant les deux portions de h,
$$l = h - k.$$

Donc $h. l :: xx. xx. - zz.$

Donc si $xx. - zz.$ est un nombre quarré par le 1er Cas de la Proposition principale, h est commensurable à d.

Que si au contraire $xx - zz$ n'est pas un nombre quarré (par le 2e Cas) h n'est point commensurable à d en longueur, mais seulement en puissance.

LXXIX.

PROBLEME.

TROUVER toutes les raisons de nombre à nombre selon lesquelles l'hypotenuse peut estre à chacun costé comme nombre à nombre.

L'hypotenuse ne peut estre à chacun costé comme nombre à nombre, que ces 3 nombres estant reduits aux moindres termes ne soient tels qu'il s'ensuit.

I. Le nombre de l'hypotenuse doit avoir son quarré égal aux quarrez des nombres de chaque costé
$$HH = BB + CC.$$

II. Le nombre du grand costé doit estre moindre seulement d'une unité que celuy de l'hypotenuse $B + 1. = H.$

III. Le nombre du petit costé doit avoir son quarré égal aux nombres de l'hypotenuse & du grand costé
$$CC = H + B.$$

Or pour trouver toutes sortes de 3 nombres qui soient tels que cy dessus, il ne faut que voir ce qui en a esté dit dans le Livre IV. n. 30.

TROISIEME THEOREME.

LXXX.

LORSQU'UN des costez de l'angle droit est une aliquote de l'hypotenuse, l'autre costé est incommensurable à l'hypotenuse en longueur, & commensurable seulement en puissance.

Car afin que c par exemple, soit une aliquote de h, il faut que h soit à c, comme quelque nombre à l'unité que je marqueray par un 1.

Soit donc $h. c :: x. 1.$

Donc par le Theoreme 2.
$$h. k :: xx. 11.$$
$$h. l :: xx. xx - 11.$$

Hh ij

Or il est impossible que xx—11 soit un nombre quarré. Car (11) ne fait qu'une unité, selon ce qui a esté dit, IV. 10. Et deux moindres quarrez ne peuvent jamais estre differents seulement d'une unité.

Donc par le Theoreme 2ᵉ b & d sont incommensurables en longueur, & commensurables seulement en puissance.

COROLLAIRE.

LXXXI. Si la base d'un angle Isoscele est égale au costé, la perpendiculaire du sommet à la base est incommensurable en longueur, & commensurable seulement en puissance avec le costé.

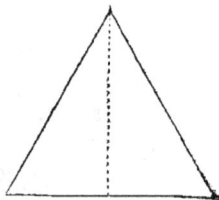

Car alors cette perpendiculaire fait un angle droit avec la moitié de la base, & l'un ou l'autre des costez est l'hypotenuse de cet angle droit.

Donc l'un des costez de cet angle droit, qui est la moitié de la base, est aussi la moitié de l'hypotenuse.

Donc il est une aliquote de l'hypotenuse.

Donc par le Theoreme precedent l'autre costé, qui est la perpendiculaire, est incommensurable en longueur, & commensurable seulement en puissance avec l'hypotenuse de cet angle droit, laquelle est le costé de l'angle dont la base est supposée égale à chaque costé.

QUATRIEME THEOREME.

LXXXII. AYANT deux lignes incommensurables en longueur (ou par les Theoremes precedens, ou par d'autres voies) & ayant trouvé la moyenne proportionelle entre ces deux lignes, elle leur sera incommensurable tant en longueur, qu'en puissance.

Cela est clair par le 3ᵉ Cas de la Proposition principale.

AVERTISSEMENT.

Il n'y a rien à dire de quatre lignes continuellement proportionelles que ce qui a esté dit dans le IV. Livre de quatre grandeurs continuellement proportionelles.

NOVVEAVX ELEMENS
DE
GEOMETRIE.
LIVRE DOVZIEME.

DES FIGURES EN GENERAL
CONSIDERE'ES SELON LEURS ANGLES
ET LEURS COSTEZ.

O N appelle *figure* dans les elemens de Geometrie, une furface platte terminée de tous coftez.

Ce qui comprend deux chofes: la premiere, les extremitez de cette furface : la feconde, l'efpace qu'elle comprend ; ce qui s'appelle *l'aire de la figure.*

Nous les confiderons dans ce Livre & le fuivant felon le premier rapport ; & dans d'autres Livres nous les confide-rerons felon le dernier.

DIVISION.
TOUTE figure confiderée felon fes extremitez, eft,
Ou rectiligne.
Ou curviligne.
Ou mixte.

PREMIERE DEFINITION.
ON appelle rectiligne celle qui eft terminée par des li-gnes droittes, qui ne peuvent eftre moins de trois, eftant

I.

II.

III.

H h iij

clair que deux lignes droittes ne peuvent pas terminer un
efpace de tous coftez , puifqu'elles ne peuvent fe rencontrer qu'en un point , ce qui laiffe l'efpace ouvert du cofté
oppofé à ce point.

Il eft clair auffy par là que les lignes droittes ne peuvent
terminer un efpace, qu'en faifant autant d'angles qu'il y a
de lignes droittes qui terminent l'efpace. Car fi un angle
demande deux lignes , une ligne fert à deux angles.

Et ainfy l'on peut confiderer trois chofes dans l'extremité d'une figure rectiligne. 1. Les angles. 2. Les coftez.
3. Le circuit , qu'on appelle auffy *perimetre* , qui n'eft autre chofe que la fomme des coftez ; c'eftadire tous les coftez pris enfemble.

SECONDE DEFINITION.

IV.

On appelle curviligne celle qui eft terminée par une
ou plufieurs lignes courbes. Et une feule ligne courbe
pouvant rentrer en foy même , peut terminer un efpace.

Mais on ne confidere icy des figures curvilignes que le
feul cercle ; parceque de toutes les lignes courbes on ne
confidere que la circulaire.

TROISIEME DEFINITION.

V.

On appelle figure mixte celle qui eft terminée en partie par des lignes droittes , & en partie par des courbes,
dont on ne confidere icy que les portions de cercle , qui
font celles qui font terminées par une corde & une portion de circonference ; ou les fecteurs du cercle qui font
terminez par deux rayons & une portion de la circonference , tel qu'eft un quart de cercle.

DES FIGURES RECTILIGNES.

VI.

On peut divifer les
figures rectilignes en
celles qui ont quelque
angle rentrant , & cel-
les dont tous les an-
gles font faillans; c'eftadire tels que leur

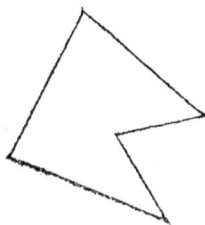

pointe regarde toûjours le
dehors de la figure.

Les Geometres se sont
restraints à considerer les
dernieres , parcequ'on y
peut facilement reduire les
premieres.

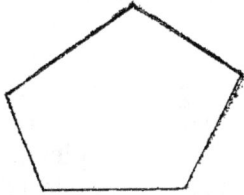

ESPECES DES FIGURES RECTILIGNES.

TOUTE figure rectiligne ayant autant d'angles que de VII.
costez , on les divise indifferemment par le nombre de
leurs angles ou de leurs costez , & on les nomme selon l'un
ou selon l'autre.

Ainsy on appelle Triangle une figure de trois angles &
de trois costez , & Quadrilatere celle de quatre angles &
de quatre costez.

Les noms Grecs des figures sont pris du nombre des an-
gles : comme
Pentagone , de cinq.
Exagone , de six.
Heptagone , de sept.
Octogone , de huit.
Decagone , de dix.
Et Polygone , de plusieurs angles indeterminément.

Ces noms sont si communs , qu'il est bon de ne les pas
ignorer ; mais on peut se passer d'en sçavoir d'autres qui
sont moins communs : & appeller les figures du nombre de
leurs costez ou de leurs angles. Une figure de quinze costez , de trente , de cent , de mille &c.

PREMIER THEOREME.

TOUT polygone peut estre resolu VIII.
en autant de triangles , qu'il a de costez moins 2 , & il ne le peut estre en
moins.

C'est adire , s'il a 4 costez , il peut
estre resolu en deux triangles ; si 5 , en
trois ; si 6 , en quatre ; si 7 , en cinq ; si 8 , en six &c.

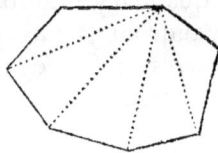

Car d'un angle quelconque tirant deux lignes de part & d'autre, qui foûtienne chacune l'angle qui le fuit de part & d'autre, il s'en fait deux triangles qui comprennent 4 coftez de la figure. Mais de ce même angle menant des lignes à chacun des autres angles, il s'en fait autant de triangles qu'il y a de coftez outre ces 4. Donc il y aura autant de triangles que de coftez moins 2, puifqu'il y a neceffairement 2 de ces triangles qui comprennent 4 de ces coftez.

Second Theoreme.

IX.

Tous les angles d'un polygone quelconque font égaux à autant de droits que le double de ces coftez moins 4.

Car nous avons deja veu qu'un angle plus les deux angles que font fes coftez fur fa bafe, font égaux à deux droits. Or un angle avec fa bafe n'eft point different d'un triangle. Et par confequent les trois angles d'un triangle valent deux angles droits, qui font fix moins 4.

Or par le precedent Theoreme tout autre polygone peut eftre refolu en autant de triangles moins 2 qu'il a de coftez; & les angles de ces triangles comprendront ceux du polygone. Donc fi le polygone a 7 coftez eftant refolu en 5 triangles, les angles de ces 5 triangles en vaudront dix droits, qui font 14 moins 4.

On le peut encore démontrer d'une autre forte, en prenant un point quelconque au dedans du polygone, & de ce point menant des lignes à tous les angles. Car alors l'heptagone fera partagé en 7 triangles, qui auront tous deux coftez de leurs angles autour de la figure, & le 3e au dedans. Or tous les 21 angles de ces 7 triangles en valent 14 droits, & les 7 du dedans de la figure valent 4 droits (& quand il y en auroit mille, ou tant que l'on voudra, ils ne vaudront jamais que 4 droits) & par confequent les 14 autres qui font égaux à ceux de l'heptagone valent 14 droits moins 4.; c'eftadire 10 droits.

Division.

Les figures de ces differentes efpeces fe peuvent confiderer ou chacune à part, ou en les comparant deux enfemble.

FIGURES

FIGURES CONSIDEREE'S A PART.
DEFINITIONS.

1. CELLES dont tous les angles font égaux, s'appellent *Equiangles*.

2. Celles dont tous les coftez font égaux, s'appellent *Equilateres*.

3. Celles qui font tout enfemble equiangles & equilateres, s'appellent *Regulieres*.

Et on met auffy le cercle entre les regulieres, à caufe de fa parfaite uniformité, & qu'on le peut confiderer comme un polygone regulier d'une infinité de coftez.

4. Celles dont les angles, ou les coftez feroient alternativement égaux ; c'eftadire le premier égal au 3e, 5e, 7e, 9e, & le fecond égal au 4e, 6e, 8e, 10e, fe peuvent appeller alternativement equiangles ou equilaterales.

Mais il faut remarquer que cela ne peut eftre que quand le nombre des angles ou des coftez eft pair. Car s'il eftoit impair, le dernier & le premier fe trouveroient égaux ; & par confequent le penultiême & le premier feroient inégaux : & par confequent ils ne feroient pas tous alternativement égaux.

FIGURES COMPARE'ES.
DEFINITIONS.

QUAND on compare deux figures de même genre, c'eft dire d'un nombre égal de coftez.

1. Si les angles de l'une font égaux aux angles de l'autre, on les appelle *Equiangles* ; & ce mot ne marque pas alors que les angles de chaque figure foient égaux entr'eux ; mais feulement que ceux de l'une font égaux à ceux de l'autre, chacun à chacun.

2. Si les coftez de l'une font égaux aux coftez de l'autre, on les appelle *Equilateres*, ou *Equilateres entr'elles*.

3. Si elles font tout enfemble equiangles & equilateres entr'elles, on les peut appeller *Tout-egales* ; ce qu'il faut bien diftinguer de celles qu'on appelle fimplement *Egales*.

4. Si elles font equiangles, & que les coftez de l'une

X.

X.I.

Ii

foient proportionels aux coftez de l'autre, on les appelle *Semblables*.

Ce qui fait voir que les *tout-egales* font toûjours *femblables*, puifqu'il y a même raifon entre les coftez de l'une & de l'autre, qui eft la raifon de l'égalité. Au lieu que les *femblables* ne font pas tous toûjours *tout-egales*, puifqu'il peut y avoir une autre raifon que celle d'égalité, qui foit la même entre les coftez de l'une & de l'autre.

Les coftez des figures femblables, entre lefquels il y a même raifon, s'appellent les coftez *Homologues*, qui font toûjours le plus grand cofté de l'une & de l'autre : & toûjours ainfy. Et c'eft ce qui produit ce Theoreme.

PREMIER THEOREME.

XII. LES circuits de deux figures femblables font en même raifon que leurs coftez homologues.

Car foient les trois coftez de l'une de ces figures, *B C D* ; & de l'autre *b c d*.

Puifque *B* eft à *b*, comme *C* à *c*, & *D* à *d*.

Les trois d'une part (qui font le circuit de la premiere figure) font aux trois de l'autre part (qui font le circuit de la feconde) en même raifon que chacune d'une part à chacune de l'autre. C'eft ce qui a efté demonftré, II. 52.

AUTRES DEFINITIONS.

XIII. QUAND on compare deux figures de même ou de differentes efpeces.

5. Si le circuit de l'une eft égal au circuit de l'autre, on les appelle *Ifoperimetres*.

6. Si l'efpace que comprend l'une eft égal à l'efpace que comprend l'autre, on les appelle *égales*. Ce qui appartient au Livre où l'on traittera des figures confiderées felon *l'aire*. Et ce qu'il ne faut pas confondre, comme il a déja efté dit, avec celles qu'on appelle *tout-egales*.

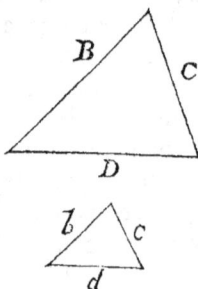

DES FIGURES INSCRITTES
OU CIRCONSCRITTES AU CERCLE.

DES INSCRITTES.

On dit qu'une figure rectiligne est *inscritte au cercle* XIV. quand les sommets de ses angles se trouvent dans la circon-férence de ce cercle. D'où il s'ensuit,

1. Que les angles de cette figure inscritte se doivent alors considerer comme des angles inscrits au cercle, dont il a esté parlé dans le Livre IX.

2. Qu'ainsy les angles d'une figure inscritte ne sçauroient estre égaux, que quand les deux arcs qui soûtiennent les deux costez de chaque angle sont égaux pris ensemble aux deux arcs que soutiennent les deux costez de chaque autre angle : parceque chacun de ces angles a pour mesure la demycirconference moins la moitié des deux arcs que soutiennent ces costez. IX. 19. D'où s'ensuit ce Theo-reme.

SECOND THEOREME.

UNE figure inscritte au cercle ne sçauroit estre equiangle qu'elle ne soit equilaterale ou absolument, ou alternativement ; & en ce dernier cas, il faut que le nombre de ses costez soit pair. XV.

Car afin que les angles d'une fi-gure inscritte au cercle (qui sont des angles inscrits) soient tous é-gaux, il faut & il suffit que les deux arcs que soutiennent les costez de chaque angle pris ensemble soient égaux aux arcs que soutiennent aus-sy les costez de tout autre angle, comme il vient d'estre dit.

Or cela est quand tous ces arcs sont égaux : ce qui arrive quand la figure est absolument équilaterale ;

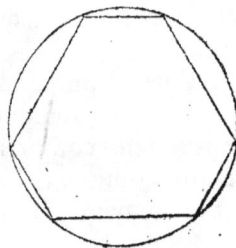

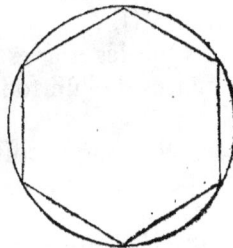

parceque tous ces coftez eftant égaux, tous les arcs qu'ils foutiennent le font auffy.

Mais cela arrive encore quand ces arcs font alternativement égaux, pourveu qu'ils foient en nombre pair ; parcequ'alors la moitié de ces arcs eftant petits & tous égaux entr'eux, & la moitié plus grands tous égaux auffy entr'eux, & un petit eftant toujours fuivi d'un grand, les deux arcs foutenant les coftez d'un angle infcrit pris enfemble feront toujours égaux à deux autres arcs foutenans les coftez de tout autre angle. Et ainfy ces angles feront égaux. Or pour cela il fuffit que les coftez de la figure foient alternativement égaux, parce qu'alors ils foutiendront des arcs alternativement égaux.

Mais il eft bien vifible qu'il faut en ce cas là que le nombre des coftez foit pair, comme il a efté montré §. 10.

Des Circonscrittes au Cercle.

XVI.   On dit qu'une figure eft *circonfcritte à un cercle*, quand tous les coftez de la figure touchent le cercle. Et de là il s'enfuit,

1. Que les angles de la figure font des angles circonfcrits ; & par confequent il eft bon de les confiderer comme des angles compris entre deux tangentes, que l'on doit prendre comme fi chacune eftoit terminée au point de l'attouchement. D'où il s'enfuit encore,

2 Que ces angles circonfcrits font toujours Ifofceles ; parceque les tangentes menées d'un même point font égales, VII. 34.

3. Que les angles circonfcrits font égaux quand les tangentes de l'un font égales aux tangentes de l'autre. IX. 55.

4. Que chaque cofté d'une figure circonfcritte eft compofé de deux tangentes, qui viennent de deux differens angles.

Et delà s'enfuit ce Theoreme.

TROISIEME THEOREME.

Une figure circonfcritte au cercle ne fçauroit eftre   XVII.
equilaterale qu'elle ne foit equiangle, ou abfolument ou
alternativement; & en ce dernier cas il faut que le nombre
de fes angles foit pair.

Car afin qu'une figure circonfcritte au cercle foit équilaterale, il faut & il fuffit que deux tangentes dont eft compofé chaque cofté de cette figure circonfcritte prifes enfemble foient égales à deux autres tangentes dont fera
compofé tout autre cofté.

Or cela eft quand toutes ces
tangentes font égales, ce qui
arrive quand tous les angles de
cette figure font égaux ; car
alors toutes les tangentes font
égales auffy.

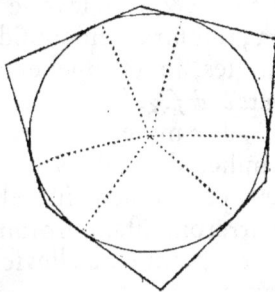

Mais cela arrive encore quand
les angles de la figure font alternativement égaux, pourveu que
ce foit en nombre pair, en forte
que la moitié des angles n'ait que deux petites tangentes
(ce qui fait neanmoins les plus grands angles) & l'autre
moitié deux plus grandes tangentes, & que toutes les petites foient égales entr'elles, & les grandes auffy, & qu'un
petit angle foit toujours fuivi d'un grand.

Car alors chaque cofté fera compofé d'une petite &
d'une grande tangente (parceque chaque cofté, comme
il a efté dit, eft compofé de deux tangentes qui viennent
de deux differens angles.) Donc tous les coftez feront
égaux.

Donc une figure circonfcritte au cercle ne peut eftre
équilaterale, fi elle n'eft equiangle, ou abfolument ou alternativement, & en ce dernier cas il faut que le nombre
des angles foit pair. Ce qu'il falloit demonftrer.

DES FIGURES REGULIERES.

Le meilleur moyen de bien concevoir les figures regu-   XVIII.
lieres, eft de les confiderer comme infcrittes en un cercle;

parcequ'elles peuvent toutes y eftre infcrites , felon ce Theoreme.

Quatrieme Theoreme.

XIX.   Toute figure reguliere peut eftre infcritte & circonf-critte en un cercle ; parcequ'il y a toûjours dans ces figu-res un point qui en eft le centre , dont toutes les lignes me-nées à tous les angles (qu'on appelle raions) font égales , & dont toutes les perpendiculaires menées au cofté(qu'on peut appeller *les raions droits*) font ainfy égales entr'elles.

Soit une figure reguliere de tant de coftez & d'angles que l'on vou-dra , il fuffira d'en confiderer 4 ou 5 angles, dont j'appelleray les fom-mets *b. d. f. g. h.*

Si de *p* milieu du cofté *b d*, & de *q* milieu du cofté *b h* , on éleve deux perpendiculaires,elles fe ren-contreront eftant prolongées, par VI. 34.

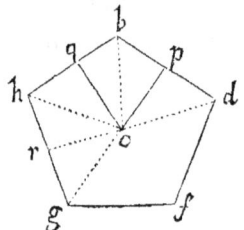

Et le point *c* où elles fe rencontrent fera le centre de la figure.

Car du point *c*, intervale *c b*, décrivant une circonfe-rence , elle paffera par les trois points *h. b. d.* VII. 3.

Donc les trois raions *c b* , *c h* , & *c d*, feront égaux.

Donc les 4 angles *c h b* , *c b h* , *c b d* , *c d b* feront égaux, par VIII. 64.

Donc chacun de ces trois raions *c h*, *c b*, *c d*, partage par la moitié l'angle de la figure.

Donc l'angle *c h g* eftant égal à l'angle *c h b*, *c g* bafe de l'angle *c h g*, doit eftre égale à *c b*, bafe de l'angle *c h b*, par VIII. 65.

Donc ce 4e raion *c g* eft égal aux trois autres.

Et il eft clair que quand cette figure reguliere auroit cent mille angles, on prouveroit la même chofe de toutes les lignes menées de *c* aux angles, qui font les raions.

Donc fi de ce point *c* & de l'intervale d'un raion on dé-crit un cercle , la figure fera infcrite en ce cercle ; puifque tous les raions eftant égaux, les fommets de tous les angles fe trouveront dans la circonference de ce cercle.

Et delà il s'enfuit que tous les coftez de cette figure feront des cordes égales du même cercle.

Donc les perpendiculaires du centre aux coftez font
égales, par VII. 8.

Or ces perpendiculaires en font les raions droits.

Donc fi on décrit un autre cercle de l'intervalle d'un
raion droit; c'eftadire d'une perpendiculaire à un cofté,
cette figure fera circonfcritte à ce cercle; puifque tous ces
raions droits eftant égaux, il n'y aura aucun cofté qui ne
touche le cercle.

COROLLAIRE.

Il eft aifé par là de determiner trois chofes importan-   x x.
tes dans chaque efpece de figure reguliere.

La premiere, de combien de degrez eft l'arc qui foûtient le cofté de la figure, que j'appelleray fimplement
l'arc de la figure.

La feconde, de combien de degrez eft l'angle de la figure; c'eftadire l'angle compris entre les deux coftez de la
figure.

La troifième, quel eft auffy l'angle que fait un raion fur
un cofté: c'eft ce qui fe verra par ces trois Problemes.

PREMIER PROBLEME.

Determiner la grandeur de l'arc de toute efpece de   x x i.
figure reguliere.

La circonference eftant divifée en 360 degrez, ou 21600
minutes, ou 1296000 fecondes: fi on divife ce nombre par
celuy des coftez de la figure, le quotient fera voir de combien de degrez, ou de minutes, ou de fecondes eft l'arc de
la figure.

Ainfy l'arc d'une figure de 15 coftez eft de 24 degrez,
parceque 15 divifant 360, le quotient eft 24.

L'arc d'une figure de 3600 coftez eft de 6 minutes, parceque 21600 minutes eftant divifé par 3600, le quotient
eft 6.   ### SECOND PROBLEME.

Determiner la grandeur de l'angle de toute efpece   x x i i.
de figure reguliere.

Ayant trouvé l'arc par le premier Probleme, oster les degrez de cet arc de 180. qui eſt la demycirconference, ce qui reſtera ſera la meſure de l'angle de la figure.

Car tout angle d'une figure reguliere doit eſtre conſide-ré comme un angle Iſoſcele inſcrit dans le cercle, qui a pour meſure la demycirconference moins l'arc que ſoû-tient un de ſes coſtez. IX. 20.

Et ainſy pour avoir la grandeur de l'angle d'une figure de 15 coſtez, il ne faut qu'oſter de 180 les 24 degrez de l'arc que ſoûtient le coſté de cette figure ; & ce qui reſte-ra, qui eſt 156, ſera la meſure de l'angle d'une figure de 15 coſtez.

Et pour avoir l'angle d'une figure de 3600 coſtez, il faut oſter 6 minutes de 180 degrez, & ce qui reſtera, qui eſt 179 d. 54'. ſera la meſure de l'angle de cette figure.

TROISIEME PROBLEME.

XXIII. DETERMINER la grandeur de l'angle que fait le raion ſur le coſté de toute figure reguliere.

Il ne faut pour cela que prendre la moitié du nombre des degrez que vaut l'angle de la figure. Parceque tout raion partage par la moitié l'angle de la figure.

Ainſy l'angle du raion ſur le coſté dans une figure de 15 coſtez, eſt de 78 degrez, qui eſt la moitié de 156. Et l'angle du raion ſur le coſté d'une figure de 3600 coſtez, eſt de 89. d. 57'.

CONSIDERATION SUR LE CERCLE.

XXIV. LES Geometres conſiderent ſouvent le cercle comme un polygone d'une infinité de coſtez : & ſelon cela voicy de quelle ſorte on devroit marquer les trois choſes que nous venons de determiner dans tout autre polygone.

Puiſque l'arc d'un polygone regulier eſt d'autant plus petit, que le nombre de ſes coſtez eſt grand, il faut que l'arc d'un polygone d'une infinité de coſtez ſoit infini-ment petit, & qu'ainſy il ne puiſſe eſtre marqué que par zero.

Or qui oſte zero de 180 degrez, reſte 180 pour l'angle de ce polygone infini.

Et

Et qui divise 180 par la moitié, reste 90, qui est la mesure d'un angle droit pour l'angle du raion sur le costé de ce polygone infini.

Aussi il est vray que l'angle du raion sur la circonference d'un cercle est droit en sa maniere, puisque le raion coupe perpendiculairement sa circonference; & que si cet angle est plus petit qu'un droit, ce n'est que de l'espace qui est entre la circonference & la tangente, qui est plus petit que tout angle aigu; quoiqu'il n'y ait point d'angle aigu qui ne puisse estre divisé en une infinité de plus petits.

Et on peut dire aussy que tout point de la circonference est comme le sommet d'un angle de 180 degrez, puisqu'estant partagé par le raion en deux angles égaux, chacun de ses angles de part & d'autre est droit en sa maniere; & qu'ainsy chacun est de 90 degrez.

DES FIGURES REGULIERES
COMPARE'ES ENSEMBLE.

CINQUIEME THEOREME.

LES figures regulieres de même espece, c'estadire d'autant de costez, sont toûjours semblables, & les circuits sont en même raison que les costez.

XXV.

Car par ce qui vient d'estre dit, les angles de deux figures regulieres de même espece sont necessairement égaux; leur grandeur estant determinée par les arcs des figures, & ces arcs l'estant par le nombre des costez de la figure.

Et pour ce qui est des costez, ceux de chaque figure estant égaux, on peut appeller les uns b, & les autres c.

Or il est bien clair que $b. c :: b. c.$

Et il est clair aussy que b est à c, comme $10\,b$ à $10\,c$, ou $100\,b$ à $100\,c$, ou $1000\,b$ à $1000\,c$.

Donc les circuits ne sçauroient manquer d'estre en même raison que les costez.

SIXIEME THEOREME.

DEUX figures regulieres estant de même espece, ces 4 choses de l'une, *raion*, *raion droit*, *costé*, *circuit*, sont en même raison avec ces 4 autres mêmes choses de l'autre:

XXXV.

K k

c'eſtadire que le raion de l'une eſt au raion de l'autre, comme le raion droit au raion droit , le coſté au coſté , le circuit au circuit.

Ces deux derniers viennent d'eſtre prouvez ; mais ils ne laiſſeront pas d'entrer dans la preuve generale des autres.

Il ne faut pour cela que conſiderer dans chacune de ces figures un angle compris entre un raion, & un raion droit qui a pour baſe la moitié du coſté.

Ces deux angles ſont ſemblables en toutes les figures regulieres de même eſpece ; c'eſtadire que l'angle eſt égal à l'angle, & que les angles ſur la baſe de l'un ſont égaux aux angles ſur la baſe de l'autre.

Car chacun de ces angles a pour meſure la moitié de l'arc de la figure , puiſque ſa baſe eſt la moitié du coſté. Or dans toutes les figures de même eſpece l'arc de la figure eſt d'autant de degrez en l'une qu'en l'autre.

Pour les angles ſur chacune des baſes cela eſt encore plus clair, puiſque l'un eſt droit en l'un & en l'autre ; ſçavoir celuy qui eſt fait par le raion droit ; & que l'autre eſt la moitié de l'angle de la figure qui eſt égal en toutes les figures de même eſpece.

Or puiſque ces angles ſont ſemblables par X. 17. les coſtez ſont proportionels aux coſtez ; & la baſe à la baſe : c'eſtadire que ,

Le raion eſt au raion, comme le raion droit à un raion droit , & la moitié du coſté à la moitié du coſté. Et par conſequent comme le coſté au coſté , & le circuit au circuit.

PREMIER COROLLAIRE.

XXVII.   LES coſtez & les circuits de deux figures regulieres de même eſpece ſont en même raiſon , que les diametres des cercles dans leſquels elles ſont inſcrites.

Car ces diametres ſont le double des raions de ces figures. Donc &c.

SECOND COROLLAIRE.

XXVIII.   LES circonferences des cercles ſont en même raiſon que leurs diametres.

Car les cercles font comme des polygones d'une infinité
de coftez, & leur circonference eft comme le circuit comprenant cette infinité de coftez. Donc par le precedent
Corollaire ce circuit d'une infinité de coftez d'une part,
eft au circuit d'une infinité de coftez de l'autre, comme le
diametre au diametre.

C'eft la feule voie dont on peut prouver la proportion
des circonferences & des diametres. Car n'y en ayant point
pour le faire pofitivement & immediatement, on eft reduit
à y employer l'analogie des polygones femblables d'un fi
grand nombre de coftez que l'on voudra, qu'on peut concevoir eftre infcrits dans l'un & l'autre cercle : comme de
cent mille coftez, de cent millions, de cent mille millions,
& ainfy jufques à l'infini.

Car plus ces polygones ont de coftez, moins il y a de
difference entre la circonference du cercle & leur circuit,
VII. 19. Et ainfy quelque petite que foit une ligne donnée, quand ce ne feroit que la centmillième partie de l'é-
paiffeur d'une fueille de papier, on peut concevoir un polygone de tant de coftez infcrit dans l'un & dans l'autre
cercle, que la difference de fon circuit d'avec la circonference de ces cercles fera moindre que cette ligne donnée.

Or de quelque grand nombre de coftez que foient ces
polygones, leurs circuits feront toûjours en même raifon
que les diametres, par le Corollaire precedent.

Donc on doit conclure par une analogie tres certaine,
que les circonferences font auffy en même raifon que les
diametres.

TROISIEME COROLLAIRE.

Si deux figures regulieres de même efpece ont de l'éga-   XXIX.
lité en l'une de ces quatre chofes, raion, raion droit,
cofté, circuit, elles l'ont en tout, & font tout-égales.

C'eft une fuite évidente du fixième Theoreme.

QUATRIEME COROLLAIRE.

L'UNE de ces quatre chofes eftant donnée, la grandeur   XXX.
de la figure reguliere eft determinée : c'eftadire qu'elle ne

peut eftre que d'une forte, quoiqu'il ne foit pas toûjours facile de la décrire ; parceque fouvent il n'eft pas aifé ou de trouver le cofté d'une figure reguliere en ayant le raion, ce qui eft la même chofe que de l'infcrire en un cercle donné : ou d'en trouver le raion en ayant le cofté ; ce qui eft la même chofe que trouver le cercle dans lequel une figure dont le cofté eft donné puiffe eftre infcritte. C'eft de quoy nous allons traitter.

DE L'INSCRIPTION OU CIRCONSCRIPTION
D'UNE FIGURE REGULIERE DE TELLE ESPECE
DANS UN CERCLE DONNÉ.

XXXI.   IL eft bien facile par ce qui a efté dit , une figure reguliere eftant décritte, d'en trouver le raion pour l'infcrire dans un cercle : mais il n'eft pas auffy facile d'infcrire dans un cercle donné , telle figure reguliere que l'on voudra. Et fouvent même on ne le peut que mecaniquement , & non geometriquement, aumoins par la Geometrie ordinaire ; parcequ'elle ne donne pas le moien de divifer un arc donné, en 3 , en 5 , en 7 &c. ce qui feroit fouvent neceffaire pour infcrire en un cercle donné telle figure que l'on voudroit.

Ainfy je penfe que tout ce que l'on peut faire de mieux fe reduit à ces deux regles generales, & à quelques Problemes particuliers.

PREMIERE REGLE GENERALE.

XXXII.   LORSQU'ON fçait infcrire en un cercle donné une certaine efpece de figure reguliere , il eft bien facile d'infcrire toutes celles qui ont plus ou moins de coftez , felon la progreffion double.

C'eftadire qui en ont deux fois moins, 4 fois moins, 8 fois moins &c jufques à ce qu'on foit arrivé ou à 4 , ou à un nombre impair, qui ne fe puiffe plus divifer par la moitié.

Ou qui en ont deux fois plus, 4 fois plus, 8 fois plus &c. jufqu'à l'infini.

Suppofons, par exemple , qu'on fçache infcrire dans

un cercle donné une figure de 32 coſtez, la corde qui ſoûtiendra deux arcs de cette figure, ſera le coſté d'une figure
de 16. Et celle qui ſoûtiendra deux arcs de la figure de 16
coſtez, ſera le coſté d'une figure de 8. Et ainſy de ſuite.

Et au contraire la corde qui ſoûtiendra la moitié de l'arc
de cette figure de 32 coſtez ſera le coſté d'une figure de 64.
Et celle qui ſoûtiendra la moitié de l'arc d'une figure de
64 coſtez, ſera le coſté d'une figure de 128 coſtez. Et
ainſy à l'infini.

SECONDE REGLE GENERALE.

LORSQUE l'on ſçait inſcrire une certaine eſpece de fi-   XXXIII.
gure reguliere en un cercle donné, on la ſçait auſſy cir-
conſcrire.

Car ayant les points de tous les ſommets des angles de
l'inſcrite, les tangentes au cercle à ces mêmes points eſtant
prolongées juſques à ce qu'elles ſe rencontrent, font une
figure ſemblable circonſcritte au même cercle ; puiſque
d'une part tous les angles circonſcrits de cette figure ſont
égaux, eſtant appuyez ſur des arcs convexes égaux ; &
que de l'autre chacun de ces angles eſt égal à l'angle de la
figure circonſcritte, par IX. 52.

PROBLEMES PARTICULIERS.

I.

INSCRIRE un quadrilatere regulier (qui s'appelle quar-   XXXIV.
ré) dans un cercle donné.

Deux diametres qui ſe couppent, partagent la circonference en 4 parties; dont chacune eſt l'arc du quarré inſcrit dans le cercle.

COROLLAIRE.

INSCRIRE dans un cercle donné une figure de 8 coſtez,   XXXV.
de 16, de 32; & ainſy à l'infini. 2ᵉ Regle generale.

SECOND PROBLEME.

INSCRIRE en un cercle donné un   XXXVI.
exagone regulier.

Le diametre ou raion eſt le coſté de
l'exagone. Car ayant fait un angle compris par deux raions, & ayant pour baſe

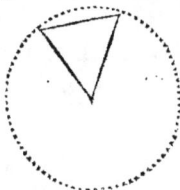

une ligne égale au raion, cet angle eſt de 60 degrez, puiſque cet angle eſt égal à chacun des angles ſur la baſe, &
que les trois enſemble valent 180 degrez. Donc chacun
eſt de 60 degrez. Or 60 degrez eſt l'arc de l'exagone.
Donc le demydiametre eſt le coſté de l'exagone.

PREMIER COROLLAIRE.

XXXVII.   INSCRIRE en un cercle donné un triangle regulier.
Doubler l'arc de l'exagone, par la 1re Regle generale.

SECOND COROLLAIRE.

XXXVIII.   INSCRIRE en un cercle donné une figure de 12 coſtez,
de 24, de 48. Et ainſy à l'infini. 1re Regle generale.

TROISIEME PROBLEME.

XXXIX.   INSCRIRE en un cercle donné un decagone, ou figure
de dix coſtez.

Ayant diviſé le demydiametre en moyenne ou extrême
raiſon (par XI. 68.) la plus grande partie de cette ligne
ainſy diviſée eſt le coſté du decagone. Car elle ſoûtient
un arc de 36. degrez, par XI. 73.

PREMIER COROLLAIRE.

XL.   INSCRIRE en un cercle donné un pentagone ou figure
de cinq coſtez.

Doubler l'arc du decagone, par la 1re Regle generale.

SECOND COROLLAIRE.

XLI.   INSCRIRE en un cercle donné une figure de 20 coſtez,
de 40, de 80: & ainſy à l'infini. 1re Regle generale.

QUATRIEME PROBLEME.

XLII.   INSCRIRE en un cercle donné une figure de 15 coſtez.

De l'arc de l'exagone qui eſt de 60 degrez, oſter l'arc
du decagone qui eſt de 36, il reſtera un arc de 24 degrez,
qui eſt l'arc d'une figure de 15 coſtez; parceque 24 fois 15
font 360.

COROLLAIRE.

XLIII.   INSCRIRE en un cercle donné une figure de 30 coſtez,
de 60, de 120. Et ainſy à l'infini. 1re Regle generale.

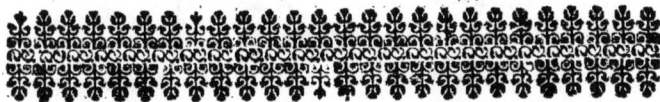

NOVVEAVX ELEMENS
DE
GEOMETRIE.
LIVRE TREIZIEME.

DES TRIANGLES ET QUADRILATERES
CONSIDEREZ SELON LEURS COSTEZ
ET LEURS ANGLES.

APRES ce qui a esté dit des figures en general, il ne reste plus que d'expliquer ce qui est particulier aux triangles, & aux quadrilateres.

PREMIERE SECTION.
DES TRIANGLES.
PREMIER LEMME.

Un angle avec sa base, est la même chose qu'un triangle. Et ainsy tout ce qui a esté dit dans les livres des angles, des proportionelles, & des reciproques des angles considerez avec leur base, se peut sans peine appliquer aux triangles.

SECOND LEMME.

Tout triangle se peut inscrire en un cercle. Car il ne faut que trouver la circonference qui passe par les trois sommets des trois angles, par VII. 3.

I.

II.

TROISIEME LEMME.
DEFINITION.

III. Le costé quelconque d'un triangle en peut estre appellé *la base*, & les deux autres ses costez : & alors l'angle
soûtenu par la base est appellé *l'angle du sommet*, & la distance de ce sommet à la base est appellée *la hauteur du
triangle*.

TRIANGLES CONSIDEREZ A PART.
PREMIER THEOREME.

IV. Tout triangle a ses trois angles égaux à deux droits.
VIII. 59.

PREMIER COROLLAIRE.

V. Tous les trois angles d'un triangle peuvent estre aigus ;
mais il n'y en peut avoir qu'un droit ou obtus.

SECOND COROLLAIRE.

VI. Si l'un des angles du triangle est droit, les deux autres
valent un droit.

TROISIEME COROLLAIRE.

VII. Qui connoist la grandeur des deux angles d'un triangle, connoist la grandeur du 3e. Car ostant de la demycirconference les deux dont on connoist la grandeur, ce qui
reste est la grandeur du 3e.

Qui connoist de combien de degrez sont les deux, sçait
de combien de degrez est le 3e. Car ostant le nombre des
degrez que valent les deux de 180, ce qui reste est le nombre des degrez que vaut le 3e. Si les deux valent 108 degrez, le 3e en vaut 72.

SECOND THEOREME.

VIII. Dans tout triangle le plus grand costé soûtient le plus
grand angle, & le plus grand angle est soûtenu par le plus
grand costé. Car par le 2e Lemme, tout triangle peut
estre inscrit dans un cercle, & alors la circonference du
cercle est partagée en trois arcs, sur chacun desquels est
appuyé chacun des angles du triangle.

Or ces trois arcs sont :

1er CAS. Ou tous trois moindres que la demycirconference :

rence: & alors chacun des angles du triangle est aigu. (IX. 25.) Et il est clair que le
plus grand angle estant appuyé sur le plus
grand arc, est aussy soûtenu par le plus
grand costé. VII 10.

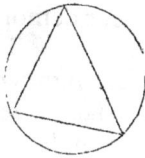

2ᵉ Cas. Ou l'un de ces arcs est une demycirconference, & les autres moindres ; &
alors l'angle appuyé sur la demycirconference est droit (IX. 25.) Et par consequent
le plus grand de tous ; comme aussy le costé
qui le soûtient, qui est un diametre, est plus
grand qu'aucun des deux autres. VII. 9.

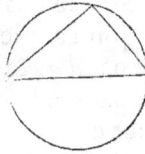

3ᵉ Cas. Ou l'un de ces arcs est plus grand
que la demycirconference ; & alors l'angle
appuyé sur cet arc est obtus, & par consequent le plus grand de tous : comme aussy le
costé qui le soûtient terminant le segment
dans lequel est cet angle obtus, est plus prés
du centre qu'aucun des deux costez qui le comprennent ;
& ainsy plus grand. VII. 10.

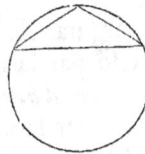

PREMIER COROLLAIRE.

Tous les costez du triangle estant égaux, tous les angles le sont aussy : & au contraire tous les angles estant
égaux, les costez le sont aussy.

Car estant inscrit dans un cercle, les costez égaux soûtiennent des arcs égaux. Or les angles appuyez sur des arcs
égaux, sont égaux. IX. 21.

Que si au contraire on supposoit les trois angles égaux,
on prouveroit de la même maniere que les costez sont
égaux. Car les angles égaux seront appuyez sur des arcs
égaux. IX. 21. Or les arcs égaux sont soûtenus par des
costez égaux.

SECOND COROLLAIRE.

Tout triangle qui a deux costez égaux a les deux angles soûtenus par ces costez égaux ; & au contraire. En
inscrivant ce triangle dans le cercle, on prouvera ce Corollaire de la même sorte que le precedent.

IX.

X.

LI

On laiſſe à trouver beaucoup d'autres manieres dont on le peut demonſtrer.

Troisieme Theoreme.

XI. Les lignes qui diviſent par la moitié chacun des angles du triangle ſe rencontrent en un même point au dedans du triangle.

Soit le triangle $b\,c\,d$.

Soit l'angle d diviſé par la moitié par $d\,q$, & c diviſé par la moitié par $c\,p$, & que $d\,q$ & $c\,p$ ſe coupent en r ; je dis que la ligne $b\,r$
diviſera auſſy l'angle b par la moitié.

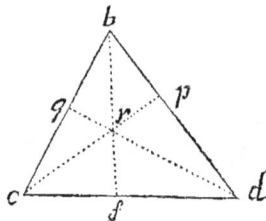

Car (par X. 30.) l'angle d eſtant
diviſé par la moitié,

$$d\,b. \quad b\,q \; :: \; d\,c. \quad c\,q.$$

Et par la même raiſon conſiderant $d\,q$, comme la baſe de l'angle c, diviſé par la moitié par $c\,r$.

$$c\,d. \quad c\,q \; :: \; d\,r. \quad q\,r.$$

Donc $\quad d\,b. \quad b\,q \; :: \; d\,r. \quad q\,r.$

Donc (par X. 31.) la ligne $b\,r$ diviſe l'angle b par la moitié. Ce qu'il falloit demonſtrer.

Corollaire.

Ces lignes coupant par la moitié les angles d'un triangle font pluſieurs proportions. On les peut reduire à 6,
en commençant la comparaiſon par les portions des ſe-
cantes.

Pour l'angle b. $b\,r$. $r\,s$ $\begin{cases} b\,d. & d\,s. \\ b\,c. & c\,s. \end{cases}$

Pour l'angle c. $c\,r$. $r\,p$ $\begin{cases} c\,d. & d\,p. \\ c\,b. & b\,p. \end{cases}$

Pour l'angle d. $d\,r$. $r\,q$ $\begin{cases} d\,b. & b\,q. \\ d\,c. & c\,q. \end{cases}$

Premier Probleme.

XII. Faire un triangle de trois lignes données. Il faut que
deux quelconques ſoient plus grandes que la 3e.

De chacune des deux extremitez de
l'une des données décrire un cercle de
l'intervale de chacune des deux autres ;
où ces deux cercles se rencontreront, ce
sera le point où il faudra tirer les deux
costez du triangle.

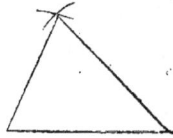

SECOND PROBLEME.

FAIRE le triangle dont on a un angle , & la grandeur des costez qui le
comprennent.

XIII.

Ayant mis ces deux costez en sorte
qu'ils fassent l'angle donné, la ligne qui
en joindra les extrémitez achevera le
triangle.

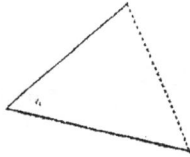

TROISIEME PROBLEME.

FAIRE le triangle dont on a un costé , &
les deux angles sur ce costé.

XIV.

Tirant des lignes sur les extremitez du
costé donné qui fassent les angles donnez,
où elles se rencontreront elles acheveront
le triangle.

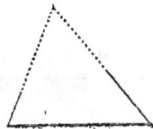

QUATRIEME PROBLEME.

FAIRE le triangle dont on a un angle, un des costez qui
le comprend, & la grandeur du costé qui le soûtient.

XV.

Soit *b c* le costé donné comprenant l'angle donné, &
c d la grandeur du costé qui doit soûtenir l'angle donné,
tirant de *b* une ligne indefinie qui fasse sur *b c* l'angle donné, & décrivant un cercle de *c*, intervalle *c d*.

1. CAS. Ou ce cercle ne
coupera l'indefinie qu'au
point *d*. Ce qui arrivera toûjours quand le costé qui doit
soûtenir l'angle donné est
plus grand que celuy qui le
comprend) & alors le triangle sera *b c d*.

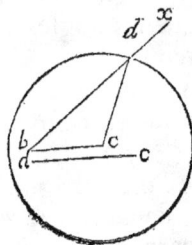

LI ij

2ᵉ Cas. Ou le cercle coupera l'indefinie en deux points de la même
part (comme en f & en d) & alors
le triangle pourra eſtre $b\,c\,d$, ou
$b\,c\,f$.

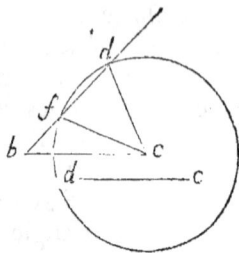

Et pour ſçavoir lequel des deux
c'eſt preciſément , il faudroit avoir
determiné ſi $b\,c$ doit ſoûtenir un angle aigu , ou s'il doit ſoûtenir un angle obtus.

Car ſi $b\,c$ doit ſoûtenir un angle aigu , le triangle eſt
$b\,c\,d$; & s'il doit ſoûtenir un angle obtus , le triangle eſt
$b\,c\,f$.

T R I A N G L E S   C O M P A R E Z.

P r e m i e r T h e o r e m e.

XVI.

Deux triangles ſont tout-égaux, quand les coſtez de
l'un ſont égaux aux coſtez de l'autre, chacun à chacun.
Car alors les angles de l'un ſont auſſy égaux aux angles de
l'autre, par VIII. 64.

S e c o n d T h e o r e m e.

XVII.

Deux triangles ſont tout-égaux quand ils ont un angle
égal , & que les coſtez qui comprennent dans l'un cet angle égal , ſont égaux à ceux qui le comprennent dans l'autre , chacun à chacun. Car alors la baſe eſt auſſy égale à
la baſe , par VIII. 65.

T r o i s i e m e T h e o r e m e.

XVIII.

Deux triangles ſont tout-égaux quand ils ont un coſté
égal , & que les angles ſur ce coſté égal ſont égaux chacun à chacun.

Car ces deux angles eſtant égaux chacun à chacun , le
troiſièmé qui eſt celuy que ſoûtient le coſté égal , ſera
égal auſſy (§. 7.)

Si donc l'on s'imagine que ces deux triangles ſont chacun inſcrit dans un cercle, ces cercles ſeront égaux (par
X. 26.) parceque le coſté égal ſoûtiendra dans chacun
de ces cercles des arcs d'autant de degrez.

Donc les deux autres angles eftant égaux chacun à chacun feront appuyez fur des arcs égaux, qui eftant de cercles égaux feront foûtenus par des coftez égaux chacun à
chacun.

Donc les 3 coftez de ces deux triangles font égaux chacun à chacun auffy bien que les angles. Donc ils font tout-
égaux.

QUATRIEME THEOREME.

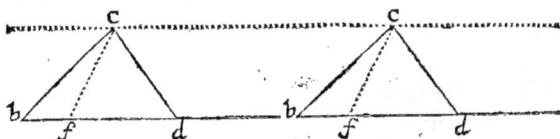

S1 deux triangles ont ces trois chofes égales.

Un angle, comme celuy dont le fommet eft en *b*.

Un des coftez qui comprennent cet angle, comme
b c.

Et le cofté qui le foûtient, comme *c d*, ou *c f*.

Il faut outre cela afin qu'ils foient tout-égaux, ou que
l'angle que foûtient *b c*, ne foit obtus ny dans l'un ny
dans l'autre, ou qu'il foit obtus dans tous les deux.

Car fuppofant qu'on euft mené par *c* une parallele à
b d.

Ces deux triangles feroient enfermez entre deux efpaces paralleles égaux (par VIII. 56.) parceque *b c* eft
égale & fait le même angle *c b d* dans l'un & dans l'autre.

Donc le cofté *c d* ou *c f* eftant égal par l'hypothefe
dans les deux triangles, s'il eft oblique dans tous les
deux vers le même endroit, il fait le même angle aigu dans l'un & dans l'autre, lorfque c'eft vers le dedans du triangle qu'il eft incliné, comme quand c'eft *c d*,
en l'un & en l'autre; ou le même angle obtus quand c'eft
vers le dehors, comme fi c'eft *c f* en l'un & en l'autre.
VIII. 56.

XIX.

Ll iij

Donc les deux triangles qui avoient déja deux coſtez égaux par l'hypotheſe ſe trouvant encore avoir deux angles égaux, & par conſequent trois (7. ſ̃.) feront tout-gaux par le 2ᵉ Theoreme.

Mais ſi le coſté que ſoûtient *b c* eſtoit diverſement incliné dans ces deux triangles, parceque ce feroit *c d* dans l'un & *c f* dans l'autre, ces triangles n'auroient garde d'eſtre tout-égaux, puiſque *c d* feroit dans l'un un angle aigu, & *c f* dans l'autre un angle obtus.

Corollaire.

Dans l'hypotheſe du precedent Theoreme, lorſque des deux coſtez ſuppoſez égaux dans les deux triangles celuy qui ſoûtient l'angle ſuppoſé égal eſt plus grand que celuy qui le comprend, les deux triangles ſont certainement tout. égaux.

Car alors dans l'un & dans l'autre angle *c d b* eſt neceſſairement aigu, par 8. ſ̃.

Cinquieme Theoreme.

XX.   Deux triangles équiangles entr'eux ſont ſemblables. C'eſtadire que les coſtez de l'un ſont proportionnels aux coſtez de l'autre. C'eſt ce qui a eſté prouvé en diverſes manieres dans les deux livres des Proportionnelles. Voyez X. 18.

Avertissement et Definition.

XXI.   En comparant deux triangles ſemblables, il faut toûjours comparer le plus grand coſté de l'un au plus grand coſté de l'autre, le moyen au moyen, & le plus petit au plus petit. Ainſy le plus grand coſté eſtant appellé *b*. b.

Le moyen *d* d.

Et le plus petit *b*. h.

Dans deux triangles ſemblables.

b. b :: *d*. d :: *b*. h.

Et ces coſtez que l'on doit comparer enſemble s'appellent homologues.

Premier Corollaire.

XXII.   Les coſtez qui ſoûtiennent les angles égaux, ſont homologues. Car dans l'un & dans l'autre le plus grand coſté foûtient le plus grand angle ; le moyen cofté le moyen angle ; le plus petit cofté le plus petit angle. Cela fe prouve encore par le X. livre 18.

SECOND COROLLAIRE.

DEUX triangles font équiangles, fi deux angles de l'un font égaux aux deux angles de l'autre, chacun à chacun. Car il s'enfuit de là que le 3ᵉ eft auffy égal au 3ᵉ. **XXIII.**

SIXIEME THEOREME.

LORSQUE deux triangles ont un angle égal, & les coftez qui foûtiennent ces angles proportionnels, ils font femblables. Car alors la bafe eft auffy proportionnelle à la bafe, & les deux angles fur cette bafe égaux, par XI. 63. **XXIV.**

SEPTIEME THEOREME.

SI deux triangles font de même hauteur, les paralleles à la bafe également diftantes de la bafe dans l'une & dans l'autre font entr'elles comme ces bafes. **XXV.**

Cela eft demonftré X 20.

HUITIEME THEOREME.

DEUX polygones quelconques eftant femblables peuvent eftre partagez, chacun en autant de triangles, qui feront tels, que ceux d'une part font femblables à ceux de l'autre part, chacun à chacun, & les coftez homologues de deux de ces triangles femblables, font en même raifon que ceux de deux autres femblables. **XXVI.**

Soient deux exagones irreguliers femblables $BCDFGH$, & $bcdfgh$. Soient menées dans le grand des lignes de B à D, à F, à G. Et de même dans le petit.

L'une & l'autre exagone fera en 4 triangles.

Sçavoir $\begin{cases} BCD. & BDF. & BFG. & BGH. \\ bcd. & bdf. & bfg. & bgh. \end{cases}$

Qui font femblables deux à deux BCD, à bcd &c.

Car les angles C & c font égaux par l'hypotefe que les exagones font femblables, & les coftez CB & CD proportionelles aux coftez cb & cd par la même hypotefe.

Donc les bafes BD & bd font auffy proportionelles aux coftez, & les triangles femblables, par le 6ᵉ Theoreme.

BDF & bdf font femblables auffy. Car les angles CDF & cdf eftant égaux par l'hypotefe, fi on en ofte les angles BDC & bdc qui font égaux auffy (comme on le vient de voir) les angles BDF & bdf demeureront égaux.

Or les coftez de ces angles BD & DF d'une part, & bd & df de l'autre font proportionels. Donc les bafes DF & df font proportionelles aux coftez, & les triangles BDF & bdf femblables. On prouvera la même chofe & de la même maniere des autres triangles. Donc les triangles d'une part font femblables à ceux de l'autre.

Il refte à prouver que les coftez homologues de deux de ces triangles femblables font en même raifon que ceux de deux autres femblables, ce qui eft aifé. Car prenant les points B & b pour fommet des quatre triangles d'une part & d'autre, ils auront chacun pour bafe un des coftez de l'exagone. Les deux premiers CD & cd, les deux feconds DF & df &c.

Or par l'hypotefe $CD. cd :: DF. df.$

Donc les bafes des deux premiers triangles font proportionelles aux bafes des deux feconds. Et ainfy des autres.

AVERTISSEMENT.

XXVII.   *On omet diverfes chofes qui pourroient eftre dittes des triangles femblables, parcequ'il n'y a rien en tout cela qui ne fe trouve facilement par ce qui a efté dit des angles confiderez avec leurs bafes dans les deux livres des Proportionnelles.*

DIVISION DU TRIANGLE EN SES ESPECES.

XXVIII.   Le triangle fe divife felon les coftez & felon les angles.

Les coftez font { tous trois inégaux, & s'appelle Scalene.
Deux égaux, Ifofcele.
Tous trois égaux, Equilateral.

Les angles font { Tous trois aigus, Oxygone.
Deux aigus & l'autre { obtus, Amblygone.
droit, Rectangle.

Le fcalene a fes trois angles inégaux.
L'Ifofcele en a deux égaux.

L'equilateral

L'equilateral les a tous trois égaux.

Le fcalene) {peuvent eftre} {Oxygone.
L'ifofcele } {Amblygone.
{Reçtangle.

L'equilateral ne fçauroit eftre qu'oxygone.

DES TRIANGLES OXYGONES.

THEOREME.

Si de tous les angles d'un triangle oxygone on tire des perpendiculaires aux cof.
tez, elles fe couperont en un même point
au dedans du triangle.

Soit le triangle bcd, & deux perpendiculaires aux coftez dm, cn; je dis que bo
menée par le point p, qui eft celuy où dm
& cn fe coupent, fera auffy perpendiculaire.

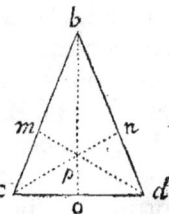

XXIX.

Car les triangles cbn & dbm font équiangles ayant
chacun un angle droit & un angle commun; & par confequent les angles bcn & bdm font égaux.

Et par confequent auffy les triangles bdm & cpm font
équiangles, ayant chacun un angle droit, & l'angle mcp
(qui eft le même que bcn) eftant égal à l'angle bdm.

Donc $dm. mc :: mb. mp$. & alternando $dm. mb :: mc. mp$.

Donc les triangles bmp & dmc font équiangles, par
24. fup. puifque dans le triangle bmp les coftez dm & mc,
qui comprennent un angle droit, font proportionels à mb
& mp, qui comprennent auffy un angle droit.

Donc l'angle mbp foûtenu par mp, eft égal à l'angle
mdc foûtenu par mc.

Or les angles mpb & opd font égaux, parcequ'ils font
oppofez au fommet. Donc les triangles mpb & opd font
équiangles.

Or l'angle pmb eft droit par la conftruction.

Donc l'angle opd eft droit auffy. Ce qu'il falloit demonftrer.

COROLLAIRE.

CES perpendiculaires coupant les angles d'un triangle,   XXX.

font 12 triangles rectangles : 6 grands, qui ont pour hypothenufe l'un des coftez du triangle total, & qui enferment tous quelque chofe les uns des autres : & 6 petits entierement feparez, & qui ont chacun pour hypothenufe la portion d'une perpendiculaire la plus proche de l'angle qu'elle coupe ; & ces 12 triangles rectangles font 4 à 4 équiangles, deux grands & deux petits. C'eft un exercice d'efprit de les trouver, & il vaut mieux le laiffer à ceux qui commencent. Je diray feulement qu'entre les diverfes proportions qui fe font par tous ces triangles, il y en a de deux fortes fort confiderables.

La premiere eft, que le cofté d'un angle & fa premiere portion font reciproques à l'autre cofté & fa premiere portion ; c'eftadire que le grand cofté eft au petit comme la premiere portion du petit à la premiere portion du grand. Exemple dans l'angle *b*.

grand, petit, :: 1. portion du grand, 1. portion du petit.
b d.   *b c.*   ::   *b m.*   *b n.*

La feconde eft, que les portions d'un cofté du triangle total font reciproques à la perpendiculaire entiere, & fa portion qui fait l'angle droit ; c'eftadire qu'une portion du cofté eft à la perpendiculaire, comme la portion de la perpendiculaire qui fait l'angle droit, eft à l'autre portion du cofté. Exemple :

port. du cofté.   perpend :: port. de la perp.   port. du cofté.
m c.   *m d* ::   *m p.*   *m b.*

DES TRIANGLES RECTANGLES.

PREMIER THEOREME.

XXXI. Si l'un des angles aigus du triangle rectangle eft double de l'autre (ce qui ne peut eftre qu'il ne vaille les deux tiers d'un angle droit, & l'autre le tiers, c'eftadire qu'il ne foit de 60 degrez & l'autre de 30) le petit cofté qui foûtient l'angle de 30 degrez & qui en eft le finus, eft la moitié de l'hypothenufe de l'angle droit, qui eft auffy le raion de cet angle de 30 degrez.

Soit le triangle *b d c* conforme à l'hypotefe.

Tirant df égale à db fur bc prolongée, l'angle dfb fera égal à l'angle dbf, & par confequent l'un &
l'autre fera de 60 degrez. Donc l'angle bdf fera auffy de 60 degrez, puifque tous les trois enfemble valent
deux droits, c'eftadire 180 degrez.

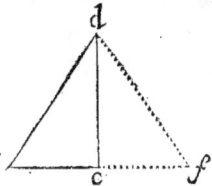

Donc le triangle bdf eft équilateral.

Donc $bc + cf = db$.

Or $bc = cf$, les deux triangles dbc & dcf eftant tout
égaux, par 18. *fup.*

Donc bc eft la moitié de db. Ce qu'il falloit demonftrer.

PROBLEME.

TROUVER le triangle rectangle dont on a

1. Ou les deux coftez comprenans l'angle droit.
2. Ou l'hypothenufe, & un des coftez.
3. Ou l'hypothenufe, & la perpendiculaire du fommet de
l'angle droit à cette hypothenufe.
4. Ou l'hypothenufe, & la moyenne proportionelle entre
l'hypothenufe donnée, & un des coftez.
5. Ou un des coftez & la moyenne proportionelle entre
le cofté donné & l'hypothenufe.
6. Ou l'un des coftez, & la moyenne proportionelle entre
ce cofté donné & l'autre cofté.

PREMIER CAS.

Mettant à l'angle droit les deux coftez donnez, la ligne
qui en joint les extrêmitez eft l'hypotenufe.

SECOND CAS.

Décrivant la demycirconference dont l'hypotenufe
donnée eft le diametre, le point de cette circonference où
fe terminera le cofté donné fera le point du fommet de
l'angle droit; ce qui determinera l'autre cofté non donné.

TROISIEME CAS.

Voyez IX. 34.

QUATRE, CINQ ET SIXIEME CAS.

Trois lignes eftant continuellement proportionelles,

ayant la premiere & la feconde, qui eft la moyenne, on a
la 3e par le Probleme, X. 34. Et par confequent le 4e & 5e
Cas fe rapportent au 2e, & le 6e au 1er.

DES TRIANGLES ISOSCELES.

PREMIER THEOREME.

XXXIII.   LORSQUE l'angle du fommet d'un triangle Ifofcele eft
de 36 degrez, chacun des angles fur la bafe eft de 72, & la
bafe eft la moyenne proportionelle entre le cofté entier,
& le cofté moins cette bafe (c'eftadire que la bafe divife le
cofté en moyenne & extrême raifon) & la bafe eftant
ajoûtée au cofté, il s'en fait une ligne divifée en moyenne
& extrême raifon. Voyez XI. 68. 69. 73.

SECOND THEOREME.

XXXIV.   DEUX triangles Ifofceles eftant femblables & inégaux, fi la même ligne eft la bafu
de l'un & le cofté de l'autre, cette ligne fera
moyenne proportionelle entre le cofté de
triangle dont elle eft bafe, & la bafe de celuy
dont elle eft cofté.

Soit l'un des triangles Ifofceles b c d, &
l'autre c f d, de forte que c d foit la bafe de
b c d, & le cofté de c f d; Je dis que c d fera
moyenne proportionelle entre b c cofté du
premier triangle, & f d bafe du fecond. Car
ces triangles eftant femblables, b c (cofté du
1er) eft à c d (cofté du 2e) comme le même
c d, entant que bafe du premier, eft à f d bafe du fecond.

Donc ∴ b c. c d. f c. Ce qu'il falloit demonftrer.

SECONDE SECTION.

DES QUADRILATERES.

DEFINITIONS.

XXXV.   LE quadrilatere eft une figure de 4 coftez qui ne fe joignent qu'aux extrêmitez: & par confequent de 4 angles
qui tous enfemble valent quatre droits. XII. 5.

Les coftez qui comprennent un même angle s'appellent
coftez angulaires.

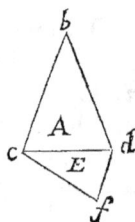

Ceux qui ne comprennent point le même angle, coftez oppofez.

Les angles de même font proches ou oppofez.

THEOREME.

Tout quadrilatere qui a fes angles oppofez égaux à XXXVI. deux droits, peut eftre infcrit au cercle, & nul autre n'y peut eftre infcrit.

Soit le quadrilatere *b c d f*, dont les angles *b* & *d* foient égaux à deux droits, & par confequent auffy les angles *f. c.*

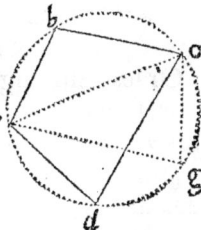

Soit trouvé le cercle dont la cir- conference paffe par les 3 points *f b c.* par VII. 3. Je dis qu'elle paffera auffy par le 4ᵉ, qui eft *d.*

Car tout angle qui a *f c* pour bafe, & qui eft infcrit dans ce cercle du cofté de *d*, comme *f g c*, plus l'angle *b*, vaut deux droits. IX. 26. Or l'angle *f g c* eft égal à l'angle *d*, qui plus l'angle *b* vaut auffy deux droits. Donc l'angle *d* eft auffy infcrit dans ce cercle par IX. 30.

DIVISION ET DEFINITIONS.

LORSQUE les coftez oppofez d'un quadrilatere font pa- XXXVII. ralleles, le 1ᵉʳ au 3ᵉ, & le 2ᵉ au 4ᵉ, on l'appelle *Parallelo-gramme*, finon on l'appelle *Trapeze*, quand même deux des coftez oppofez, comme le 1ᵉʳ & le 3ᵉ feroient paralle-les, fi le 2ᵉ & le 4ᵉ ne le font pas.

DES PARALLELOGRAMMES.

PREMIER THEOREME.

Si les coftez oppofez d'un quadrilatere font égaux, ils XXXVIII. font paralleles ; & s'ils font paralleles, ils font égaux. VI. 26. & 27.

SECOND THEOREME.

Si tous les 4 angles d'un quadrilatere font droits, il eft XXXIX. parallelogramme. VI. 23.

TOISIEME THEOREME.

Si deux coftez oppofez d'un quadrilatere font égaux   X L.

Mm iij

& paralleles, les deux autres font aufſy égaux & paralleles.
VI. 28.

QUATRIEME THEOREME.

XLI.   LES deux angles oppoſez d'un parallelogramme font
égaux, & les proches font égaux à deux droits.

Soit le parallelogramme *b c d f*.
Soit prolongé *f d* jufques à *g*, l'angle
c d g eſt égal à l'angle *c*, par VIII. 53.
& à l'angle *f*, par VIII. 54. Donc les
aigus oppoſez *c* & *f* font égaux.

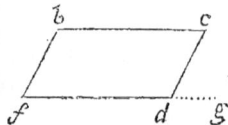

Or les deux angles vers *d*, l'un exterieur & l'autre inte-
rieur, font égaux à deux droits. Donc les angles interieurs
vers *d* & vers *f* font aufſy égaux à deux droits.

Donc les deux autres vers *b* & vers *c* font aufſy égaux à
deux droits, puiſque les 4 valent 4 droits.

Oſtant donc de part & d'autre les deux aigus *c* & *f* qui
font égaux, les obtus oppoſez *b* & *d* feront égaux.

PREMIER COROLLAIRE.

XLII.   S'IL y a un angle droit dans un parallelogramme, tous
les autres le font aufſy, & alors il eſt appellé *Rectangle*.

Car l'oppoſé eſt droit, puiſqu'il eſt égal à celuy là ; &
les proches ne peuvent valoir deux droits, que l'un eſtant
droit, l'autre ne le foit aufſy.

SECOND COROLLAIRE.

XLIII.   QUI connoiſt un angle d'un parallelogramme, les connoiſt tous. Car ce qui manque de la demycirconference à
l'arc qui meſure l'angle donné, eſt la meſure de l'angle proche de celuy là, & les deux autres font égaux chacun à
l'un de ces deux là.

TROISIEME COROLLAIRE.

XLIV.   DEUX parallelogrammes qui ont un angle égal, font
equiangles.

QUATRIEME COROLLAIRE.

XLV.   SI deux coſtez angulaires d'un parallelogramme font
égaux, tous les 4 font égaux entr'eux. Car chacun des
angulaires eſt égal à son oppoſé.

CINQUIEME COROLLAIRE.

Qui connoiſt d'un parallelogramme deux coſtez angu- XLVI.
laires & un angle, connoiſt tout le parallelogramme.

Car qui connoiſt un angle, les connoiſt tous; & qui connoiſt deux coſtez angulaires connoiſt les deux autres, chacun eſtant égal à ſon coſté.

PROBLEME.

DECRIRE un parallelogramme dont on a un angle, & XLVII.
la grandeur de chacun des deux coſtez angulaires.

Les deux coſtez angulaires comprenant cet angle, de
l'extremité du plus petit décrire un cercle de l'intervalle
du plus grand, & de l'extremité du plus grand décrire un
cercle de l'intervalle du plus petit : les lignes menées de
ces extremitez au point où ces cercles ſe couperont, acheveront la deſcription de ce parallelogramme.

CINQUIEME THEOREME.

DEUX parallelogrammes ſont ſemblables quand ils ont XLVIII.
un angle égal, & les coſtez angulaires proportionels.

Car l'égalité d'un angle donne celle des autres ; & deux
coſtez angulaires ne ſçauroient eſtre proportionels, que
les deux autres ne le ſoient auſſy.

DEFINITION.

LA ligne qui joint deux angles oppoſez
s'appelle *Diagonale*, & elle diviſe le paralle- XLIX.
logramme en deux triangles tout-egaux.
Car les deux angles non diviſez ſont égaux,
parcequ'ils ſont oppoſez ; & les parties des diviſez ſont alternativement égales, par VIII. 53.

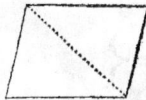

SIXIEME THEOREME.

SI on tire des paralleles aux coſtez angulaires qui paſſent par le même point de la L.
Diagonale, les parties de ces nouvelles lignes ſont proportionelles.
Demonſtré X. 16.

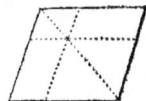

DEFINITION.

ON dit qu'un parallelogramme eſt décrit autour de la LI.
diagonale d'un autre parallelogramme, quand d'un point

de cette diagonale on tire deux parallèles aux deux coſtez
angulaires du parallelogramme, qui ſe terminant ch cune
à l'un de ces coſtez faſſent un nouveau parallelogramme,
dont une partie de cette diagonale eſt encore diagonale.

Septieme Theoreme.

LII.   Tout parallelogramme décrit autour de la diagonale
d'un autre, luy eſt ſemblable.

b c d f eſt ſemblable à *m n o f*. Car d'une part *f d c* & *f o n*
ſont égaux ; parceque *c d* & *n o* ſont paralleles.

Et par la même raiſon *f c d*, & *f n o*
ſont égaux auſſy.

Donc *f d. f o* :: *d c. o n*.

Donc ces parallelogrammes ſont
equiangles, & ont les coſtez angu-
laires proportionels. Donc ils ſont ſemblables par le 5e
Theoreme.

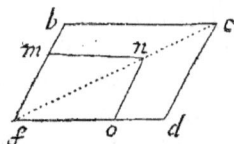

DIVISION DU PARALLELOGRAMME
EN SES ESPECES.

LIII.

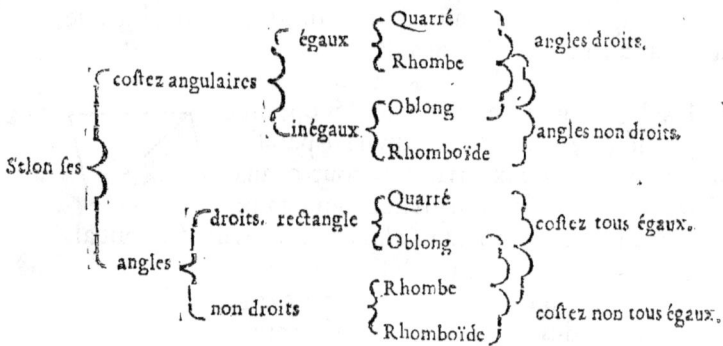

		égaux	Quarré	angles droits.
	coſtez angulaires		Rhombe	
		inégaux	Oblong	angles non droits.
Selon ſes			Rhomboïde	
		droits. rectangle	Quarré	coſtez tous égaux.
	angles		Oblong	
		non droits	Rhombe	coſtez non tous égaux.
			Rhomboïde	

AUTREMENT.

	rectangle	tous les coſtez égaux.	Quarré.
Parallel.		les ſeuls oppoſez égaux.	Oblong.
	non rectangle	tous les coſtez égaux.	Rhombe.
		les ſeuls oppoſez égaux.	Rhomboïde.

DU

DU PENTAGONE.

THEOREME.

LORSQUE deux lignes qui foutiennent chacune un angle d'un pentagone regulier fe coupent, elles fe coupent
mutuellement en moyenne & extrême raifon, & la plus
grande partie de chacune de ces lignes eft égale au cofté
du pentagone.

Soit le pentagone infcrit dans un cercle.

Chaque cofté foutient un arc de 72 degrez. XII. 21.

Donc les angles infcrits au même cercle qui font foute-
nus par un de ces arcs (tels que font $c\,b\,d$, $c\,d\,b$, $d\,c\,f$, $d\,f\,c$)
font chacun de 36 degrez. I X. 18.

Et ceux qui font foutenus par deux de ces coftez (comme l'angle $b\,c\,f$) font de 72. *ibid.*

Et les angles oppofez au fommet ($b\,g\,c$ & $f\,g\,d$) font chacun auffy de 72 degrez, par IX. 40. Et par confequent bg eft
égale à $b\,c$ cofté du pentagone.

Donc l'angle $c\,b\,g$ eft tel par
XI. 73. & 69. que la bafe eftant
jointe au cofté, il s'en fait une
ligne divifée en moyenne &
extrême raifon. Or $g\,d$ eft égale à la bafe $g\,c$. Donc la toute
$b\,d$ eft divifée en moyenne &
extrême raifon. C'eftadire que,

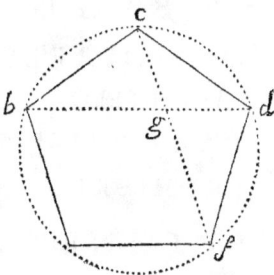

$b\,d$. $b\,g$ :: $b\,g$. $g\,d$.

COROLLAIRE.

UN exagone & un decagone eftant infcrits dans le même cercle, le cofté de l'un ajoûté au cofté de l'autre fait
une ligne divifée en moyenne & extrême raifon.

Car l'angle compris entre deux demydiametres, qui a
pour bafe le cofté du decagone, eft un angle de 36 degrez
(XII. 21. & 39.) Donc ajoûtant le cofté à la bafe, il s'en
fait une ligne divifée en moyenne & extrême raifon. XI.
73. & 69. *& fup.* 33.

Or le cofté de cet angle qui eft le demydiametre, eft
auffy le cofté de l'exagone infcrit dans ce cercle là.

N n

NOVVEAVX ELEMENS
DE
GEOMETRIE.
LIVRE QUATORZIEME.

DES FIGURES PLANES
CONSIDERE'ES SELON LEUR AIRE:
C'ESTADIRE SELON LA GRANDEUR DES SURFACES
QU'ELLES CONTIENNENT.

ET PREMIEREMENT DES RECTANGLES.

IDE'E GENERALE DE LA MESURE
DES SURFACES.

I.

A surface estant une étendüe de deux dimen-sions, longueur & largeur, il est necessaire pour en connoitre la grandeur, de sçavoir quelle en est la longueur, & quelle en est la largeur.

La longueur se mesure par une ligne droit-te qui donne la distance d'un point à un point. C'estpourquoy on ne peut connoitre la longueur des lignes courbes que par rap-port à des lignes droittes.

La largeur consiste dans la distance entre deux lignes ; com-

me entre b & c, qui se mesure aussy par une ligne droitte.
C'estpourquoy les surfaces courbes ne se peuvent mesurer que
par rapport à des surfaces planes.

De plus toute ligne droitte n'est pas propre à mesurer la
distance d'une ligne à une ligne. Car si elle tomboit du point
d'une ligne obliquement sur l'autre, elle n'en mesureroit pas
la distance ; mais tombant du point d'une ligne perpendiculairement sur l'autre, elle mesure la distance de ce point à cette
ligne.

Mais il ne s'ensuit pas que pour avoir mesuré la distance
d'un des points de la ligne b à la ligne c, elle ait mesuré la distance de tous les autres points de la ligne b, à moins que tous
les autres points de la ligne b fussent également distans de la
ligne c ; c'estadire qu'elle luy fust parallele.

D'où il s'ensuit que si b n'estoit pas parallele à c, il faudroit autant de differentes mesures pour connoître la distance
de b à c, qu'il y auroit de differens points dans b. Ce qui
estant impossible, il paroist par là qu'afin qu'on puisse avoir
distinctement la distance d'une ligne à une autre, ce qui fait la
largeur, il faut que ces lignes soient paralleles.

De plus, si ces lignes sont inégales, & que b soit plus grande que c, on ne sçauroit laquelle prendre pour la longueur,
parceque cette surface seroit plus longue d'un costé que de l'autre. Et ainsy afin qu'on puisse avoir exactement la mesure
d'une surface, il faut que les lignes dont la distance en fait la
largeur, soient non seulement paralleles ; mais aussy égales.
D'où il arrivera que les autres lignes seront aussy égales &
paralleles entr'elles.

Et par consequent afin qu'une surface soit en estat d'estre
exactement mesurée, il faut qu'elle soit terminée par 4 lignes
paralleles ; c'estadire que ce soit un parallelogramme.

Mais si les deux lignes égales & paralleles qu'on prend pour
mesure de la longueur ne sont pas directement opposées, en sorte
que de tous les points de l'une on puisse tirer des perpendiculaires sur tous les points de l'autre ; c'estadire si ce parallelogramme n'est pas rectangle, mais obliquangle, on aura bien alors
dans la figure dequoy en mesurer la longueur, sçavoir lequel

on voudra de deux coftez oppofez. Mais l'autre cofté angu-
laire eftant oblique fur cette longueur, ne fera pas propre à
mefurer la diftance entre les deux lignes qui font la longueur.
D'où il s'enfuit qu'il n'y a que le rectangle qui ait en foy la
mefure de fa longueur & de fa largeur.

Car fi d f *eft pris pour la longueur,* d b
qui eft la mefure de la diftance de tous les
points de b c *à* d f, *en mefurera la largeur.*

C'eftpourquoy nulle furface ne fe mefure
proprement par foy même, que le rectangle.
Et dans tout rectangle l'un des coftez angulaires à choifir, fe
peut appeller fa longueur, *& l'autre fa* largeur ; *ou pour*
s'accommoder davantage aux termes communs, l'un fa bafe,
& l'autre fa hauteur.

Mais comme la mefure eft d'autant plus parfaite qu'elle
eft plus fimple, & que le quarré *qui n'a qu'une même mefure*
pour fa longueur & pour fa largeur, eft plus fimple que l'o-
blong qui en a deux; il eft arrivé de là que les hommes prennent
le quarré de quelque ligne connüe, comme d'une toife, d'un
pied, d'un pouce &c. pour la mefure commune de toutes les fur-
faces; & qu'alors feulement ils en croient connoître parfai-
tement la grandeur, quand ils peuvent dire qu'elle eft de tant
de toifes quarrées, ou de tant de pieds quarrez, ou de tant de
pouces quarrez &c. Et ainfy ce qu'on entend ordinairement
par ces mots; avoir l'aire d'un plan, c'eft fçavoir combien ce
plan, de quelque figure qu'il foit, contient ou de toifes quar-
rées, ou de pieds quarrez, ou de pouces quarrez; & quand on
parle de furface on foufentend le mot de quarré fans l'expri-
mer: comme quand on dit que la place d'un logis eft de tant de
toifes, cela s'entend de toifes quarrées, dont chacune vaut 36
pieds quarrez.

Neanmoins comme cela ne fe peut pas toujours connoître à
caufe des grandeurs incommefurables, on fe contente fouvent
en comparant des furfaces enfemble, de fçavoir que fi l'une con-
tient tant de petits rectangles, comme 16 fois b c, *l'autre en*
contient tant auffy; comme 25 fois le même b c.

Tout cela nous fait voir, 1°. Que la première & la plus

parfaitte mesure est le quarré, & que c'est par le quarré qu'on mesure les rectangles pour en connoître exactement la grandeur.

2°. Que la plus parfaitte apres le quarré, & qui est même parfaitte en son genre, parcequ'elle contient en soy la mesure de la longueur & de la largeur, est le rectangle oblong ; & que c'est par là que l'on mesure les autres parallelogrammes.

3°. Que celle d'aprés, & qui est imparfaitte, ne contenant pas en soy la mesure de la longueur & de la largeur, est le parallelogramme non rectangle : & que c'est d'ordinaire par ces parallelogrammes que l'on mesure les triangles, en ce qu'on les considere comme les moitiez de ces parallelogrammes.

4°. Que le triangle suit aprés, & que c'est par luy qu'on mesure d'ordinaire les autres polygones en les reduisant en triangles ; comme ils s'y peuvent tous reduire.

5°. Qu'enfin les autres polygones sont mesurez & ne servent point de mesure, comme le quarré sert de mesure & n'est point mesuré si ce n'est par d'autres plus petits ; comme quand on dit que la toise quarrée contient 36 pieds quarrez. Voilà en abregé tout ce qu'a pû faire l'art des hommes pour mesurer les surfaces rectilignes, sans parler des curvilignes qui ne se peuvent mesurer que par rapport à des rectilignes.

Mais comme toutes nos connoissances qui dependent de l'art en supposent de naturelles qu'on appelle Axiomes, voicy ceux sur lesquels est fondée toute la science de la dimension des figures planes.

PREMIER AXIOME.

Tous les quarrez de racine égale, sont égaux. C'est-adire que les espaces compris dans le quarré de la ligne *b*, & dans celuy de la ligne *m* égale à *b*, & de quelque autre ligne que ce soit égale à *b*, sont égaux. Cela est clair par la notion même de la surface, qui n'ayant que deux dimensions, longueur & largeur, il n'est pas plus clair que deux lignes droittes d'une même longueur sont égales, qu'il est clair que deux surfaces de même longueur & de même largeur sont égales. Or deux quarrez sont de même longueur & de même largeur, si la ligne qui mesure dans l'un

II.

tant la longueur que la largeur, eſt égale à celle qui meſure dans l'autre tant la longueur que la largeur.

C'eſtpourquoy auſſy par tout où une ligne d'une certaine longueur ſe trouve, comme de la longueur de *b*, elle peut eſtre marquée par le même caractere & appellée *b*. Car il ne peut y avoir de difference que de ſituation, ce qui n'y fait rien. Et ainſy il ne faut pas s'étonner ſi *bb* eſt par tout égal à *bb*.

Second Axiome.

III.   Si les coſtez angulaires d'un rectangle ſont égaux aux coſtez angulaires d'autres rectangles, chacun à chacun, tous ces rectangles ſont égaux. Ou ce qui eſt la même choſe, tous ceux dont la baſe eſt égale à la baſe, & la hauteur à la hauteur, ſont égaux.

C'eſt la même choſe que le precedent. Car les coſtez angulaires d'un rectangle en meſurent la longueur & la largeur ; & on peut même, comme nous avons dit, en appeller l'un ſa longueur, & l'autre ſa largeur. Et par conſequent tous les rectangles dont les coſtez angulaires ſont égaux, chacun à chacun, ont même longueur & même largeur.

On peut encore dire que les coſtez angulaires d'un rectangle pouvant eſtre marquez par les mêmes caracteres par tout où ils ſe rencontrent égaux, comme par *b* & par *c*, par tout où l'un eſt égal à *b* & l'autre à *c*, dire qu'ils ſont égaux ; c'eſt dire que *b c* eſt égal à *b c*.

Avertissement.

IV.   *Ces deux axiomes nous font voir que tout ce que nous avons dit dans le premier livre de la multiplication des grandeurs incomplexes & complexes ; & dans le 3e de la raiſon entre les grandeurs planes, ſe peut appliquer aux quarrez & aux rectangles ; & qu'il n'y a qu'à ſubſtituer des lignes au lieu des ſimples caracteres.*

C'eſt ce que nous verrons en peu de mots en commençant par la puiſſance des lignes.

Definition.

V.   On appelle puiſſance d'une ligne le quarré de cette li-

gne , comme *b b* est la puissance de *b* , ou bien le rectangle
de deux lignes quand il s'agit de deux lignes , comme la
puissance de *b* par *c* est le rectangle *b c*.

DE LA PUISSANCE D'UNE LIGNE
COMPAREE AVEC LA PUISSANCE DE SES PARTIES.

Tout ce qu'on enseigne de la puissance d'une ligne
comparée avec la puissance de ses parties , n'est que la même chose que ce que nous avons dit dans le premier livre
de la multiplication des grandeurs complexes ; & se peut
reduire à cet Axiome.

TROISIEME AXIOME.

C'est la même chose de multiplier le tout par le tout ,
& de multiplier le tout par chacune de ses parties , ou de
multiplier chaque partie par toutes les parties , en faisant
autant de multiplications partiales qu'est le produit des
deux nombres des parties qu'on multiplie les unes par les
autres.

AVERTISSEMENT.

*Ainsy le plus grand mystere pour ne se point broüiller est
de nommer chaque ligne autant que l'on peut par un seul caractere , afin que deux caracteres joints ensemble puissent marquer une multiplication ; c'estadire un rectangle , & de marquer par un même caractere les lignes égales.*

*Exemple : La ligne b soit divisée en
trois portions inégales que j'appelleray
c. d. f. il est visible que c'est la même
chose de multiplier b par b , ce qui donne b b , que de multiplier b par toutes
ces parties ; c'estadire par c , par d, &
par f , ce qui donne b c. b d. b f: & par
consequent* $bb = bc + bd + bf$.

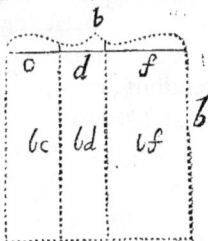

*Ainsy presque toutes les propositions
du second livre d'Euclide ne sont que des Corollaires de cet
Axiome & de cet Avertissement. Ie ne proposeray que les
principales & qui sont d'usage.*

Ie suppose toujours qu'on mette à angles droits les lignes qui doivent faire les costez angulaires des rectangles, sans que je m'amuse plus à en avertir.

Et quand je parle d'une ligne coupée en plusieurs parties, j'entens toûjours égales ou inégales, à moins que j'exprime qu'on les doive prendre égales.

PREMIER THEOREME.

I X. A yant deux lignes, l'une non coupée ; & l'autre coupée en tant de parties que l'on voudra, le rectangle des deux entieres est égal à tous les rectangles de la non coupée par chaque partie de la coupée. C'estadire qu'un tout est égal à toutes ses parties prises ensemble.

Soit p la non coupée, & T la coupée en 5 parties b, c, d, f, g; il est bien visible qu'en tirant des lignes paralleles à p, & par consequent qui luy sont égales par tous les points de division de T, elles feront pb, pc, pd, pf, pg, qui pris ensemble sont égaux à pT, puisque c'en sont toutes les parties.

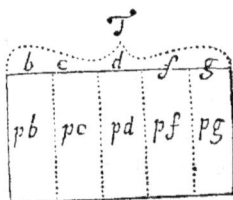

SECOND THEOREME.

2. UNE ligne estant coupée en plusieurs parties, le quarré de la toute est égal aux rectangles de chaque partie sur la toute.

C'est la même chose que le precedent, excepté que la même ligne faisant les deux costez du rectangle total qui est alors quarré, on la prend une fois pour la non coupée, & une autre fois pour la coupée.

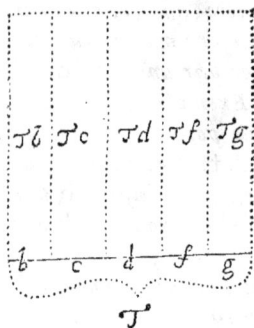

Il est donc clair que T estant coupé en b, c, d, f, g. TT doit estre égal à Tb. Tc. Td. Tf. Tg.

TROISIEME THEOREME.

X I. UNE ligne estant coupée en tant de parties que l'on voudra, le rectangle de quelque partie que ce soit par la toute,

toute, est égal au quarré de cette partie plus les rectangles
de cette partie par chacune des autres.

Soit T comme auparavant divisé en 5 parties $b. c. d. f. g.$
il est clair par le premier Theoreme, que le rectangle de b
par la toute est égal aux 5 rectangles de b par chaque partie de T. Or b est l'une de ces parties, & par conséquent
l'un de ces 5 rectangles sera bb. C'estadire le quarré de
cette partie, & les autres 4 rectangles seront le rectangle
de b par chacune des autres parties ; sçavoir $bc. bd. bf. bg.$

Quatrieme Theoreme.

UNE ligne estant divisée en tant de parties que l'on   **XII.**
voudra, le quarré de la toute est égal aux quarrez de chaque partie plus deux fois autant de rectangles, dont il y en
a toujours deux qui sont les rectangles des mêmes deux
parties.

Ce Theoreme n'est que l'assemblage du 2ᵉ & du 3ᵉ.

Soit T comme auparavant divisée en b, c, d, f, g, par le 1ᵉʳ
Theoreme ayant fait le quarré TT, & n'ayant divisé qu'un
seul de ces costez par b, c, d, f, g, & tiré les paralleles à l'autre costé, on a 5 bandes, dont on peut appeller chacune du
nom de sa partie, sçavoir Tb, Tc, Td, Tf, Tg. Mais
divisant encore l'autre costé par les mêmes b, c, d, f, g, on
divise chacune des 5 bandes en 5, ce qui fait 25, & dans
chaque bande ainsy divisée se trouve un quarré de la partie
dont elle est bande (dans Tb, bb, dans Tc, cc) & quatre
rectangles des autres parties par celle là. Et il est aisé de
voir que dans chaque bande se trouve toujours un rectangle de deux parties, dont le rectangle se trouve encore
dans un autre, comme dans Tb se trouve bc, qui se trouve
aussy dans Tc, & ainsy tout le quarré contient

5 quarrez $bb. cc. dd. ff. gg.$
20 rectangles $2. bc. 2. bd. 2. bf. 2. bg.$
$2. cd. 2. cf. 2. cg.$
$2. df. 2. dg.$
$2. fg.$

Corollaire.

LE plus grand usage de ces Theoremes est quand la li-   **XIII.**

Oo

gne est coupée en deux. C'estpourquoy il faut bien retenir ces trois propositions.

1. Le quarré de la toute est égal aux deux rectangles de
chaque partie par la toute.

2. Le rectangle d'une partie par la toute est égal au
quarré de cette partie, plus le rectangle des deux parties.

3. Le quarré de la toute est égal aux 2 quarrez de chaque partie plus deux fois le rectangle des deux parties.

DE LA PROPORTION
ENTRE LES RECTANGLES.

PROPOSITION FONDAMENTALE.

XIV. LES rectangles qui ont un costé égal à un costé, & l'autre inégal, sont entr'eux comme l'inégal.

Ou) les rectangles de même hauteur sont comme leurs
bases.

D'égale base sont comme leurs hauteurs.

Ou) d'égale longueur sont comme leurs largeurs.

D'égale largeur sont comme leurs longueurs.

Tout cela n'est que la même chose, & peut passer pour
prouvé dans le 2e Livre.

Neanmoins en voicy encore la preuve. La these est
$$b\,c.\quad b\,d :: c.\quad d.$$

L'aliquote quelconque de c soit appellée x.

Si par tous les points de la division on tire des paralleles
à b, il est clair que $b\,x$ sera autant de fois dans $b\,c$, qu'x
dans c. C'estadire que $b\,x$ & x seront toujours les aliquotes pareilles, l'une de $b\,c$, & l'autre de c. Car il est bien
clair que toutes les x estant égales, tous les $b\,x$ seront
égaux.

Que si on applique x à d, base du rectangle $b\,d$, & qu'on
tire aussy par tous les points de la division des paralleles
à b, il est clair que $b\,x$ sera autant de fois dans $b\,d$, qu'x
dans d, & que si x est precisément tant de fois dans d, $b\,x$
sera aussy precisément tant de fois dans $b\,d$. Et si x n'est
pas precisément tant de fois dans d, mais avec quelque

refte; $b x$ de même ne fera pas precifément tant de fois dans $b d$, mais avec un rectangle de refte plus petit que $b x$.

Donc les aliquotes pareilles de $b c$ & de c font également contenües, celles de $b c$ dans $b d$, & celles de c dans d.

Donc par la definition de l'égalité des raifons $b c$ & $b d$ font en même raifon que c & d; puifque les aliquotes pareilles des antecedens $b c$ & c font également contenus dans les confequens $b d$ & d. Donc $b c. b d :: c. d$.

PREMIER COROLLAIRE.

LES rectangles font en raifon compofée de la longueur   X V.
à la longueur, & de la largeur à la largeur. C'eft la definition même de la raifon compofée. III. 2. 4.

$$b c. m n :: b. m + c. n.$$

SECOND COROLLAIRE.

LES rectangles femblables font en raifon doublée de   X V I.
leurs coftez homologues.

Car les rectangles font femblables, quand la longueur eft à la longueur, comme la largeur à la largeur.

$b f$ & $c g$ font femblables, fi $b. c :: f. g$.

Donc la raifon de ces deux rectangles eft compofée de deux raifons égales, par le premier Corollaire.

Donc cette raifon eft doublée de chacune, par la definition de la raifon doublée.

TROISIEME COROLLAIRE.

LES quarrez font en raifon doublée de leurs racines.   X V I I.
C'eft la même chofe que le precedent.

Et ainfy fi b eft double de d, bb eft quadruple de dd.

QUATRIEME COROLLAIRE.

LES rectangles reciproques font égaux. Car on appelle X V I I I.
les rectangles reciproques quand la longueur du premier eft à la longueur du fecond, comme la largeur du fecond eft à la largeur du premier.

Ainfy $b g$ & $c f$ font reciproques, fi

$$b. c :: f. g.$$

Or la grandeur plane des deux extremes d'une proportion eft égale à la grandeur plane des moyens.

Donc $b g = c f$.

MESMES COROLLAIRES
AUTREMENT PROPOSEZ.

XIX.   Si 4 lignes font proportionelles,
$$b.\ c :: f.\ g.$$

1. Le rectangle des antecedens bf, eft au rectangle des confequens cg, en raifon doublée de la raifon de cette proportion $b.c.$ ou $f.g.$

2. Le rectangle des deux premiers termes $b\,c$ eft au rectangle des deux derniers $f\,g$ en raifon doublée de la raifon alterne de cette proportion $b.f.$ ou $c.g.$

3. Le rectangle des deux extrêmes eft égal au rectangle des deux moyens, $bg = cf.$ II. 27.

4. Les quarrez de ces quatre lignes font proportionels $bb.\ cc :: ff.\ gg.$ par III. 24.

5. Si trois lignes font continuellement proportionelles, le quarré de celle du milieu eft égal au rectangle des extremes.
$$Si \div b.\ c.\ d.\ \ cc = bd.\ II.\ 27.$$

6. Les quarrez des deux premiers bb & cc font en même raifon que la premiere & la troifiême.
$$bb.\ cc :: b.\ d.\ \text{par III. 26.}$$

CINQUIEME COROLLAIRE.

XX.   Une ligne eftant divifée en deux parties, fi deux autres lignes font moyennes proportionelles, l'une entre la toute & fa plus grande partie, & l'autre entre la même toute & fa plus petite partie : les deux quarrez de ces deux lignes font égaux au quarré de cette toute.

Soit h divifée en m & n.

Soit b moyenne entre h & m

Et d entre h & n.

Puifque $\div h.\ b.\ m.\ \ bb = hm.$

Et puifque $\div h.\ d.\ n = dd.\ hn.$

Donc $bb + dd = hm + hn.$

Or $hm. + hn. = hh.$

Donc $bb + dd = hh.$

AVERTISSEMENT.

On peut rapporter icy tout ce qui a esté demonstré dans le 2 & 3e livre des grandeurs planes en general. Car le rectangle est la grandeur plane en matiere d'estendüe ou espace.   X X I.

APPLICATION
DE CETTE DOCTRINE GENERALE
A QUELQUES LIGNES PARTICULIERES QU'ON A
FAIT VOIR CY DEVANT ESTRE PROPORTIONELLES.

PREMIER THEOREME.

Si deux lignes se coupent dans un cercle, le rectangle   X X I I.
des portions de l'une est égal au rectangle des portions de
l'autre. Voyez XI.55.

SECOND THEOREME.

LE quarré de la perpendiculaire d'un point de la cir-   X X I I I.
conference au diametre, est égal au rectangle des portions
du diametre. Voyez XI. 57.

TROISIEME THEOREME.

Si d'un point hors le cercle deux lignes sont menées   X X I V.
jusqu'à la concavité du cercle, le rectangle d'une toute &
de sa portion qui est hors le cercle, est égal au rectangle
de l'autre toute & de sa portion, qui est aussy hors le cercle. Voyez XI. 52.

QUATRIEME THEOREME.

Si d'un point hors le cercle on mene une ligne qui tou-   X X V.
che le cercle, & l'autre qui le coupe jusqu'à la concavité,
le quarré de la tangente est égal au rectangle de l'autre
toute, & de sa portion qui est hors le cercle. XI. 54.

Et si on appelle la tangente p, la secante entiere t, la
partie qui est hors le cercle h, & celle qui est au dedans d,
on aura toutes ces égalitez par cé qui a esté dit cy devant.

$$p\,p = h\,t.$$
$$p\,p = h\,h. + h\,d.$$
$$h\,h = p\,p. - h\,d.$$
$$t\,t = h\,t. + d\,t.$$
$$t\,t = p\,p. + d\,t.$$

O o iij

CINQUIEME THEOREME.

XXVI.   SI du sommet d'un angle droit on tire une perpendicu-laire sur l'hypothenuse,

    1. Le quarré de cette perpendiculaire est égal au rectangle des deux portions de l'hypothenuse. $pp = mn$.

    2. Le quarré du grand costé de l'angle droit est égal au rectangle de l'hypothe-nuse entiere & de sa grande portion, $bb = hm$.

    3. Le quarré du petit costé est égal au rectangle de l'hy-pothenuse entiere, & de sa petite portion, $dd = hn$.

    4. Le quarré de toute l'hypothenuse est égal aux quar-rez des deux costez $bb + dd = hh$.

    Les 3 premiers points sont clairs, par XI. 58.

    Et le 4e par le 5e Corollaire s̃.

PREMIER COROLLAIRE.

XXVII.   LA diagonale d'un rectangle peut autant que les quar-rez des deux costez.

SECOND COROLLAIRE.

XXVIII.   LA diagonale d'un quarré peut 2 fois le quarré du costé.

TROISIEME COROLLAIRE.

XXIX.   LA diagonale du quarré est incommensurable en lon-gueur au costé, & commensurable en puissance. XI. 76.

QUATRIEME COROLLAIRE.

XXX.   LA hauteur d'un triangle equilateral (c'estadire la per-pendiculaire du sommet à la base) est incommensurable en longueur au costé, & commensurable en puissance, le quarré du costé estant au quarré de cette perpendiculaire : comme 4 à 3.

    La premiere partie est claire, par XI. 79.

    La seconde se prouve ainsy : pd est la moitié de bd. Donc le quarré de bd est au quarré de pd, comme 4 à un. Or ce même quarré de bd vaut le quarré de pd, plus celuy de bp.

    Donc le quarré de bd est à celuy de bp comme 4 à 3.

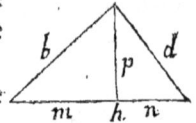

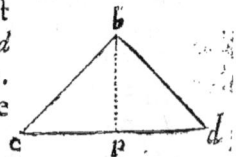

SIXIEME THEOREME.

LE quarré de la base d'un angle aigu est égal aux quarrez des costez qui le comprennent moins deux fois le rectangle du costé sur lequel on mene une perpendiculaire de l'extremité opposée de la base & de la ligne comprise entre le sommet de cet angle aigu & de cette perpendiculaire.

XXXI.

Soit la base de l'angle aigu nommé $b.$

Le costé vers lequel on ne mene point la perpendiculaire, $c.$

Celuy sur lequel on la mene, $d.$

La perpendiculaire, $p.$

La ligne comprise entre la perpendiculaire & le sommet de l'angle aigu. $x.$

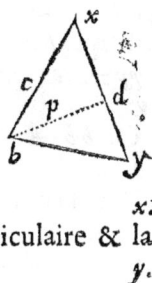

Celle qui est comprise entre la perpendiculaire & la base, $y.$

Je dis que $bb = cc. + dd. - 2.dx.$

Mais il faut remarquer qu'x est quelquefois $d - y.$

Quelquefois d simplement.

Et quelquefois $d. + y.$

Selon que d fait sur la base, ou un angle aigu, ou un droit, ou un obtus.

Mais quand d fait un angle droit sur b, il est plus court de dire que bb base de l'angle aigu, est égal à $cc.$ moins $dd.$ comme il est clair par le precedent Theoreme. Et ainsy reste seulement les deux autres cas.

PREMIER CAS.

QUAND d fait sur la base un angle aigu, la perpendiculaire coupe d en deux parties.

Et ainsy $d = x + y.$ & $x = d - y.$

Et alors le Theoreme se prouve ainsy.

Par le precedent Theoreme $bb. = pp + yy.$

Et $cc = pp + xx.$

Et $dd = yy + xx + 2.yx.$

Donc bb est moindre que $cc + dd.$ de $2.xx$, & $2.yx.$

Or x eftant égale, $d - y$. $xx = dx - xy$.

Donc $xx + xy = dx$.

Donc $2. xx + 2xy = 2. dx$.

Donc $bb. = cc. + dd. - 2. dx$. Ce qu'il falloit demonftrer.

Second Cas.

Si d fait un angle obtus fur b, alors p ne tombe fur d
qu'eftant prolongé, & y eft une ligne ajoûtée à d. & x. eft
égale à $d. + y$. Ce qui fait qu'on prouve
ainfy que $bb = cc + dd - 2. dx$.

$pp = cc - xx$. c'eftadire $- dd - yy - 2$.
$d y$.

Or $bb = pp. + yy$.

Donc $bb = cc - dd - dy$.

Et par confequent $bb = cc + dd - 2. dd$.
$- 2. dy$.

Or $x = d. + y$. Donc $dd + dy = dx$.

Donc $2. dd + 2. dy = 2. dx$.

Donc $bb = cc + dd - 2. dx$. Ce qu'il falloit demonftrer.

De tout cecy il eft aifé de conclure que fi des deux extremitez de la bafe d'un angle aigu, on tire des perpendiculaires à chaque cofté, le rectangle d'un cofté & de la ligne
comprife entre le fommet de l'angle aigu; & la perpendiculaire qui tombe fur ce cofté fera toujours égale au rectangle de l'autre cofté & de la ligne comprife entre le
fommet de l'angle aigu & la perpendiculaire qui tombe
fur cet autre cofté.

Septieme Theoreme.

XXXII.　Le quarré de la bafe de l'angle obtus eft égal aux quarrez des coftez, plus le rectangle du cofté vers lequel on
aura mené une perpendiculaire de l'extremité de cette
bafe & de la ligne comprife entre cette perpendiculaire &
le fommet de l'angle obtus.

Il eft clair que cette perpendiculaire ne peut tomber
fur aucun cofté qu'en le prolongeant.

Soit donc la bafe　　　　b.

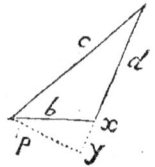

Le

Le cofté non prolongé   *c.*
L'ajoûtée   *y.*
La perpendiculaire   *p.*

bb eft égal au quarré de p, plus le
quarré de $d + y$. C'eftadire que
$$bb = pp + yy + dd. + 2.dy.$$
Or $cc = pp. + yy.$
Donc $bb = cc + dd + 2.dy.$ Ce qu'il falloit demonftrer.

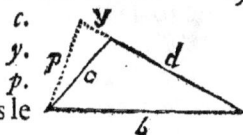

AVERTISSEMENT.

XXXIII.

On peut faire icy un Corollaire femblable à celuy du Theo-
reme precedent. Ie le laiffe à chercher, & à prouver fi l'on
veut par les principes du livre des lignes proportionelles.

HUITIEME THEOREME.

XXXIV.

LE quarré de la bafe d'un angle obtus, qui vaut les deux
tiers de deux angles droits ; c'eftadire qui eft de 120 degrez, eft égal aux quarrez des deux coftez plus le rectangle de ces deux mêmes coftez.

Toutes chofes eftant faittes, & les lignes nommées comme dans le precedent Theoreme, l'angle obtus ne peut
valoir 120 degrez, que l'angle que fait c fur l'ajoûtée y
(qui eft le complement de cet angle obtus) ne foit de 60
degrez. Or le triangle que font cyp eft rectangle. Donc
y eft le finus d'un angle de 30 degrez. Donc par XIII. y eft
la moitié de c, qui en eft le raion.

Donc $dc = 2.dy.$
Or par le precedent Theoreme,
$$bb = cc. + dd + 2.dy.$$
Donc $bb = cc + dd + dc.$ égal à $2 dy.$

NEUVIEME THEOREME.

XXXV.

LE quarré de la bafe d'un angle aigu de 60 degrez eft
égal aux quarrez des coftez moins le rectangle des coftez.

Car par le 6e Theoreme b eftant la bafe d'un angle
aigu,
$$bb = cc + dd - 2.dx.$$
Or x en tous les cas (c'eftadire foit qu'x foit ou $d - y$,
ou d fimplement, ou $d + y$.) il eft toujours le finus d'un

Pp

angle de 30 degrez dont c eft le raion, quand l'angle que foutient b eft de 60 degrez.

Donc x eft toujours la moitié de c, par XIII.....

Donc $dc = 2.dx$.

Donc $bb. = cc. + dd. \begin{cases} \overline{\text{ou}} & \dfrac{2.dx}{dc} \end{cases}$

DIXIEME THEOREME. ·

XXXVI.   LE quarré du cofté du pentagone eft égal au cofté du decagone, plus le quarré du cofté de l'exagone infcrits dans le même cercle.

Soit bd le cofté du pentagone.

cb & cd deux demidiametres du cercle dans lequel il eft infcrit, qui font auffy les coftez de l'exagone, par XII. 36.

dg & gb deux coftez du decagone.

cp une ligne qui coupe perpendiculairement & par la moitié, tant le cofté du decagone dg, que l'arc dg qui coupe en r le cofté du pentagone.

Cela eftant, je prouve 1°. Que bc (cofté de l'exagone) eft moyenne entre bd cofté du pentagone, & fa partie br.

Car les deux angles vers b & vers d font chacun de 54 degrez, XII. 23.

Or l'angle rcb eft auffy de 54 degrez, puifque l'arc gb eft de 36 degrez, XII. & l'arc gp de 18, ce qui enfemble fait 54.

Donc les deux triangles bcd, & brc font ifofceles & femblables.

Donc par (34 s̃.) bc eft moyenne entre bd & br. C'eft-adire entre le cofté du pentagone & fa plus grande partie.

Je prouve 2°. Que dg cofté du decagone, eft moyenne entre bd cofté du pentagone, & dr fa plus petite partie.

Car rp coupant gd perpendiculairement & par la moitié, rg eft égale à rd. Donc les angles que chacun fait fur gd font égaux.

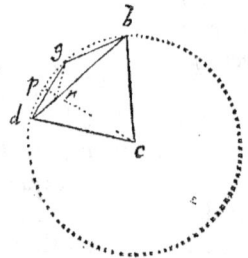

Donc les deux triangles dgb & drg font ifofceles & femblables. Donc par (34. ̃s.) dg (bafe du petit & cofté du grand) eft moyenne entre bd (bafe du grand) & rd (cofté du petit.)

Donc le cofté du decagone eft moyenne entre le cofté du decagone & fa plus petite partie.

Donc par le 5ᵉ Corollaire (20 ̃s.) le quarré du penta-gone eft égal au quarré du cofté de l'exagone , plus le quarré du cofté du decagone infcrit dans le même cercle. Ce qu'il falloit demonftrer.

ONZIEME THEOREME.

Si une ligne eft divifée en moyenne & extrême raifon, xxxvii. la ligne compofée de la moitié de cette ligne & de fa plus grande partie, peut 5 fois le quarré de la moitié.

Soit la ligne d divifée en 6, & c en moyenne & extrême raifon, en forte que $bb = dd - db$, & par confequent $bb + db. = dd.$

Appellant m la moitié de d, je dis que le quarré de $m+b$ vaut 5 fois le quarré d'm.

Car m eftant la moitié de d, $dd = 4.mm$. Et $2mb. = bd.$
Et ainfy le quarré de $m+b$.
Eftant égal à $mm + bb + 2.mb.$
Donc à $mm + bb + db.$
Donc à $mm + dd.$
Donc à $mm + 4.mm.$
Donc à $5.mm.$

DOUZIEME THEOREME.

Une ligne eftant divifée en moyenne & extrême rai- xxxviii. fon, la ligne compofée de la petite portion & de la moitié de la plus grande, peut 5 fois le quarré de la moitié de la plus grande.

Soit comme auparavant la toute d, la plus grande par-tie b, & fa moitié n, la plus petite c; en forte que $dc = bb.$
Or $dc = cc + cb.$ Donc $cc + cb = bb.$
Cela eftant, je dis que le quarré de $n+c. = 5.nn.$
Car ce quarré de $n+c.$
Eft égal à $nn + cc. + 2.nc.$ Donc a $nn + cc. + bc.$
Puifque n eft $\frac{1}{2}$ de b.   Pp ij

Donc a $nn + bb$. (puifque $bb = cc. + bc$)

Donc a $nn + 4. nn$. Donc a 5. nn. Ce qu'il falloit demonftrer.

Treizieme Theoreme.

XXXIX. Une ligne eftant divifée en moyenne & extrême raifon, le quarré de la toute, plus le quarré de la plus petite partie, valent 3 fois le quarré de la plus grande.

Soit comme auparavant $d = b. + c$. & b moyenne entre d & c, en forte que $bb = dc$. Et par confequent à $cc + cb$. Je dis que $dd + cc. = 3. bb$.

Car $dd = bb + cc + 2. cb$.

Donc $dd + cc. = bb. + 2. cc + 2. cb$.

Or 2. $cc + 2. cb = 2. bb$. puifque $cc + cb = bb$.

Donc $dd + cc. = 3. bb$. Ce qu'il falloit demonftrer.

Premier Probleme.

XL. Trouver le quarré égal à un rectangle donné.

Ou ayant l'aire d'un quarré, en trouver la racine.

Il ne faut que trouver la moyenne proportionelle entre les coftez du rectangle donné.

Ou entre les deux lignes qui font l'aire donnée; comme fi l'aire eft fuppofée de 20 toifes, ou pieds, ou pouces, entre un & 20, ou 2 & 10, ou 4 & 5.

Second Probleme.

XLI. Ayant le cofté d'un rectangle, trouver quel doit eftre l'autre, afin qu'il foit égal à un rectangle donné. Prendre le cofté donné pour premier terme de la proportion, les deux coftez du rectangle donné pour 2 & 3, le cofté que l'on cherche fe trouvera en trouvant une 4e proportionelle.

Troisieme Probleme.

Trouver un quarré égal à deux ou plufieurs quarrez donnez.

Soient les quarrez donnez bb, cc, dd, mettant b & c à angle droit, le quarré de l'hypothenufe de cet angle droit que je nomme f, fera égal à $bb + cc$. Et mettant de nouveau f & d à angle droit, le quarré de l'hypothenufe de cet angle fera égal à $ff. + dd$. Et par confequent à $bb + cc$.

$\rightarrow dd$. Et on peut conduire cela jusqu'à l'infini.

COROLLAIRE.

TROUVER le quarré égal à plusieurs rectangles donnez,   XLII.
il ne faut que trouver les quarrez égaux à chacun de ces
rectangles. Et puis on trouvera le quarré égal à tous ces
quarrez.

QUATRIEME PROBLEME.

TROUVER un quarré à qui un quarré donné soit en rai-   XLIII.
son donnée.

Soit le quarré donné bb.

La raison donnée $m. n.$

Ayant disposé $m. n. b.$ & trouvé pour 4e proportionelle d, en sorte que

$m. n :: b. d.$

Et trouvant aussy la moyenne proportionelle entre b &
d, que je suppose estre c, le quarré de c satisfera au Probleme. Car puisque $\div b. c. d.$ par le ....

$bb. cc :: b. d.$

Or $b. d :: m. n.$

Donc $bb. cc :: m. n.$

CINQUIEME PROBLEME.

DIVISER une ligne, en sorte que le quarré de la plus   XLIV.
grande portion soit égal au rectangle de la toute & de la
plus petite portion.

Ce Probleme a esté resolu (XI. 68.) quand on a appris à
couper une ligne en moyenne & extrême raison : c'estadire, en sorte que la toute soit à la plus grande portion,
comme la plus grande portion à la plus petite.

SIXIEME PROBLEME.

DIVISER une ligne en sorte que le quarré de la plus   XLV.
grande portion soit au rectangle de la toute & de la plus
petite portion en raison donnée.

Soit la ligne donnée d.

La raison donnée $m. n.$

Il faut trouver une ligne qui soit à d comme m à n. Ce
qui se fera en transposant $m n (n. m.)$ & mettant d pour 3^e
proportionelle. Car la 4e qu'on trouvera que j'appelle c,

fera à d, comme m à n.

$n.\ m :: d.\ c.\quad Permutando\ c.\ d :: m.\ n.$

Cela eftant fait, prendre la moyenne proportionelle entre c & d, que j'appelle p.

Et faire un cercle de l'intervalle de la moitié de c, dont p foit tangente.

Puis tirer une fecante du point de p qui eft hors le cercle jufqu'à la concavité du cercle en paffant par le centre. La partie de cette fecante qui eft dans le cercle eftant le diametre d'un cercle qui a la moitié de c pour raion, fera égale à c, & celle qui eft dehors le cercle que j'appelle x fatisfera à la queftion.

C'eftadire que prenant x dans d,

$$x\,x.\ d\,d - x\,d :: \begin{cases} m. & n. \\ c. & d. \end{cases}$$

Car par la folution du Probleme precedent, l. XI. 68.

$x\,x = p\,p - x\,c.$

Et $p\,p = d\,c.$ parceque $\div d.\ p.\ c.$

Donc $x\,x = d\,c - x\,c.$

Or $d\,c - x\,c.\ d\,d - x\,d :: c.\ d.$

Parceque le folide de la multiplication des extrêmes,

$d\,c\,d - x\,c\,d.$

Eft égal au folide de la multiplication des moyens,

$d\,c\,d - x\,c\,d.$

Donc $x\,x.\ d\,d - x\,d :: \begin{cases} m. & n. \\ c. & d. \end{cases}$

SEPTIEME PROBLEME.

XLVI. TROUVER la racine d'un quarré dont on ne fçait autre chofe, finon qu'eftant comparé au quarré d'une ligne donnée, & à un rectangle d'une autre ligne donnée & de cette racine inconnüe, il eft

Ou $\begin{cases} 1.\ \text{Egal au quarré plus le rectangle.} \\ 2.\ \text{Egal au quarré moins le rectangle.} \\ 3.\ \text{Egal au rectangle moins le quarré.} \end{cases}$

Ainfy la racine inconnüe eftant nommée x ou y.

La ligne donnée qui fait le quarré, b.

Et l'autre ligne donnée cofté du rectangle, d.

Le 1er Cas sera $yy = bb + yd$.

Le 2e Cas, $\quad xx = bb - xd$.

Et le 3e, $\quad \begin{cases} yy = yd - bb. \\ xx = xd - bb. \end{cases}$

CONSTRUCTION COMMUNE
AU PREMIER ET AU SECOND CAS.

DECRIRE un cercle de l'intervale de la moitié de d, élevée perpendiculairement sur y l'une des extremitez de b.

Et tirer de l'autre extremité de b une secante qui passant par le centre du cercle se termine à la circonference.

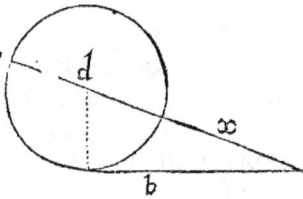

Cette secante entiere soit appellée y.

Qui sera composée de sa partie hors le cercle appellée x.

Et du diametre du cercle qui sera d par la construction.

Et b sera tangente du cercle.

PREUVE DU PREMIER CAS.

Dans le 1er Cas, c'est y (c'estadire la secante entiere) qui est la racine que l'on cherche.

Car y estant égale à $x + d$.

$yy = yx + yd$. s. 13.

Or $bb = xy$. s. 25.

Donc $yy = bb + yd$. Ce qu'il falloit demonstrer.

PREUVE DU SECOND CAS.

Dans le 2e Cas, c'est x (c'estadire la partie de la secante qui est hors le cercle) qui est la racine que l'on cherche.

Car $x. b :: b \; x + d$.

Donc $xx + xd = bb$.

Donc $xx = bb - xd$. Ce qu'il falloit demonstrer.

CONSTRUCTION ET PREUVE DU TROISIEME CAS.

Faisant un cercle qui ait d pour diametre, & b pour tangente, il faut tirer une parallele à d de l'extremité de b qui est hors le cercle.

Que fi cette parallele ne coupe point le cercle, parceque b eft auffy grande ou plus grande que la moitié de d, le Probleme eft impoffible.

Mais fi elle le coupe tirant une tangente parallele à b de l'autre extremité de d, & prolongeant jufqu'à cette tangente la fecante parallele à d, cette fecante (égale à d) fera compofée de trois parties ; de deux hors le cercle, qui eftant égales (comme il eft aifé de le prouver en tirant du centre une perpendiculaire à cette fecante) chacun s'appellera x, & celle de dedans le cercle plus une du dehors, c'eftadire plus x, s'appellera y.

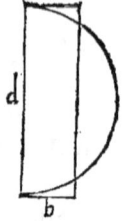

Cela eftant fuppofé, je dis qu'x & y peuvent l'une & l'autre fatisfaire au Probleme.

Car $xy = bb$, par le 4e Theoreme, & d eftant égale à $x + y$.

$$xx + xy = xd.$$
$$\text{Et } yy + xy = yd. \Big\} \text{ par 13. } \tilde{5}.$$

Donc $xx = xd - xy$ égal à bb.

Et $yy = yd - xy$ égal à bb.

Donc foit qu'on prenne x ou y, on fatisfait au Probleme. Et le choix depend de fçavoir d'ailleurs fi la racine que l'on cherche doit eftre plus petite que b. Car alors c'eft x, au lieu que fi elle doit eftre plus grande, c'eft y.

NOUVEAUX

NOVVEAVX ELEMENS

DE

GEOMETRIE.

LIVRE QUINZIEME.

DE LA MESURE
DE L'AIRE DES PARALLELOGRAMMES,
DES TRIANGLES, ET AUTRES POLYGONES.

DEFINITIONS.

QUAND on parle des coftez d'un parallelogram-   I.
me, on entend les coftez angulaires, amoins
qu'on ne marque autre chofe.

On peut prendre lequel on veut de ces coftez
pour mefure de la longueur du parallelogramme; & alors
ce cofté s'appelle la bafe.

Et la perpendiculaire qui mefure la diftance entre la
bafe & fon cofté oppofé s'appelle la hauteur du parallelogramme.

FONDEMENT DE LA MESURE
DES PARALLELOGRAMMES.

PAR ce que nous avons dit au commencement du livre   II.
precedent, que dans les parallelogrammes non rectangles
(à qui pour abreger nous donnerons fimplement le nom

Qq

de parallelogrammes) on pouvoit prendre lequel on vouloit de leurs coftez angulaires pour mefure de l'une de leurs dimenfions, qui eft la longueur ; mais que l'autre cofté angulaire ne pouvoit pas en mefurer la largeur, parcequ'eftant oblique il ne mefuroit pas la diftance entre les coftez oppofez qui avoient efté pris pour la longueur. Et ainfy au lieu de cet autre cofté angulaire, il faut prendre la perpendiculaire qui mefure la diftance entre le premier cofté & fon oppofé, pour avoir l'autre dimenfion de ces parallelogrammes.

Or delà il s'enfuit que le rectangle de la bafe & de cette perpendiculaire appellée la hauteur du parallelogramme eft égal à ce parallelogramme, puifque n'ayant tous deux que deux dimenfions, longueur & largeur, la longueur de l'un eft égale à la longueur de l'autre, en ce qu'ils ont tous deux une bafe égale, & que la largeur de l'un eft égale à la largeur de l'autre, puifqu'elle eft mefurée par une perpendiculaire égale dans l'une & dans l'autre ; quoiqu'elle foit en l'un des coftez de la figure, fçavoir dans le rectangle, & que dans l'autre elle n'y foit pas marquée.

Cela pourroit fuffire pour ceux qui cherchent plûtoft à s'affurer de la verité qu'à en pouvoir convaincre les autres.

Neanmoins pour plus grande certitude on peut employer deux voies pour prouver cette propofition : l'une nouvelle appellée la *Geometrie des indivifibles* : & l'autre ancienne & plus commune. Nous expliquerons l'une & l'autre.

NOUVELLE METHODE APPELLE'E
LA GEOMETRIE DES INDIVISIBLES.

III. Quoique les Geometres conviennent que la ligne n'eft pas compofée de points, ny la furface de lignes, ny le folide de furfaces, neanmoins on a trouvé depuis peu de temps un art de démonftrer une infinité de chofes, en confiderant les furfaces comme fi elles eftoient compofées de lignes, & les folides de furfaces.

Je n'ay rien veu de ce qui en a esté écrit : mais voicy ce qui m'en est venu dans l'esprit, en ne m'arrestant maintenant qu'à ce qui regarde les surfaces.

Le fondement de cette nouvelle Geometrie est de prendre pour l'aire d'une surface la somme des lignes qui la remplissent ; de sorte que deux surfaces sont estimées égales, quand l'une & l'autre est remplie par une somme égale de lignes égales ; soit que chacune de celles d'une somme soit égale à chacune de celles de l'autre somme ; soit qu'il se fasse une compensation ; en sorte par exemple, que deux d'une somme qui pourront estre inegales entr'elles, soient égales à deux prises ensemble de l'autre somme qui seront égales entr'elles.

Mais pour ne pas donner lieu à beaucoup de paralogismes où l'on tombe aisément en se servant de cette methode, si on n'y prend bien garde, il faut remarquer,

1. Qu'afin que des lignes soient censées remplir un espace, il faut qu'elles soient toutes paralleles entr'elles ; soit qu'elles soient droittes pour remplir un espace rectiligne, soit qu'elles soient circulaires pour remplir des cercles ou des portions de cercle. Il est facile d'en voir la raison. Et ainsy il faut bien prendre garde de ne pas employer pour cela des lignes qui ne seroient pas paralleles en l'une ou l'autre de ces deux manieres.

2. Afin qu'une somme de lignes soit censée égale à une autre somme de lignes, il ne faut pas s'imaginer qu'on puisse dire le nombre qu'en contient chaque espace (car il n'y a point de si petit espace qui n'en contienne un nombre infini) mais ce qui fait qu'on appelle ces sommes égales, c'est que toutes les lignes d'un costé & d'autre coupent perpendiculairement deux lignes égales. Par exemple si la ligne *b* est égale à la ligne *m*, le nombre infini des lignes qui peuvent couper perpendiculairement *b* en tous ses points, est censé égal au nombre infini de celles qui peuvent aussy couper perpendiculairement *m*, estant visible qu'il n'y a point de raison pourquoy on en puis-

se faire paſſer davantage par l'une que par l'autre. Car les
aliquotes pareilles de l'une & de l'autre eſtant toûjours
égales juſques à l'infini , on pourra toujours de part &
d'autre tirer par tous les points de ces diviſions autant de
lignes paralleles entr'elles , & qui contiendront toujours
de part & d'autre un eſpace parallele égal. Et c'eſt proprement delà que depend la verité de cette nouvelle methode (& non que le continu ſoit compoſé d'indiviſibles)
ce qui l'a fait même appeller par quelques uns, la Geometrie de l'infini.

Il faut donc bien prendre garde que les lignes (par le
rapport deſquelles on dit qu'une ſomme de ces lignes paralleles qui rempliſſent un eſpace, eſt égale à une autre
ſomme) les coupent perpendiculairement. Et c'eſt où il
y a plus de danger de ſe tromper. Sur ces fondemens voicy
les Theoremes que l'on établit.

Premier Theoreme.

I V.   Tous les parallelogrammes de baſe égale & de même
hauteur ſont égaux entr'eux.

Soient divers parallelo-
grammes, comme A, E, I,
enfermez dans le même
eſpace parallele (comme

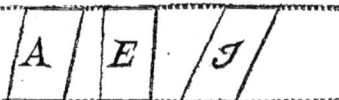

ils le peuvent eſtre, puiſqu'ils ſont ſuppoſez de même hauteur) & ayant tous les baſes égales, il eſt clair que toutes
les paralleles qui peuvent remplir cet eſpace , rempliront
tous ces parallelogrammes ; & qu'ainſy ils ſeront tous remplis d'une ſomme égale de lignes , cette ſomme eſtant me-
ſurée dans tous par la perpendiculaire qui meſure la hauteur de ces rectangles, qui eſt la même en tous, puiſqu'ils
ſont de même hauteur ?

De plus , toutes ces lignes eſtant paralleles à la baſe dans
tous ces rectangles , ſont égales en tous , puiſqu'elles ſont
en tous égales à la baſe, & que les baſes ſont ſuppoſées
égales.

Donc il y a par tout ſomme égale de lignes égales.

Donc ils font tous égaux felon le fondement de la Geometrie des indivifibles.

SECOND THEOREME.

Tous les parallelogrammes de même hauteur font entr'eux comme leurs bafes.

C'eft une fuitte du precedent.
Soient les parallelogrammes A,
E entre mêmes paralleles, & qui
ayent des bafes inégales; en quelques aliquotes que je divife la
bafe d'A, en tirant les paralleles au cofté par tous les
points de la divifion, il y aura dans A autant de parallelogrammes égaux entr'eux, que cette bafe aura de parties
égales : de forte que fi elle avoit efté divifée en 7 parties,
dont j'appelleray chacune x, il y aura dans A 7 parallelogrammes qui auront chacun x pour bafe.

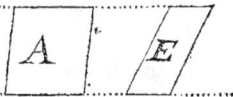

Que fi appliquant x à la bafe d'E, il fe trouve qu'il y foit
trois fois, ou fans refte, ou avec refte, tirant encore de
tous les points de la divifion des lignes paralleles au cofté
d'E, il eft vifible qu'il y aura dans E autant de parallelogrammes qui auront x pour bafe, qu'x fe fera trouvé dans
la bafe d'E. Et fi ç'a efté fans refte, ces trois parallelogrammes rempliront E fans refte : & fi avec refte, il reftera aufly un parallelogramme qui aura ce refte pour bafe.

Or les parallelogrammes qui dans E ont x pour bafe
font égaux à ceux qui dans A ont aufly x pour bafe ; par
le precedent Theoreme.

Donc par la definition de l'égalité des raifons A eft à E
en même raifon que la bafe d'A à la bafe d'E, puifqu'autant que les aliquotes quelconques de la bafe d'A font
contenues dans la bafe d'E, les aliquotes pareilles d'A font
contenues dans E : fi fans refte, fans refte ; fi avec refte,
avec refte.

TROISIEME THEOREME.

LES triangles de même hauteur & de même bafe font
égaux. Car eftant mis entre les mêmes paralleles, comme
devant, & ayant tous b pour bafe, toutes les lignes paral-

leles qui rempliront cet efpace, rempliront ces triangles, & chacune de ces lignes tirées tout le long de
l'efpace d'un point quel-
conque de la perpendiculaire *m n*, ce qui fera enfermé dans
chaque triangle fera toûjours égal, comme il a efté prouvé dans le livre XIII. & X. 20. quoique toujours de plus
petit en plus petit montant vers le fommet.

Donc une fomme égale de lignes égales chacune à chacune de chaque triangle, remplit tous ces triangles.

Donc ces triangles font égaux.

QUATRIEME THEOREME.

VII. LES triangles de même hauteur font entr'eux comme
les bafes.

C'eft la même chofe que le 2ᵉ Theoreme, & qui fe prouve de la même forte, excepté qu'on employe icy au lieu
de parallelogrammes des triangles qui ont pour bafe, &
qui aboutiffent de part & d'autre au fommet de chaque
triangle dont ils font parties. Or ces triangles qui ont *x*
pour bafe dans l'un & dans l'autre triangle, font auffy de
même hauteur dans l'un & dans l'autre; & par confequent
ils font égaux. Enfuite dequoy il ne faut appliquer que ce
que nous avons dit pour la demonftration du 2ᵉ Theoreme.

CINQUIEME THEOREME.

VIII. LE cercle eft égal au triangle rectangle, qui a pour coftez de fon angle droit le raion du cercle, & une ligne égale à la circonference du cercle.

Soit le cercle *d*,
le raion *d b*, la tan-
gente *b c*, égale à
la circonference
& l'hypothenufe
d c.

Si on tire de tous les points du raion des circonferences
concentriques au cercle, elles rempliront tout le cercle, &

elles seront paralleles entr'elles, en la maniere que les circonferences le peuvent estre, & coupées perpendiculairement par le raion.

Si on tire aussy de tous ces mêmes points du raion par
lesquels auront passé ces circonferences des paralleles
à *b c*, jusques en *d c*, ces paralleles rempliront le triangle.
Et ainsy la somme de ces circonferences & de ces paralleles sera égale, estant determinée de part & d'autre par les
points du même raion, estant clair que l'on ne sçauroit
tirer une circonference par aucun point, qu'on ne tire aussy une parallele à *d c* par ce même point ; & au contraire.

Or la circonference & la parallele tirées du même point
sont égales, comme on peut voir en examinant laquelle
on voudra : par exemple celle du point *b*. Car

$$b\,d.\ d f :: \begin{cases} \text{circonf. } b. & \text{circonf. } f. \\ b\,c. & f\,g. \end{cases}$$

Donc circonf. *b*. circonf. *f* :: *b c*. *f g*.
Donc *alternando* circonf. *b*. *b c* :: circonf. *f*. *f g*.

Or par l'hypothese la circonference *b*, qui est celle du
cercle, est égale au costé du triangle *b c*.

Donc la circonference passant par le point *f*, est égale
à *f g*, parallele à *b c*.

AVERTISSEMENT.

Ie n'en diray pas davantage de cette nouvelle methode. Il
est aisé de juger que ces 5 Theoremes sont de suffisans fondemens
pour mesurer sans peine toutes les figures rectilignes, & en trou-
ver les égalitez & les rapports, sur tout en y joignant les prin-
cipes qui ont esté établis dans les 3 premiers livres.

METHODE COMMUNE.

LEMME OU AXIOME.

Deux triangles tout-égaux sont égaux. C'estadire que
lorsque les angles d'un triangle sont égaux à ceux de l'autre, chacun à chacun, & les costez égaux aussy chacun à
chacun, ces deux triangles comprennent un espace égal ;
en quoy consiste ce qu'on appelle égalité dans les figures.

Cela est clair de soy même, estant visible que deux triangles de cette sorte ne different que de position.

PROPOSITION FONDAMENTALE
DE LA MESURE DES PARALLELOGRAMMES,
ET DES TRIANGLES.

XI.　　　Tout parallelogramme est égal au rectangle de sa hauteur & de sa base.

Soit le parallelogramme $bcdf$, tirant ses perpendiculaires bm & cn sur la base df, prolongée autant qu'il est necessaire ; je dis que le rectangle $bcmn$, qui est le rectangle de la base & de la hauteur de $bcdf$, est égal à $bcdf$.

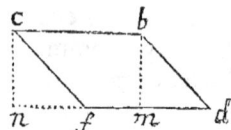

Car bc estant égale tant à df qu'à mn, df est égale à mn. Donc ostant mf, commune de l'une & de l'autre, dm demeurera égale à fn. Et ainsy bd estant égale à cf, & bm à cn, les triangles bdm & cfn sont égaux par le Lemme precedent. Et ainsy ajoûtant à l'un & à l'autre le trapeze commun $bmcf$, $bcdf$ sera égal à $bmcn$. Ce qu'il falloit demonstrer.

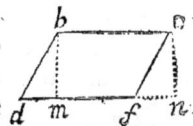

PREMIER COROLLAIRE.

XII.　　　Les parallelogrammes de même hauteur & de base égale sont égaux.

Car ils ont tous pour leur mesure commune le même rectangle de cette hauteur & de cette base.

SECOND COROLLAIRE.

XIII.　　　Les parallelogrammes de même hauteur sont comme leurs bases ; de base égale, sont comme leurs hauteurs.

Car chacun est égal au rectangle de sa base & de sa hauteur. Or les rectangles de même hauteur sont entr'eux comme leurs bases. Il en faut donc dire de même des parallelogrammes qui leur sont égaux.

On peut aussy prouver ce 2e Corollaire par le premier de la même façon qu'on a déja fait en demonstrant le 2e Theoreme de la premiere methode.

TROISIEME COROLLAIRE.

XIV.　　　La raison de deux parallelogrammes quelconques est
toûjours

toujours composée de la raison de la hauteur à la hauteur, & de la base à la base.

Car les parallelogrammes sont toujours entr'eux comme les rectangles de leur hauteur & de leur base.

QUATRIEME COROLLAIRE GENERAL.

XV.

TOUT ce qui a esté dit de la raison des rectangles par la comparaison de leurs costez angulaires, est vray des parallelogrammes, en comparant la hauteur à la hauteur, & la base à la base. Cela est clair par la raison du precedent Corollaire.

DES PARALLELOGRAMMES EQUIANGLES.

THEOREME GENERAL.

XVI.

LES parallelogrammes equiangles sont entr'eux en raison composée de leurs costez angulaires, de même que s'ils estoient rectangles.

Car tous les parallelogrammes sont entr'eux en raison composée de celle de la base à la base, & de la hauteur à la hauteur.

Or quand ils sont equiangles, la raison des costez obliques sur la base de chacun est la même que celle de la hauteur à la hauteur. Parceque les lignes également inclinées sont en même raison que leurs perpendiculaires, qui est ce qui mesure cette hauteur. X. 11.

Exemple. Soient bc & mn deux parallelogrammes equiangles , dont les hauteurs soient f & p.

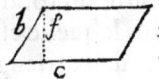

Par les precedens Corollaires,

$bc. mn :: c. n. + f. p.$

Or $f. p :: b. m.$ par X. 11.

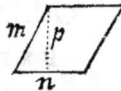

Donc $bc. mn :: c. n + b. m.$ Ce qu'il falloit demonstrer.

COROLLAIRE GENERAL.

XVII.

TOUT ce qui a esté dit de la raison des rectangles entr'eux par la comparaison de leurs costez angulaires, est vray aussy des autres parallelogrammes equiangles par la même comparaison de leurs costez angulaires.

R r

C'eſtadire par exemple, que s'ils ſont ſemblables, le grand coſté d u premier eſtant au grand coſté du ſecond, comme le peti t coſté du premier au petit coſté du ſecond, ils ſont en raiſo n doublée de leurs coſtez homologues.

Si leurs coſte z ſont reciproques (c'eſtadire, ſi le grand coſté du premier eſt au grand coſté du ſecond, comme le petit coſté du ſecond eſt au petit coſté du premier) ils ſont egaux. Et ainſy de tout le reſte.

Corollaire particulier.

XVIII.   Lorsque deux lignes paralleles cha- cune aux coſtez angulaires d'un paralle- logramme ſe coupent en un même point de la diagonale, il ſe fait 4 parallelogram- mes, dont les deux qui ne ſont point coupez par la diago- nale, comme *A* & *E*, ſont egaux.

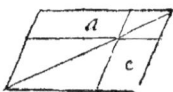

Car ils ſont equiangles, puiſqu'il y a un angle de l'un qui eſt oppoſé au ſommet à un angle de l'autre.

Et il eſt viſible par XIII. 21. que le grand coſté d'*a* eſt au grand coſté d'*e*, comme le petit coſté d'*e* eſt au petit coſté d'*a*.

Je ſçay bien que cela ſe prouve ordinairement d'une autre maniere plus palpable, qui eſt que la diagonale par- tage par la moitié tant le parallelogramme total, que cha- cun de ceux qui ſont autour de cette diagonale. Donc la moitié du total dans laquelle eſt *a* eſtant égale à la moitié dans laquelle eſt *e*, & oſtant de chacune de ces deux moi- tiez deux triangles egaux, les deux parallelogrammes qui demeureront ſeront egaux.

DES PARALLELOGRAMMES SEMBLABLES.

Premier Theoreme.

XIX.   Deux parallelogrammes ſemblables (c'eſtadire qui eſtant equiangles ont leurs coſtez proportionels) ſont en raiſon doublée de leurs coſtez homologues, comme il vient d'eſtre dit 5. 17.

Second Theoreme.

XX.   Les coſtez homologues de deux parallelogrammes ſemblables, eſtant en même raiſon que les coſtez homologues de deux autres parallelogrammes ſemblables entr'eux, ces 4 parallelogrammes ſont proportionels.

Soient les deux premiers ſemblables *A* & *E*, & les deux derniers *I* & *O* ; ſi la raiſon d'entre les coſtez d'*A* & *E* eſt *x*. *y* , & de même entre les coſtez d'*I* & *O* , je dis que

$$A. E :: I. O.$$

Car $\begin{cases} A. & E \\ I. & O \end{cases} :: x\,x.\ y\,y.$

DÈS TRIANGLES.
LEMME.

Tout triangle eſt la moitié d'un parallelogramme de même baſe & de même hauteur.   XXI.

Soit le triangle *b c d*. Si de *b* on tire *b f*, égale & parallele à la baſe *c d*, & que du point *f* on tire *f d* ; je dis 1. que *b. c. d. f.* eſt un parallelogramme. Car *c d* & *b f* ſont paralleles & égales par la conſtru-ction ; & par conſequent *b c* & *f d* ſont auſſy paralleles & égales, par VI. 28.

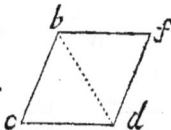

Et par conſequent *b d*, qui eſt la diagonale de ce paral-lelogramme, le diviſe en deux triangles egaux *b c d* & *b f d*. Donc *b c d* eſt la moitié de ce parallelogramme.

Or il eſt viſible que ce triangle & ce parallelogramme ſont de même hauteur, puiſqu'ils ſont enfermez entre les mêmes paralleles *b f* & *c d*, & qu'ils ont la même baſe, ſçavoir *c d*.

Donc tout triangle eſt la moitié d'un parallelogramme de même baſe & de même hauteur.

THEOREME GENERAL.

Tout triangle eſt egal au rectangle de la moitié de ſa   XXII. baſe, & de toute ſa hauteur ; ou de la moitié de ſa hauteur & de toute ſa baſe.

Car il eſt la moitié d'un parallelogramme de ſa baſe & de ſa hauteur. Or ce parallelogramme eſt egal au rectangle de ſa baſe & de ſa hauteur.

Donc prenant la moitié de la baſe & toute la hauteur,

ou la moitié de la hauteur & toute la bafe, on a un rectangle qui vaut la moitié du rectangle de toute la bafe & de toute la hauteur. Donc on a un rectangle égal au triangle.

Premier Corollaire.

XXIII.		Les triangles de même hauteur & de bafe égale, font égaux.

Car ils font tous égaux au même rectangle, qui eft celuy de la moitié de leur bafe & de toute leur hauteur.

Second Corollaire.

XXIV.		Les triangles de même hauteur font comme leurs bafes, & d'égale bafe comme leurs hauteurs.

Car ils font tous égaux à des rectangles, qui eftant de même hauteur font comme leurs bafes, & d'égale bafe comme leurs hauteurs.

On peut auffy prouver ce fecond Corollaire par le premier, de la même façon qu'on a demonftré le 4e Theoreme de la premiere methode.

Troisieme Corollaire.

XXV.		La raifon de deux triangles quelconques eft toujours compofée de la raifon de la hauteur à la hauteur, & de la bafe à la bafe. Car ces triangles font toujours entr'eux comme les rectangles de la moitié de leur bafe & de toute leur hauteur, qui ont entr'eux cette raifon compofée.

Quatrieme Corollaire general.

XXVI.		Tout ce qui a efté dit de la raifon des rectangles par la comparaifon de leurs coftez, eft vray des triangles par la comparaifon de la hauteur à la hauteur, & de la bafe à la bafe.

DES TRIANGLES EQUIANGLES
OU SEMBLABLES.

Premier Theoreme.

XXVII.		Tous les triangles equiangles, & par confequent femblables, font en raifon doublée de la raifon de leurs coftez homologues.

Car par les Corollaires precedens les triangles font en

tr'eux en raifon compofée de la raifon de la bafe à la bafe, & de la hauteur à la hauteur.

Or quand ils font equiangles, les coftez fur la bafe de part & d'autre font chacun à chacun en même raifon que les perpendiculaires du fommet à la bafe qui en mefure la hauteur. X. 12.

Et par confequent ils font en raifon compofée de celle de la bafe à la bafe; & d'un cofté à un cofté.

Or eftant equiangles, la bafe eft à la bafe comme chacun des coftez à chacun des coftez.

Et par confequent leur raifon eft compofée de deux raifons égales; ce qui s'appelle raifon doublée.

Exemple. Soient triangles femblables *bcd* & *mno*, dont *bf* & *mp* mefurent les hauteurs.

bcd. mno :: *cd. no. — bf. mp.*

Or *bc. mn*
bd. mn :: *bf. mp.*
cd. no

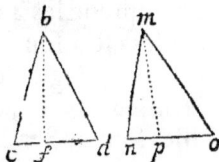

Donc tous les coftez ayant la même raifon, chacun à chacun, & avec les perpendiculaires, la raifon de ces triangles *bcd* & *mno* ne peut eftre compofée de la raifon de la bafe *cd* & *no*, & de celle des hauteurs *bf, mp*, qu'ils ne foient en raifon doublée de l'une de ces raifons, puifqu'elles font égales; & par confequent auffy de la raifon des autres coftez homologues, qui eft la même.

SECOND THEOREME.

Si les coftez homologues de deux triangles femblables XXVIII. font en même raifon que les coftez homologues de deux autres triangles femblables entr'eux, ces 4 triangles font proportionels. C'eft la même chofe que ce qu'on a demonftré des parallelogrammes. ſ. 20.

DES FIGURES SEMBLABLES.

PREMIER THEOREME.

Deux figures femblables quelconques font en raifon XXIX. doublée de leurs coftez homologues.

Rr iij

Car par XIII. 26. elles peuvent eftre partagées chacune en autant de triangles, tels que ceux d'une part eftant femblables à ceux de l'autre, chacun à chacun, les coftez homologues de deux femblables feront en même raifon que ceux de deux autres quelconques femblables.

Ainfy fuppofant qu'elles foient partagées chacune en 4 triangles qui foient

$A. \; E. \; I. \; O.$

$a. \; e. \; i. \; o.$

Par le precedent Theoreme $A. \; a :: E. \; e :: I. \; i :: O \cdot o.$

Donc par II.35. $A + E + I. + O. \; a + e + i + o :: A.a.$

C'eftadire que la plus grande des figures femblables qui comprend ces 4 triangles $A. E. I. O.$ fera à la plus petite qui comprend les 4 triangles $a. e. i. o.$ comme l'un de ces triangles eft à fon femblable.

Or ces triangles femblables font entr'eux en raifon doublée de leurs bafes, & les bafes de ces deux triangles femblables font coftez homologues de ces deux figures (comme on a veu XIII. 26.)

Donc ces figures femblables font en raifon doublée de leurs coftez homologues.

COROLLAIRE.

XXX. Les figures femblables font entr'elles comme les quarrez de leurs coftez homologues.

Car par le Theoreme precedent les figures femblables font entr'elles en raifon doublée de leurs coftez homologues.

Or les quarrez de ces coftez homologues font auffy entr'eux en raifon doublée de ces coftez qui font leurs racines.

SECOND THEOREME.

XXXI. Si l'on conftruit fur l'hypothenufe & fur les deux coftez d'un angle droit des figures femblables quelconques, celle qui fera conftruitte fur l'hypothenufe fera égale aux deux qui feront conftruittes fur les coftez.

Soit le grand cofté de l'angle droit b, le petit c, l'hypothenufe h.

La figure conftruitte fur *b* foit nommée *A.* fur *c. E*, &
fur *h. I.*

Par le Theoreme precedent,

$A. bb :: E. cc :: I. hh.$

Donc $A + E, bb + cc :: I. hh.$ (par II. 44)

Donc *alternando*,

$A + E. I. :: bb + cc. hh.$

Or $bb + cc. = hh.$ par XIV. 26.

Donc $A + E. = I.$ Ce qu'il falloit demonftrer.

AVERTISSEMENT.

On voit par là que cette propofition quoique plus generale XXXII.
*que celle des quarrez, n'a deu eftre traittée qu'après celle des
quarrez; parceque le quarré eft la vraie & naturelle mefure
de la dimenfion des autres figures planes.*

DES FIGURES REGULIERES.

PREMIER THEOREME.

Tout polygone eft égal au rectangle du raion droit (qui eft la perpendiculaire du centre à l'un des
coftez (& de la moitié de fon perimetre, ou au triangle qui a pour hauteur ce raion droit, & pour bafe ce
perimetre.

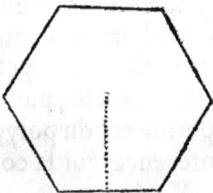

XXXIII.

Car tout polygone regulier comprend autant de triangles tout-égaux, qu'il a de coftez, lefquels ont tous pour
mefure de leur hauteur la perpendiculaire du centre au
cofté qui leur fert de bafe.

Donc chaque triangle eft égal au rectangle de ce raion
droit qui eft leur hauteur, & de la moitié de la bafe.

Or toutes ces moitiez des bafes de ces triangles prifes
enfemble font la moitié du perimetre, puifque toutes les
bafes font tout le perimetre.

Donc le rectangle de cette perpendiculaire & de la
moitié du perimetre eft égal à tous ces triangles ; & par
confequent au polygone.

Et c'eft la même chofe du triangle qui a pour hauteur

cette perpendiculaire, & pour bafe tout le perimetre, puifqu'il eft égal à ce reƈiligne. Outre qu'il eft aifé de prouver qu'il eft égal à tous les triangles que contient le polygone, eftant de même hauteur que chacun, & fa bafe eftant
égale à toutes les bafes des autres prifes enfemble.

Second Theoreme.

xxxiv.   Par l'analogie du cercle à un polygone infini, le cercle
eft égal au reƈtangle du raion & de la moitié de la circonference, ou au triangle qui a pour hauteur le raion, & pour
bafe toute la circonference.

Nous l'auons prouvé par la premiere methode, qui eft
la Geometrie des indivifibles. On le peut auffy prouver
par la voie d'Archimede, en montrant que le reƈtangle du
raion & de la moitié de la circonference eft plus grand
que tout polygone infcrit au cercle, & plus petit que tout
circonfcrit.

Il eft plus grand que tout infcrit, parceque l'infcrit par
le Theoreme precedent eft égal au reƈtangle de la perpendiculaire du centre au cofté, & de la moitié du perimetre. Or cette perpendiculaire eft plus petite que le
raion du cercle, puifqu'elle eft terminée dans le cercle, &
le perimetre du polygone infcrit eft plus petit que la circonference qui la comprend, par la maxime d'Archimede. V. 6.

Donc le reƈtangle du raion du cercle & de la moitié de
la circonference eft plus grand que tout polygone infcrit.

Et il eft plus petit que tout polygone circonfcrit, parceque le polygone circonfcrit eft égal au reƈtangle du raion
du cercle (qui eft alors la même chofe que la perpendiculaire au cofté) & de la moitié de fon perimetre, lequel
perimetre eft plus grand que la circonference du cercle,
puifqu'il la comprend, felon la même maxime d'Archimede. Donc &c.

Troisieme Theoreme.

xxxv.   Les figures regulieres de même efpece font entr'elles
en raifon doublée de celle de leurs raions droits.

Car elles font égales chacune au reƈtangle du raion
droit,

droit, & de la moitié du perimetre. Or le raion droit est
au raion droit comme le perimetre au perimetre, par XII.
26. Donc ces rectangles (aufquels ces figures regulieres
font égales) eftant femblables font entr'eux en raison
doublée de celle du raion droit, qui eft l'un de leurs coftez.

PREMIER COROLLAIRE.

LES cercles font entr'eux en raison doublée de celle de   xxxvi.
leurs raions, ou de leurs diametres, ce qui eft la même
chofe.

SECOND COROLLAIRE.

LES cercles font entr'eux comme les quarrez de leurs xxxvii.
diametres. Car les uns & les autres font en raifon doublée
de celle de leurs diametres.

QUATRIEME THEOREME.

LES triangles femblables infcrits en des cercles font en- xxxviii.
tr'eux en raifon doublée des diametres de ces cercles : ou,
ce qui eft la même chofe, comme les cercles, ou comme
les quarrez des diametres.

Car les cordes de divers cercles qui foutiennent les angles infcrits égaux, font entr'elles comme les diametres,
par X. 24. & 25.

Donc les coftez de ces triangles femblables qui foutiennent les mêmes angles (qui font ceux qu'on appelle homologues) font entr'eux comme les diametres.

Or ces triangles eftant femblables, font en raifon doublée de leurs coftez homologues.

Donc ils font auffy en raifon doublée de ces diametres.

Donc ils font auffy entr'eux comme les cercles & comme les quarrez des diametres.

CINQUIEME THEOREME.

LES figures femblables infcrittes dans les cercles font en- xxxix.
tr'elles en raifon doublée des diametres.

Car comme il a efté prouvé §. & XIII. 26. ces figures
femblables fe peuvent refoudre en triangles femblables,
chacun d'une figure à chacun de l'autre, qui feront tous
infcrits dans le cercle.

Donc tous les triangles d'une figure font à tous ceux de

l'autre (& par confequent une figure eft à l'autre) comme
un des triangles d'une figure à un femblable de l'autre. Or
par le Theoreme precedent ces deux triangles femblables
font entr'eux en raifon doublée des diametres. Donc les
figures femblables infcrittes dans les cercles font entr'elles
en raifon doublée des diametres. Donc auffy comme les
cercles. Donc auffy comme les quarrez des diametres.

PREMIER PROBLEME.

XL. DECRIRE fur un cofté donné le parallelogramme égal
& equiangle à un parallelogramme donné.

Soit le parallelogramme donné
b c d f. Soit continuée *c d* jufques
à *g*, en forte que *d g* foit égale au
cofté donné.

Soit auffy continuée *b f* jufques
à ce que *f q* foit égale à *d g*. Soit
menée de *q* par *d* une indefinie.

Soit prolongée *b c*, jufqu'à ce qu'elle rencontre en *r*
cette indefinie.

Soit prolongée *q g* jufques en *k*, en forte que *q k* foit
égale à *b r*, joignant les points *r k*, & prolongeant *f d* jufques en *h*, où elle rencontre *k*.

Le parallelogramme *d h k g* fera égal & equiangle au
donné *b c d f*.

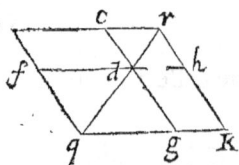

SECOND PROBLEME.

XLI. FAIRE une figure égale à une donnée qui ait moins d'un
cofté que la donnée. C'eftadire que fi la donnée en a 6,
on en cherche une qui n'en ait que 5 ; & fi elle en a 5, on
en cherche une qui n'en ait que 4 : de forte que par là on
pourra venir jufqu'au triangle.

Soit propofé de reduire l'exagone *b c d f g h* en un pentagone
qui luy foit égal.

Ayant prolongé *f g*, je tire la
ligne *b g*.

Puis de *h* je tire fur *g* prolongée *h l* parallele à *b g*.

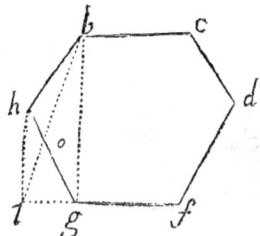

Et de *b* je tire *b l* ; Je dis que le pentagone *b c d f l* eſt égal à l'exagone donné.

Car les triangles *h l b* & *h l g* ſont égaux, parcequ'ils ſont ſur la même baſe & entre mêmes paralleles.

Donc oſtant *h l o*, commun à l'un & à l'autre, *h o b* demeurera égal à *l g o*, tout le reſte eſt commun à l'exagone & au pentagone.

On reduira de même le pentagone *b c d f l* à un trapeze.

Ayant mené la ligne *b f*, mener de *l* ſur *d f* prolongée *l m* parallele à *b f*.

Puis tirer *b m*.

On prouvera de la même maniere que l'on vient de faire, que le trapeze ſera égal au pentagone.

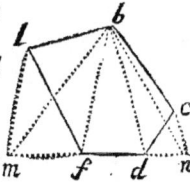

Que ſi de *b d* on tire une ligne.

Et de *c* ſur *f d* prolongée de ce coſté là *c n*, paralle à *b d*.

Et tirant *b n*, le triangle *b m n* ſera égal tant au trapeze *b c d m*, qu'au pentagone *b c d f l*. Et ainſy l'exagone aura eſté reduit en un pentagone, & le pentagone en un trapeze, & le trapeze en un triangle.

AVERTISSEMENT ET CONCLUSION.

XLII.

Ie laiſſe d'autres Problemes qui ſont tres faciles à reſoudre par les principes qui ont eſté établis. Outre que n'ayant entrepris ces Elemens que pour donner un eſſay de la vraie methode qui doit traitter les choſes ſimples avant les compoſées, & les generales avant les particulieres, je penſe avoir ſatisfait à ce deſſein, & avoir montré que les Geometres ont eu tort d'avoir negligé cet ordre de la nature en s'imaginant qu'ils n'avoient autre choſe à obſerver, ſinon que les propoſitions precedentes ſerviſſent à la preuve des ſuivantes : au lieu qu'il eſt clair, ce me ſemble, par cet eſſay que les elemens de Geometrie eſtant reduits ſelon l'ordre naturel, peuvent eſtre auſſy ſolidement demonſtrez, & ſont ſans comparaiſon plus aiſez à concevoir & à retenir.

F I N.

SOLVTION

D'UN DES PLUS CELEBRES
ET DES PLUS DIFFICILES

PROBLEMES

D'ARITHMETIQUE,
APPELLE' COMMUNEMENT

LES QVARREZ
MAGIQUES.

SOLUTION D'UN DES PLUS CELEBRES
ET DES PLUS DIFFICILES
PROBLEMES D'ARITHMETIQUE,
APPELLE' COMMUNEMENT
LES QUARREZ MAGIQUES.

§. 1. CE QUE C'EST QUE CE PROBLEME.

AYANT un quarré de cellules pair ou impair. Et l'ayant remply de chiffres ou selon l'ordre naturel des nombres 1. 2. 3. 4. &c.

Ou de quelqu'autre progression arithmetique que ce soit, comme 2. 5. 8. 11. 14. &c.

Disposer tous ces chiffres dans un autre quarré de cellules semblables à celuy là, en sorte que tous les chiffres de chaque bande soit de gauche à droit, soit de haut en bas, soit mesme les deux diagonales, fassent toujours la mesme somme.

Soient pris pour exemples les quarrez d'onze pour les impairs; & de douze pour les pairs, comme on les peut voir dans les figures qui sont à la fin de ce Traitté.

§. 2. CONSIDERATIONS
SUR LES QUARREZ NATURELS,

J'APPELLE quarrez naturels ceux où les chiffres sont disposez en progression arithmetique en commençant par les plus petits.

SUR LES QUARREZ IMPAIRS.

DANS le milieu du quarré impair il y a une cellule qui en est le centre. Le chiffre qui est dans cette cellule soit nommé centre & marqué par *c*.

I.

II.

III.

IV.   De tous les autres chiffres la moitié sont plus petits & les autres plus grands que le centre. Les uns soient appellez simplement *petits* & les autres *grands*.

V.   Les cellules autour du centre soient appellées 1re enceinte.

Autour de la premiere enceinte,	2e enceinte.
Autour de la seconde enceinte,	3e enceinte.

Et ainsy de suite.

VI.   Les enceintes 1. 3. 5. 7. 9. &c. soient appellées *enceintes impaires*.

Les 2. 4. 6. 8. 10. &c. *enceintes paires*.

VII.   Il est important de considerer dans chaque enceinte où sont les petits chiffres, & où sont les grands.

Les petits sont premierement dans toute la bande d'enhaut, qui est de 3. dans la 1re enceinte, de 5 dans la 2e, de 7 dans la 3e &c.

Secondement dans la bande à gauche les plus hauts jusques à celuy qui est vis à vis le centre *inclusive*.

Troisièmement dans la bande à droit les plus hauts jusques à celuy qui est vis à vis le centre *exclusive*.

Sur les Quarrez pairs.

VIII.   Il n'y a point de cellule qui soit au centre. Mais on doit prendre pour centre la moitié de la somme que font le premier & le dernier chiffre.

Et cette somme entiere s'appellera 2. *c*.

IX.   La moitié des bandes, sçavoir celles qui sont les plus hautes contiennent les petits chiffres, & les plus basses les grands.

X.

Les quatre cellules du milieu font la	1re enceinte.
Les cellules autour de ces quatre, la	2e enceinte.
Celles autour de la seconde, la	3e enceinte,

Et ainsy de suitte.

XI.   Les enceintes 1. 3. 5. 7. 9. &c. soient aussy appellées les enceintes impaires.

Et les 2. 4. 6. &c. les paires.

XII.   Les petits chiffres sont,

1. Dans la bande d'enhaut de chaque enceinte.

2. Au

2. Au cofté gauche depuis la bande d'enhaut jufqu'à la bande où commencent les grands chiffres.

3. Et de même au cofté droit.

§. 3. PREPARATION.

LE plus grand myftere de la folution de ce Probleme XIII. confifte à marquer par lettres quelques uns des petits chiffres de chaque bande.

QUARREZ IMPAIRS.

DANS toutes les enceintes generalement marquer le XIV. coin à gauche de la bande d'enhaut par   *e.*

Le coin à droit de la même bande par   *o.*

Le milieu de cette bande par   *m.*

La cellule à gauche qui eft vis à vis le centre par   *a.*

MARQUER de plus dans les enceintes impaires XV.

Deux cellules dans la bande d'enhaut également diftantes, l'une d'*e*, l'autre d'*o*, par les mêmes lettres accentüées.

L'une par   *è.*

L'autre par   *ò.*

Et la cellule à gauche au deffous d'*e* par   *ω.*

Et au cofté droit celle qui eft au deffus de la cellule qui eft vis à vis le centre par   *ß.*

DANS LES QUARREZ PAIRS.

NE rien marquer dans les premieres & fecondes enceintes. XVI.

DANS toutes les autres generalement marquer XVII.

Le coin à gauche d'enhaut par   *e.*

A droit par   *o.*

Le plus bas des petits nombres à droit par   *a.*

Le plus bas des petits nombres à gauche par   *ß.*

MARQUER de plus dans les enceintes impaires, à commencer par la 3e (qui eft celle qui a 6 cellules dans la bande d'enhaut) XVIII.

4 cellules dans la bande d'enhaut, deux par $\begin{cases} \acute{e}. \\ \acute{o}. \end{cases}$

& deux par $\begin{cases} \grave{e}. \\ \grave{o}. \end{cases}$

felon ce qui a efté dit §. 15.   T t

A gauche marquer la cellule au deſſous d'*e* par　　ω.
Et à droit celle au deſſus d'α par　　　　　　　γ.

§. 4. MAXIMES

POUR LA DEMONSTRATION DE L'OPERATION.

XIX. DEUX chiffres, l'un *petit*, l'autre *grand*, également diſtans du centre, & qui ſe joignent par une ligne paſſant par
le centre font une ſomme égale à deux fois le centre.

XX. QUAND un *petit* chiffre eſt marqué par une lettre, ſon
grand ſoit nommé (quand on le voudra exprimer) par la
majuſcule de la même lettre, quoiqu'elle ne ſoit pas marquée.

Ainſy *e E* font deux fois le centre.

Et de même α. *A*, ou β. *B*, ou *o. O*.

SECONDE MAXIME.

XXI. QUATRE chiffres dans la même bande, dont le premier
eſt autant diſtant du 2, que le 3 du 4 ſont en proportion
arithmetique.

Et par conſequent la ſomme des extrêmes eſt égale à la
ſomme de ceux du milieu.

EXEMPLES.

XXII. *e. è :: ò. o.* Donc *e. o* = *è. ò*.

D'où il s'enſuit que par tout où ſont enſemble *è. ò*, ou
bien *è. ò*, ou leurs majuſcules *E'O`*, on peut ſuppoſer, lorſ-
qu'il s'agit de trouver des égalitez avec d'autres chiffres,
que c'eſt comme ſi c'eſtoit *e. o*, *E.O*, parceque ſi l'égalité s'y
trouve en ſuppoſant que c'eſt *e. o*, elle ne ſera pas trou-
blée en remettant *è. ò*, en leur place, qui valent autant
que *e. o*.

XXIII. *e. m :: m. o.* Donc *e. o* = *m. m*.

DANS LES QUARREZ PAIRS.

XXIV. *e. ω :: β. A.* Donc *e. A* = *ω. β*.

Pour trouver *A*. voyez ʃ. 20.

TROISIEME MAXIME.

XXV. LORSQUE 4 cellules font un parallelogramme, rectangle ou non rectangle, leurs 4 chiffres ſont en proportion
arithmetique. Et par conſequent la ſomme des extrêmes
eſt égale à la ſomme de ceux du milieu.

EXEMPLES.

DANS LES QUARREZ IMPAIRS.

$e . m :: a . c.$ Donc $e . c = m . a.$ XXVI.

$m . o :: a . c.$ Donc $m . c = o . a.$ XXVII.

$\omega . m :: c . \beta.$ Donc $\omega . \beta = m . c.$ XXVIII.

DANS LES PAIRS.

$e . o :: \beta . \bar{a}.$ Donc $e . a = o . \beta.$ XXIX.

$\omega . \beta :: o . \gamma.$ Donc $\omega . \gamma = \beta . o.$ XXX.

§. 5. METHODE
POUR DISPOSER MAGIQUEMENT LE QUARRE' NATUREL.

CETTE methode confiste en fort peu de regles ; les XXXI.
unes generales, les autres particulieres, felon lefquelles il
faut tranfpofer les chiffres du quarré naturel dans le magique.

PREMIERE REGLE GENERALE.

IL faut difpofer les chiffres par enceintes, ceux d'une XXXII.
enceinte en l'enceinte femblable, & tout le foin qu'on doit
avoir d'abord, eft de fçavoir où l'on doit mettre les petits
nombres de l'enceinte, parceque la fituation des *petits*
donne celle des *grands* felon les deux regles fuivantes.

SECONDE REGLE GENERALE.

QUAND on a placé un *petit* chiffre dans un coin, il faut XXXIII.
placer fon *grand* dans le coin diagonalement oppofé.

Ainfy *a* eftant placé dans le coin gauche de la bande
d'enhaut, il faudra mettre *A* dans le coin droit de la bande
d'embas.

TROISIEME REGLE GENERALE.

HORS les coins il faut placer les grands vis à vis des pe- XXXIV.
tits de la bande oppofée.

C'eftpourquoy il faut obferver de ne mettre jamais
deux petits en des bandes oppofées vis à vis l'un de l'autre.

COROLLAIRE DE CES REGLES.

LES chiffres eftant difpofez felon ces regles,

Il s'enfuit, 1. Que les chiffres de deux bandes oppofées XXXV.
pris enfemble, valent autant de fois *c* qu'il y a de chiffres

dans les deux bandes. Car un petit & un grand valent deux fois *c*. Or il y a autant de *petits* que de *grands*. Donc

XXXVI. IL s'enfuit, 2. Que lorfqu'on a prouvé que les chiffres d'une bande après cette difpofition valent autant de fois le centre qu'il y a de chiffres, cette bande eft égale à fon op-pofée.

XXXVII. IL s'enfuit, 3. Que quand il y a autant de petits chiffres dans une bande que dans l'oppofée, & que la fomme des uns eft égale à la fomme des autres, c'eft une marque af-furée que la bande eft égale à la bande.

La preuve en eft facile fans que je m'arrefte à l'expli-quer.

QUATRIEME REGLE GENERALE.

XXXVIII. IL ne faut fe mettre en peine d'abord que de placer les petits chiffres qui font marquez par des lettres: car cela fait, le refte fe trouve fans peine par cette raifon.

Dans la bande d'enhaut, dans quelques quarrez & quel-ques enceintes que ce foit, outre les cellules marquées par des lettres:

Ou il ne refte rien,

Ou il refte toûjours des cellules non marquées en nom-bre pairement pair; C'eftadire 4. 8. 12. 16. &c.

Et de plus, ils font toujours 4 à 4 en proportion arith-metique.

Donc prenant les extrêmes & les mettant dans une bande, & ceux du milieu dans l'oppofée, ils ne trouble-ront point l'égalité qui y eftoit déja par les chiffres mar-quez de lettres.

XXXIX. IL en eft de même des deux coftez droit & gauche. Car les petits chiffres qui reftent (s'il en refte outre les mar-quez) font toûjours en nombre pairement pair 4. 8. 12. 16. &c. & de 4 en 4 en proportion arithmetique.

Donc comme cy deffus.

Il n'y a donc plus à fe mettre en peine que de difpofer les lettres. Ce qui fe fait par les regles particulieres.

§. 6. REGLES PARTICULIERES
POUR LES QUARREZ IMPAIRS.

Il y a deux regles pour ces quarrez, l'une pour les enceintes impaires, & l'autre pour les paires.

X L.

POUR LES ENCEINTES IMPAIRES.

Au coin gauche de la bande d'enhaut mettre α.

Au coin droit de la même bande,   *m*.

A la bande d'embas en quelque cellule hors les coins,   *e*.

A la bande de costé du costé d' α,   *o*.

DEMONSTRATION.

Il est requis premierement à de-monstrer que dans la bande d'en-haut α. *E. m.* valent trois fois le cen-tre. D'où il s'ensuivra qu'elle sera égale à la bande d'embas par 36.

X L I.

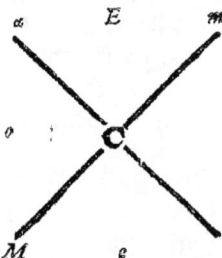

Or par (26.) *e. c* $=\alpha$. *m*.

Donc   *e. c. E* $=\alpha$. *E. m*.

Or   *e. c. E* $=3$ *c*. par 20.

Donc α.*E. m* $=3$ *c*.   Ce qu'il falloit demonstrer.

Requis secondement à demonstrer que *a. o. M* valent 3 *c*. D'où il s'ensuivra que cette bande sera égale à l'op-posée par 36.

X L I I.

Or par (27) α. *o* $=m$. *c*.

Donc   *m. c. M* $=\alpha$. *o. M*.

Or   *m. c. M* $=3$ *c*. par 20.

Donc α. *o. M* $=3$ *c*.

POUR LES ENCEINTES IMPAIRES.

Il suffira de les figurer tout d'un coup.

X L I I I.

T t iij

DEMONSTRATION.

XLIV.　REQUIS premierement à demonſtrer que la bande d'embas $M. \grave{e}. \alpha. \grave{o}. E = 5\, c.$ C'eſtadire qu'elle vaut enſemble cinq fois le centre.

Ce qui ſe prouve ainſy:

Par (27)　　　　$\alpha. o = m. c.$
Donc　　　　　$e. \alpha. o = e. m. c.$
Donc $e. m. c. M. E. = \grave{e}. \alpha. \grave{o}. M. E.$ par (22.)
Or　　$e. m. c. M. E. = 5\, c.$ par 20.
Donc $M. \grave{e}. \alpha. \grave{o}. E. = 5\, c.$ Ce qu'il falloit demonſtrer.

XLV.　REQUIS ſecondement à demonſtrer que dans la bande droitte $m. O. \beta. \omega. E = 5\, c.$

Ce qui ſe prouve ainſy.

　　　　　　$e. o = m. m.$ par (23.)
Donc　　　　$e. o. c = m. m. c.$
Or　　　　$m. m. c = m. \omega. \beta.$
Parce que　　$m. c = \omega. \beta.$ par 28.
Donc　　　$e. o. c = m. \omega. \beta.$
Donc $e. o. c. E. O = m. \omega. \beta. E. O.$
Or　　$e. o. c. E. O = 5\, c.$ par 20.
Donc　$m. O. \omega. \beta. E = 5\, c.$ Ce qu'il falloit demonſtrer.

§. 7. POUR LES QUARREZ PAIRS.

XLVI.　ON laiſſe à part les deux premieres enceintes, qui ont leur regle particuliere.

POUR LES AUTRES ENCEINTES IMPAIRES.

XLVII.　LA diſpoſition s'en figure ainſy.

REQUIS 1. à demonſtrer que les
ſix chiffres de la bande d'enhaut
dont quatre ſont *petits*, & deux
grands qui viennent de *è* & *ô* qu'on
a mis embas, valent ſix fois le centre. Ce qui ſe prouve ainſy.

ω E. α. o. O. β XLVIII.

α. *A*. ο. *O*. *e*. *E* $=$ 6 *c*. par (20)

Or ces ſix lettres ſont égales aux
ſix, ω. E. α. ο. Ο. β.

Car oſtant les mêmes qui ſe trouvent de part & d'autre,
ſçavoir α. ο. Ο. E. il ne reſtera d'un coſté que *A. e*: & de
l'autre que ω. β.

Or par (24) *A. e* $=$ ω. β.

Donc les ſix lettres ω. E. α. ο. Ο. β $=$ 6 *c*.

REQUIS 2. à demonſtrer que α. *e*. γ $=$ β. *è*. *ô*. Car ſi cela   XLIX.
eſt, les grandes ſeront auſſy égales aux grandes, & le tout
au tout par (37.)

Suppoſant donc que *è*. *ô* ſoient *e*. ο. ($\breve{s}$. 22.) & oſtant *e*
& *e* de part & d'autre, reſte d'une part ω. γ. & de l'autre
β. ο. qui font des ſommes égales par (30)

Donc ω. *e*. γ $=$ β. *è*. *ô*.

Donc la bande égale à la bande par (37)

POUR LES ENCEINTES PAIRES.

La diſpoſition en eſt tres facile, & ſe figure ainſy.   L.

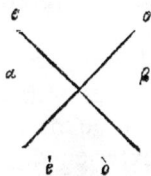

DEMONSTRATION.

ELLE eſt ſi facile par 22. 29. & 37. que je ne m'amuſe pas   LI.
à l'expliquer.

Cette enceinte ſe peut encore faire en tranſpoſant les
coins &c.

§. 8. REGLE PARTICULIERE
POUR LA PREMIERE ET SECONDE ENCEINTE
DES QUARREZ PAIRS.

LII.

CES deux enceintes ne font autre chofe que le quarré de 4 qui fait 16 , dans lequel il y a deux fortes de bandes. Quatre qui font la feconde enceinte , & qu'on peut appeller les bandes *exterieures*. Et quatre autres qui coupent le quarré , & qu'on peut appeller *tranfverfales*: fçavoir la 2ᵉ & la 3ᵉ de haut en bas.

1	2	3	4
5	6	7	8
9	10	11	12
13	14	15	16

Et la 2ᵉ & la 3ᵉ de gauche à droit.

LIII.

CE qui eft caufe que ces deux enceintes ne fe peuvent pas difpofer par les regles des autres, c'eft que les 4 chiffres du milieu faifant en divers fens quatre bandes de deux chacune en ligne droitte, & deux en diagonale , les bandes droittes ne fçauroient faire des fommes égales, mais feulement les diagonales.

LIV.

Or ces 16 chiffres fe pouvant difpofer en tant de manieres que cela eft prefque incroyable ; fçavoir en plus de 20 millions de millions.

20:922:789:872:000.

Il n'y en a proprement que 16 qui foient magiques , c'eftadire où toutes les bandes faffent des fommes égales (car je ne compte pas pour differentes difpofitions celles qui ne viennent que de la differente fituation du même quarré.)

LV.

ET voicy comme on les trouve.

Il faut prendre toujours les chiffres 4 à 4 en cet ordre.

1. Les quatre du dedans ou interieurs.

2. Les quatre coins exterieurs.

3. Les deux du milieu de la bande d'enhaut, avec les deux du milieu de celle d'embas.

4. Les deux du milieu de la bande à gauche, avec les deux du milieu de celle à droit.

Or chacun de ces chiffres pris ainfy 4 à 4 (& qu'on nommera dans la fuite par 1. 2. 3. 4.) peuvent

Ou

Ou eſtre laiſſez en leur même place ; ce qui ſe marquera par   *o.*

Ou eſtre tranſportez en croix S. André ; ce qui ſe marquera par   *c.*

Ou directement de gauche à droit ; ce qui ſe marquera par   *g.*

Ou directement de haut en bas ; ce qui ſe marquera par   *h.*

SUIVANT ces remarques , & ſe ſouvenant de ce que ſignifient les 4 nombres (1. 2. 3. 4.) & les 4 lettres (*o. c. g. h.*) les deux tables ſuivantes feront trouver ſans peine les 16 diſpoſitions magiques du quarré de 4 : ou ce qui eſt la même choſe des deux premieres enceintes de tous les quarrez pairs.

LXI.

	I.	II.	III.	IV.	V.	VI.	VII.	VIII.
1.	*o*	*o*	*o*	*o*	*c*	*c*	*c*	*c*
2.	*o*	*c*	*g*	*h*	*o*	*c*	*g*	*h*
3.	*c*	*g*	*c*	*g*	*h*	*o*	*h*	*o*
4.	*c*	*h*	*h*	*c*	*g*	*o*	*o*	*g*

	IX.	X.	XI.	XII.	XIII.	XIV.	XV.	XVI.
1.	*g*	*g*	*g*	*g*	*h*	*h*	*h*	*h*
2.	*o*	*c*	*g*	*h*	*o*	*c*	*g*	*h*
3.	*h*	*o*	*h*	*o*	*c*	*g*	*c*	*g*
4.	*c*	*h*	*h*	*c*	*g*	*o*	*o*	*g*

De ces 16 diſpoſitions magiques du quarré de 4. il y en a deux, ſçavoir la 1ʳᵉ & la 6ᵉ, où on ne change que 8 chiffres.

LVII.

Deux, ſçavoir la 11ᵉ & la 16ᵉ, où on les change tous 16.

Et 12 où on en change 12.

LVIII.   Voicy un exemple de la 6ᵉ diſpoſition, & un autre de la 16ᵉ. On laiſſe à trouver les autres.

16	2	3	13
5	11	10	8
9	7	6	12
4	14	15	I

13	3	2	16
8	10	11	5
12	6	7	9
I	15	14	4

DEMONSTRATION.

LIX.   CHAQUE bande tant extérieure que tranſverſale du quarré de quatre (ou du quarré compoſé des 2 premieres enceintes de tous les quarrez pairs) eſt de 4 chiffres en proportion arithmetique.

Et par conſequent la ſomme des extrêmes eſt égale à la ſomme des moyens.

Soit donc, par exemple, la ſomme des extrêmes de la bande d'enhaut appellée b, la ſomme des moyens qui luy eſt égale pourra eſtre auſſy appellée b, & ainſy toute la bande ſera $b + b$.

Et par la même raiſon la bande d'embas pourra eſtre $f + f$.

Cela eſtant on peut faire ces bandes égales par deux voies.

La 1ʳᵉ en tranſpoſant les extrêmes de l'une à l'autre ſans changer les moyens. Car alors l'une deviendra $f + b$.

Et l'autre $b + f$. & ainſy ſeront égales.

La 2ᵉ en tranſpoſant les moyens ſans changer les extrêmes. Car alors l'une deviendra $b + f$. & l'autre $f + b$. & ainſy ſeront encore égales.

Il ne faut qu'appliquer cecy à chacune de ces 16 diſpoſitions, & l'on verra que les tranſpoſitions que l'on y fait les doivent rendre magiques.

§. 9. DIVERS MOYENS
DE VARIER LES QUARREZ MAGIQUES.

DE ces moyens j'omets ceux qui ſont trop faciles à trouver, & je n'en marqueray que deux qui ſont plus impor-

tans, & qu'on a pratiquez dans les deux exemples qu'on a
donnez de quarrez magiques.

PREMIER MOYEN.

Nous avons supposé qu'on transporteroit les chiffres
de la premiere enceinte du quarré naturel dans la 1re enceinte du quarré magique; & ceux de la 2e dans la 2e; & de
la 3e dans la 3e &c. Mais cela n'est pas necessaire. Car pour
les chiffres marquez de lettres, il suffit de ne les transporter que d'une enceinte impaire à une autre quelconque
qui soit impaire, comme de la 5e à la 1re; & d'une enceinte
paire à une paire, comme de la 6e à la 4e.

LX.

SECOND MOYEN.

ET pour tous les autres chiffres non marquez de lettres,
on les peut transporter de quelque enceinte que ce soit à
quelque autre enceinte que l'on voudra; pourvu qu'on
en prenne quatre ensemble qui soient en proportion arithmetique, & qu'on ait soin de mettre les extrêmes dans une
bande, & les moyens dans la bande opposée.

LXI.

CONCLUSION.

JE pense pouvoir conclure de tout cecy, qu'il n'est pas
possible de trouver une methode plus facile, plus abregée
& plus parfaitte pour faire les quarrez magiques, qui est un
des plus beaux Problemes d'Arithmetique.

LXII.

Ce qu'elle a de singulier, c'est 1. qu'on n'écrit les chiffres
que deux fois.

2. Qu'on ne tâtonne point, mais qu'on est toujours as-
suré de ce que l'on fait.

3. Que les plus grands quarrez ne sont pas plus difficiles
à faire que les plus petits.

4. Qu'on les varie autant que l'on veut.

5. Qu'on ne fait rien dont on n'ait demonstration.

6. A quoy on peut ajoûter, que cette methode est si
generale que sans y rien changer on pourroit resoudre sans
aucune peine par la même voie cet autre Problême qui
paroist encore plus merveilleux.

Ayant mis dans un quarré naturel tous les nombres que

l'on voudra en progreſſion geometrique, comme *1. 2. 4. 8.
16.* &c. les diſpoſer de telle ſorte dans un quarré ſemblable,
que tous les nombres de chaque bande multipliez les uns par
les autres faſſent une ſomme égale à celle que font les nombres
de toute autre bande multipliez auſſi les uns par les autres.

En voicy un exemple dans le quarré de trois.

1	2	4
8	16	32
64	128	256

8	256	2
4	16	64
128	1	32

FIN de l'Explication des Quarrez Magiques.

QVARRÉ NATVREL DE XI.

1 *e*	2	3	4	5	6 *m*	7	8	9	10	11 *o*
12	13 *e*	14 *è*	15	16	17 *m*	18	19	20 *ò*	21 *o*	22
23	24 *w*	25 *e*	26	27	28 *m*	29	30	31 *o*	32	33
34	35	36	37 *e*	38 *è*	39 *m*	40 *ò*	41 *o*	42	43	44
45	46	47	48 *w*	49 *e*	50 *m*	51 *o*	52 *β*	53	54 *β*	55
56 *α*	57 *α*	58 *α*	59 *α*	60 *α*	61	62	63	64	65	66
67	68	69	70	71	72	73	74	75	76	77
78	79	80	81	82	83	84	85	86	87	88
89	90	91	92	93	94	95	96	97	98	99
100	101	102	103	104	105	106	107	108	109	110
111	112	113	114	115	116	117	118	119	120	121

QVARRÉ MAGIQVE DE XI.

58	26	30	95	93	97	47	42	86	69	28
35	37	12	45	84	63	82	99	88	39	87
43	100	60	119	118	73	5	2	50	22	79
90	67	7	13	102	65	108	17	115	55	32
76	74	10	98	56	121	6	24	112	48	46
31	41	51	21	11	61	111	101	71	81	91
107	70	114	68	116	1	66	54	8	52	15
103	33	113	105	20	57	14	109	9	89	19
18	44	72	3	4	49	117	120	62	78	104
16	83	110	77	38	59	40	23	34	85	106
94	96	92	27	29	25	75	80	36	53	64

Xxij

QVARRÉ NATVREL DE XII.

1 ᵉ	2 ᵉ̀	3	4	5	6	7	8	9	10	11 δ	12 ₒ
13	14 ᵉ	15 ᵉ̀	16 ᵉ̀	17	18	19	20	21 δ	22 δ	23 ₒ	24
25	26 ω	27 ᵉ	28 ᵉ̀	29	30	31	32	33 δ	34 ₒ	35	36
37	38	39	40 ᵉ	41 ᵉ̀	42 ᵉ̀	43 δ	44 δ	45 ₒ	46	47	48
49	50	51	52 ω	53	54	55	56	57 γ	58	59 γ	60
61 β	62 β	63 β	64 β	65	66	67	68	69 α	70 α	71 α	72 α
73	74	75	76	77	78	79	80	81	82	83	84
85	86	87	88	89	90	91	92	93	94	95	96
97	98	99	100	101	102	103	104	105	106	107	108
109	110	111	112	113	114	115	116	117	118	119	120
121	122	123	124	125	126	127	128	129	130	131	132
133	134	135	136	137	138	139	140	141	142	143	144

Yy

QVARRÉ MAGIQVE DE XII.

118	28	116	39	94	30	31	99	58	113	33	111
17	52	24	109	104	69	45	101	97	60	64	128
127	57	92	8	11	54	55	136	135	89	88	18
126	40	2	26	130	23	71	123	62	143	105	19
20	13	5	59	144	6	7	133	86	140	132	125
63	120	65	14	61	79	78	72	131	80	25	82
75	108	77	129	73	67	66	84	16	68	37	70
38	49	142	124	12	138	139	1	21	3	96	107
95	103	141	83	15	122	74	22	119	4	42	50
47	102	56	137	134	91	90	9	10	53	43	98
110	81	121	36	41	76	100	44	48	85	93	35
34	117	29	106	51	115	114	46	87	32	112	27

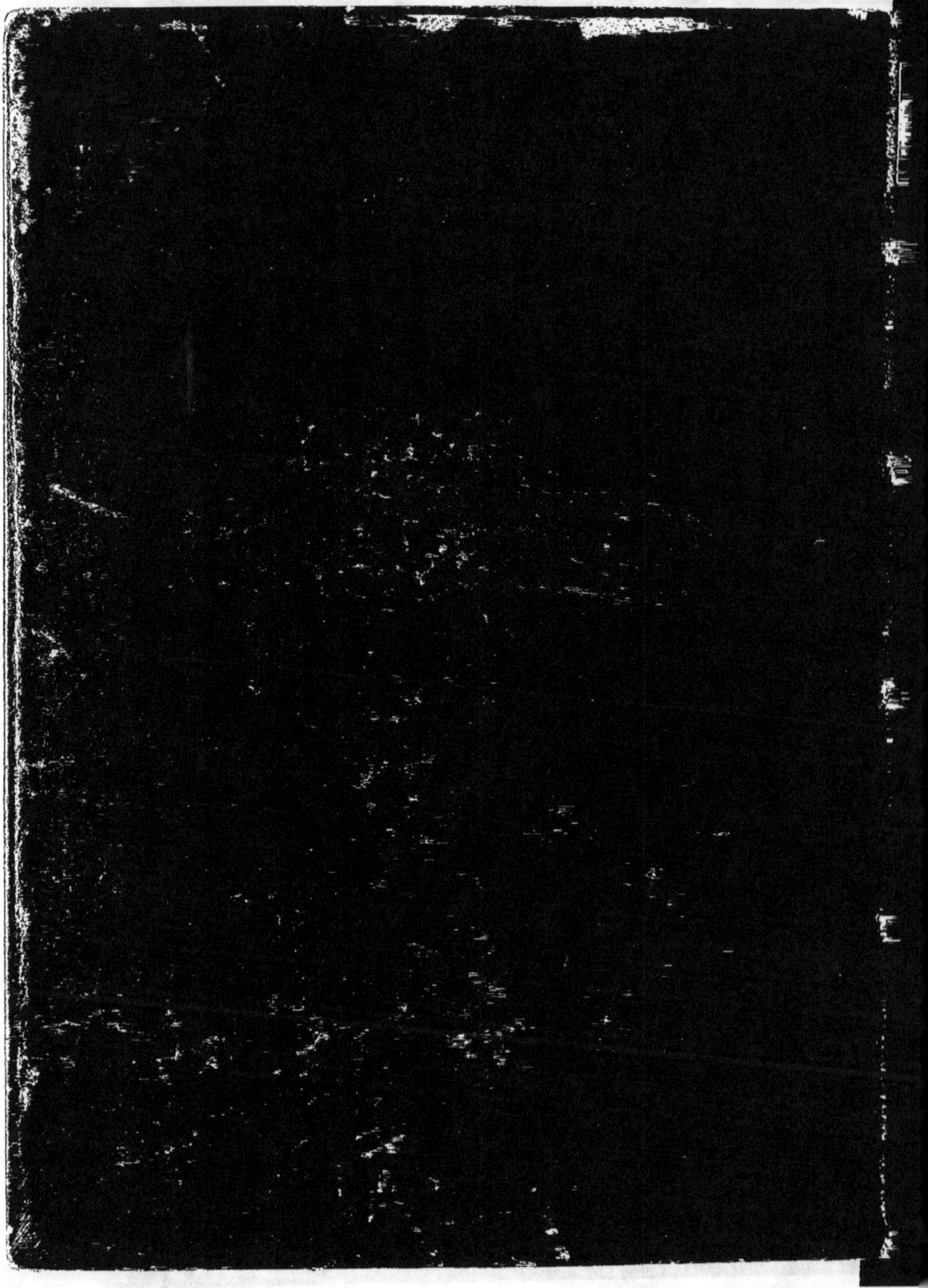